新时期小城镇规划建设管理指南丛书

小城镇园林景观设计指南

华克见　主编

天津大学出版社
TIANJIN UNIVERSITY PRESS

图书在版编目(CIP)数据

小城镇园林景观设计指南/华克见主编 . —天津：
天津大学出版社,2014.6(2015.1 重印)
(新时期小城镇规划建设管理指南丛书)
ISBN 978 - 7 - 5618 - 5090 - 9

Ⅰ.①小…　Ⅱ.①华…　Ⅲ.①小城镇－景观－园林设计－指南　Ⅳ.①TU986.2-62

中国版本图书馆 CIP 数据核字(2014)第 118309 号

出版发行	天津大学出版社
出 版 人	杨欢
地　　址	天津市卫津路 92 号天津大学内(邮编:300072)
电　　话	发行部:022 - 27403647
网　　址	publish. tju. edu. cn
印　　刷	北京紫瑞利印刷有限公司
经　　销	全国各地新华书店
开　　本	140mm×203mm
印　　张	11
字　　数	276 千
版　　次	2014 年 7 月第 1 版
印　　次	2015 年 1 月第 2 次
定　　价	25.00 元

小城镇园林景观设计指南
编 委 会

主　编：华克见

副主编：吴　薇

编　委：张　娜　孟秋菊　梁金钊　刘伟娜

　　　　张微笑　张蓬蓬　相夏楠　李　丹

　　　　桓发义　聂广军　胡爱玲

内 容 提 要

　　本书根据《国家新型城镇化规划（2014—2020 年)》及中央城镇化工作会议精神，阐述了小城镇园林景观设计的指导思想、基本原则，全面深入地分析了小城镇园林景观设计模式和设计要素，详细叙述了小城镇园林景观设计方法与设计要点。全书主要内容包括小城镇园林景观概述、小城镇园林景观设计原则和指导思想、小城镇园林景观设计要素、小城镇园林景观设计方式、小城镇公园景观设计、小城镇园林景观设计、小城镇园林专项设计、小城镇园林景观的发展前景等。

　　本书内容丰富、涉及面广，而且集系统性、先进性、实用性于一体，既可供从事小城镇规划、建设、管理的相关技术人员以及建制镇与乡镇领导干部学习、工作时参考使用，也可作为高等院校相关专业师生的学习参考资料。

前　言

　　城镇是国民经济的主要载体，城镇化道路是决定我国经济社会能否健康、持续、稳定发展的一项重要内容。发展小城镇是推进我国城镇化建设的重要途径，是带动农村经济和社会发展的一大战略，对于从根本上解决我国长期存在的一些深层次矛盾和问题，促进经济社会全面发展，将产生长远而又深刻的积极影响。

　　我国现在已进入全面建成小康社会的决定性阶段，正处于经济转型升级、加快推进社会主义现代化的重要时期，也处于城镇化深入发展的关键时期，必须深刻认识城镇化对经济社会发展的重大意义，牢牢把握城镇化蕴含的巨大机遇，准确研判城镇化发展的新趋势新特点，妥善应对城镇化面临的风险挑战。

　　改革开放以来，伴随着工业化进程加速，我国城镇化经历了一个起点低、速度快的发展过程。1978—2013 年，城镇常住人口从1.7 亿人增加到 7.3 亿人，城镇化率从 17.9％提升到 53.7％，年均提高 1.02 个百分点；城市数量从 193 个增加到 658 个，建制镇数量从 2 173 个增加到 20 113 个。京津冀、长江三角洲、珠江三角洲三大城市群，以 2.8％的国土面积集聚了 18％的人口，创造了 36％的国内生产总值，成为带动我国经济快速增长和参与国际经济合作与竞争的主要平台。城市水、电、路、气、信息网络等基础设施显著改善，教育、医疗、文化体育、社会保障等公共服务水平明显提高，人均住宅、公园绿地面积大幅增加。城镇化的快速推进，吸纳了大量农村劳动力转移就业，提高了城乡生产要素配置效率，推动了国民经济持续快速发展，带来了社会结构深刻变革，促进了城乡居民生活水平全面提升，取得的成就举世瞩目。

根据世界城镇化发展普遍规律，我国仍处于城镇化率 30%～70%的快速发展区间，但延续过去传统粗放的城镇化模式，会带来产业升级缓慢、资源环境恶化、社会矛盾增多等诸多风险，可能落入"中等收入陷阱"，进而影响现代化进程。随着内外部环境和条件的深刻变化，城镇化必须进入以提升质量为主的转型发展新阶段。另外，由于我国城镇化是在人口多、资源相对短缺、生态环境比较脆弱、城乡区域发展不平衡的背景下推进的，这决定了我国必须从社会主义初级阶段这个最大实际出发，遵循城镇化发展规律，走中国特色新型城镇化道路。

面对小城镇规划建设工作所面临的新形势，如何使城镇化水平和质量稳步提升、城镇化格局更加优化、城市发展模式更加科学合理、城镇化体制机制更加完善，已成为当前小城镇建设过程中所面临的重要课题。为此，我们特组织相关专家学者以《国家新型城镇化规划（2014—2020年）》、《中共中央关于全面深化改革若干重大问题的决定》、中央城镇化工作会议精神、《中华人民共和国国民经济和社会发展第十二个五年规划纲要》和《全国主体功能区规划》为主要依据，编写了"新时期小城镇规划建设管理指南丛书"。

本套丛书的编写紧紧围绕全面提高城镇化质量，加快转变城镇化发展方式，以人的城镇化为核心，有序推进农业转移人口市民化，努力体现小城镇建设"以人为本，公平共享""四化同步，统筹城乡""优化布局，集约高效""生态文明，绿色低碳""文化传承，彰显特色""市场主导，政府引导""统筹规划，分类指导"等原则，促进经济转型升级和社会和谐进步。本套丛书从小城镇建设政策法规、发展与规划、基础设施规划、住区规划与住宅设计、街道与广场设计、水资源利用与保护、园林景观设计、实用施工技术、生态建设与环境保护设计、建筑节能设计、给水厂设计与运行管理、污水处理厂设计与运行管理等方面对小城镇规划建设管理进行了全面系统的论述，内容丰富，资料翔实，集理论与实践于一体，具有很强的实用价值。

本套丛书涉及专业面较广，限于编者学识，书中难免存在纰漏及不当之处，敬请相关专家及广大读者指正，以便修订时完善。

目 录

第一章　小城镇园林景观概述

第一节　小城镇园林景观基础知识

一、园林的概念

1. 园林

园林即在一定的地域,运用工程技术和艺术手段,通过改造地形(或进一步筑山、叠石、理水)、种植花草树木、营造建筑和布置园路等途径,创作一个供人们观赏、游憩、居住的环境。在中国古典园林中根据不同的性质也称作园、囿、苑、园亭、庭园、园池、山池、池馆、别业、山庄等。它们的性质、规模虽不完全一样,但都具有一个共同的特点。创造这样一个环境的全过程一般称为"造园",研究如何去创造这样一个环境的学科就是"造园学"。

2. 绿化

绿化泛指天然植被以外,为改善环境而进行花草树木的栽植。就广义而言,绿化也可以归入环境景观的范畴。

3. 绿地

绿地泛指为改善小城镇生态,保护环境,供居民户外游憩,美化市容,以栽植花草树木为主要内容的土地,是小城镇和居民点用地中的重要部分。它包括以下三种含义。

(1)广义的绿地,指小城镇行政管辖区范围内由公共绿地、专用绿地、防护绿地、园林生产绿地、郊区风景名胜区、交通绿地等所构成的绿地系统。

(2)狭义的绿地,指小面积的绿化地段,如街道绿地、居住区绿地等,有别于面积相对较大,具有较多游憩设施的公园。

(3)小城镇规划的绿地,指在用地平衡表中的绿化用地,是小城镇建设用地的一个大类。

4. 风景名胜

风景名胜区是指风景名胜资源集中、自然环境优美、具有一定规模和游览条件,经有关部门开发建设,设有一定的游览、休息和食宿服务设施,可供人们休息、疗养、狩猎、野营等活动的地域。风景名胜资源是指具有观赏、文化或科学价值的山河、湖海、地貌、森林、动植物、化石、特殊地质、天文气象等自然景物和文物古迹等人文景物和风土人情等。

5. 景观

景观是指某地区或某种类型的自然景色,也指人工创造的景色,或指土地及土地上的空间和物质所构成的综合体表现。它是复杂的自然过程和人类活动在大地上的烙印。它一般可分为自然景观和人文景观两大类。从自然景观可透视地球自身所发生的一些事实;从人文景观可透视人类活动是如何与自然环境相互作用的。

景观的含义极其丰富,以景观为对象的研究比较广泛,并形成了各具特色的研究内容和方法。景观一词原意是表示自然风光、地面形态和风景画面;汉语中的"景观"一词不仅反映了风景、景色、景物,而且反映了观察者的感受和认知。通常可以把景观理解为一幅表示大陆自然景色的画面或某一区域的地貌组合,或在视野内的一片土地或广阔的自然景色。

6. 景观设计

景观设计,又称为景观建筑学,是指在建筑设计或规划设计的过程中,对周围环境要素的整体考虑和设计,包括自然要素和人工要素,使得建筑与自然环境产生呼应关系,使其使用更方便、更舒适,提高其整体的艺术价值。这个概念更多的是从规划及建筑设计角度出发,关注人的使用,即与作为自然和社会混合物的人与周边环境的关系。

景观建筑学也被译为造园学和园林学,其内容极为广泛,除通常所谓的造园、园林、绿化外,还包含更大范围的区域性甚至国土性的景观、生态、土地利用的规划经营,是一门综合性的环境学科,其核心是景观的规划与设计。规划是一种安排空间和土地开发的干预手段,这种干预体现在多个方面,如预测未来的社会价值与社会需求,创造一个理想的形态环境等;设计是规划阶段的深入,对土地进行定性和功能安排,并最终以具体的形态反映出来。景观设计的中心内容是运用植物、建筑、水体、山石等物质要素,以一定的科学技术和艺术规律为指导,对各种用地进行规划设计,充分发挥其综合功能,创造优美、卫生、舒适的生产和生活三维空间环境。

7. 小城镇

(1)狭义上的小城镇是指除设市以外的建制镇,包括县城。这一概念,较符合《中华人民共和国城乡规划法》的法定含义。建制镇是农村一定区域内政治、经济、文化和生活服务的中心。1984 年国务院转批民政部《关于调整建镇标准的报告》的通知中关于设镇的规定调整如下。

1)凡县级地方国家机关所在地,均应设置镇的建制。

2)总人口在 2 万以下的乡,乡政府驻地非农业人口超过 2 000 的,可以建镇;总人口在 2 万以上的乡,乡政府驻地非农业人口占全乡人口 10% 以上的,也可以建镇。

3)少数民族地区、人口稀少的边远地区、山区和小型工矿区、小港口、风景旅游、边境口岸等地,非农业人口虽不足 2 000 的,如确有必要,也可设置镇的建制。

(2)广义上的小城镇,除了狭义概念中所指的县城和建制镇外,还包括了集镇的概念。这一观点强调了小城镇发展的动态性和乡村性,是目前小城镇研究领域更为普遍的观点。根据 1993 年发布的《村庄和集镇规划建设管理条例》对集镇提出的明确界定:集镇是指乡、民族乡人民政府所在地和经县级人民政府确认由集市发展而成的作为农村一定区域经济、文化和生活服务中心的非建制镇。因而,集镇是农村中工农结合、城乡结合,有利生产、方便生活的社会和生产活动中心,是今后我国农村城市化的重点。

8. 园林建筑

园林建筑是指建造在园林和城市绿化地段内供人们游憩或观赏用的建筑物，常见的有亭、榭、廊、阁、轩、楼、台、舫、厅堂等。建造这些建筑物主要起到园林里造景和为游览者提供观景的视点与场所，还有提供休憩及活动的空间等作用。

二、小城镇的形成

1. 小城镇基本概念

小城镇即规模最小的城市聚落。小城镇是指农村地区一定区域内工商业比较发达，具有一定市政设施和服务设施的政治、经济、科技和生活服务中心。目前，在中国它已经是一个约定俗成的通用名词，即指一种正在从乡村性的社区变成多种产业并存的、向着现代化城市转变中的过渡性社区。小城镇专指行政建制"镇"或"乡"的"镇区"部分，且建制镇应作为行政建制"镇"的"镇区"部分的专称；小城镇的基本主体是建制镇（含县城镇），但其涵盖范围视不同地区、不同部门的事权需要，应允许上下适当延伸，不宜用行政办法全国"一刀切"硬性规定小城镇的涵盖范围。

2. 小城镇产生

小城镇并不是人类社会一开始就有的，是社会发展到一定历史阶段的产物，随着生产力和生产关系的社会分工而变化。

小城镇是中国城镇化体系中的一个节点，一个重要组成部分，被称为"城之尾、乡之首"。小城镇的发展经历了一个曲折的过程，新农村建设和统筹城乡发展的伟大历史进程中，小城镇在其中扮演了重要的角色。

聚落，也称为居民点，是人们定居的场所，是配置有各类建筑群、道路网、绿化系统、对外交通设施以及其他各种公用工程设施的综合基地。聚落是社会生产力发展到一定历史阶段的产物，是人们按照生活与生产的需要而形成聚居的地方。

　　小城镇的形成与演变过程是在低级的草市、墟、场的基础上发展起来的,这是与我国手工业和产品交换的发展相适应的结果。但由于受到政治、宗教等因素的影响,我国小城镇还具有特殊的形成过程,存在众多其他来源的小城镇。由于落后的封建制的束缚,中国古代城镇的发展未能冲破封建的羁绊而独立前进。虽然商品经济有较大发展,但是仍处于自然经济的从属地位,小城镇的经济基础十分薄弱,基础设施仍然十分落后。

3. 小城镇体系

　　小城镇体系是指在一定地域内,由不同等级、不同规模、不同职能而彼此相互联系、相互依存、相互制约的小城镇组成的有机系统。目前,我国的小城镇体系是由县城及县城以外的建制镇和集镇构成的,如图 1-1 所示。

图 1-1　小城镇体系结构

　　(1)县城。县城即县域中心城,是对所管辖乡镇进行管理的行政单位,作为县人民政府所在地,必然聚集县域各种要素。作为县域政治、经济和文化中心,县城镇在发挥上接城市、下引乡村的社会和经济功能中起最重要的核心作用。

　　(2)县城以外的建制镇。县城以外的建制镇是县域的次级小城镇,是本镇域的政治、经济和文化中心,对本镇的生活、生产起着领导和组织作用。它又可分为中心镇和一般镇,一个县一般设 1~2 个中心镇。

　　(3)集镇。集镇通常是乡政府所在地或是乡村一定区域内政治、经济、文化和生活服务的中心。这类集镇在我国数量不少,随着农村产业结构的调整和剩余劳动力的转移,当经济效益和人口聚集到一定规模时,将晋升为建制镇。

4. 小城镇基本特点

(1)城乡结合的社会综合体。小城镇是城乡结合的社会综合体,是镇域经济、政治和文化中心,因而,具有上接城市、下引乡村、促进区域经济和社会全面进步的综合功能。从城镇体系看,小城镇是城镇体系和城市居民点中的最低层次;从乡村地域体系看,小城镇是乡村地域体系的最高层次。目前,大多数小城镇为乡镇行政机构驻地,也是乡镇企业的基地及城乡物资交流的集散点,一般都安排有商业与服务业网点、文教卫生及公用设施等。因此,小城镇既不同于乡村又不同于城市。在经济发展与信息传递等方面,小城镇都起着城市与乡村之间的纽带作用。

(2)数量大、分布广。我国小城镇数量大、分布广。小城镇由于接近农村,其服务对象除镇区居民外,还包含了周围的村庄。我国的小城镇不但类型多、内涵广,而且作为区域城镇体系的基础层次,数量众多,分布面广。

(3)区域性差异明显。我国长期以来经济发展不平衡,经济实力东强西弱,乡村产业化进程和乡村市场经济发展东快西慢,乡镇企业东多西少。小城镇的发展存在明显的空间差异,从东到西小城镇建设水平和经济实力逐步递减。

(4)人口结构复杂。小城镇人口结构复杂,城镇用地与农田用地交织在一起。在以矿业为主的小城镇中,非农业人口占城镇人口的大多数;但在大多数建制镇中,亦工亦农与农业人口却占有较大的比重。城镇流动人口多,瞬时高峰集散人口多,是其重要特点。小城镇用地特征是城镇建设用地与农业用地相互穿插,在居住区中,往往混住着许多以农业生产为主的农民住户,由于生活及生产的要求不同,因而给城镇建设和用地管理增加了难度。

(5)基础设施不足、建筑质量较差。小城镇的交通特点是与外部联系频繁而内部交通组织较为简单,道路系统分工不明确,路面质量较差。还有不少的小城镇沿公路两侧建设,布局拉得很长,影响交通。小城镇一般供水和排水设施差,供电、通信设施基础薄弱,公用工程设施标准较低,镇区内公共绿地少,环境保护问题尚未引起注意。小城镇原有建筑层数较低,以平房和低层建筑为主,有些旧区的居住建筑很有地方特色,但年久失修,缺乏维护和管理,建筑质量较差。

三、园林景观与人、自然的关系

人类所创造的环境景观可分为两类:一类是生活使用功能方面的,是物质需求的产物,称之为"作用在土地上的印记",如梯田、水渠、果林等;另一类是精神需求的产物,即具有艺术性的园林环境,具有观赏价值、精神功能。园林景观兼具自然和人工属性,人和自然关系的演变对它产生了巨大的影响。在人类文明的发展过程中,人对自然的态度可划分为以下四个阶段,而园林在这些不同阶段也表现出迥异的形态和特色。

1. 园林的萌芽期

在原始社会时期,人类刚从自然界中分离出来,几乎完全被动地依赖于自然,因此,对自然界充满了恐惧、敬畏心理,自然界的万物通常被当作神灵加以崇拜。在原始社会初期,人是自然生态良性循环的一部分,此时园林尚未出现,直到原始社会后期,产生了原始农业,人类聚落附近出现了农田、牧场,房子前后出现了果园、菜圃,这些以农业生产为目的的场地就是萌芽期的园林。

2. 园林的繁荣期

在奴隶社会和封建社会时期,随着人类农业生产的发展,人类利用和改造自然能力增强,逐渐认识自然和适应自然。人类活动对自然有一定程度的破坏,但限于生产力水平,人们对自然生态的影响是微小的,人和自然属于亲和关系。园林在这漫长的岁月中逐步发展起来,依据不同的政治、宗教、文化、经济条件和不同的自然地理条件,形成不同风格和形式的园林体系,如中国园林、日本园林、英国园林、法国园林等。

3. 现代园林的开端

公共园林的兴起表明现代园林时代的开始。从英国的产业革命到第二次世界大战期间，是人类社会生产力空前发展的阶段，由于没有意识到环境保护的重要性，人类无休止地掠夺自然资源，疯狂地征服自然，造成环境的极大破坏，打破了自然生态平衡，使生态系统进入恶性循环。人类过度开发自然之后也遭到自然的无情报复，聚居环境的恶化直接威胁到人类的生存，人与自然处于对立关系。这时人类认识到盲目地开发土地和掠夺自然资源所造成的严重后果，提出保护自然资源、发展城市园林的思想。

4. 现代园林的发展

第二次世界大战以后，发达国家的经济有了腾飞，自然资源的有限性和生态平衡的重要性为人们广泛认识，亲近自然、回归自然成为必然趋势，可持续发展成为全球关注的问题，人们认识到应与自然和谐共处。生态科学理论的确立和技术的进步大大拓展了园林景观学的领域，它向着宏观的自然环境和人类所创造的各种人文环境全面延伸，同时，也广泛地渗透到人们生活的各个领域。

第二节　小城镇园林景观建设的特点

一、地域广

小城镇园林景观建设的服务对象不仅是城镇居民，还要考虑到广大的农民。小城镇大多处于农村之中，以农耕为主。农业的发展，农民收入的增长，促进了小城镇建设，而小城镇的建设又带动了农业的发展，加快了农业现代化进程。城镇规模小，而且依托于广大的农村。农业现代化促进了生态农业文化的发展，为小城镇园林景观建设带来了独特的景观风貌。因此，小城镇的园林景观系统要与农村联网，促进城乡一体化的统筹发展。

小城镇园林景观建设不仅保护特有的乡村景观资源,提供农产品,并在此基础上保护与维持小城镇的生态系统的平衡,最后,还可作为一种重要的旅游观光资源。传统的农业仅仅体现生产性的功能,而现代的小城镇园林景观以农业为依托,进一步发挥其生态与经济的功能。

二、规模小

小城镇的人口规模及用地规模与城市相比都要小。然而"麻雀虽小,五脏俱全",城市拥有的功能,在小城镇中都有可能出现,但各种功能不会像城市那样界定较为分明、独立性强,小城镇往往表现为各种功能集中交叉、互补互存。

园林景观建设依托小城镇的复合化功能,加之学科内的综合性,表现出比城市园林景观更加丰富多样的功能。但是,小城镇园林景观建设同时也面临着比城市更鲜明的矛盾冲突与地域特色。小城镇园林景观建设具有高度的综合性,涉及景观生态学、乡村地理学、乡村社会学、建筑学、美学、农学等多方面领域。小城镇园林景观建设是一项复合化、多元化的综合性题目。

三、自然性

小城镇依托于广大的农村,绿树、农田将其环绕,田园风光近在咫尺。与大、中城市相比更加接近自然,山明、水美、绿树、蓝天和阡陌纵横的田野,更有利于创造优美、舒适、独具特色的小城镇园林景观。山区丘陵地区应充分利用地形条件,依山就势布置道路,进行用地功能组织,形成多层次、生动活泼的小城镇空间。而在水网交织的地方,应充分利用河、湖等水系的有利条件组织小城镇园林景观系统,形成山、水、湖交相辉映的景象。例如江南小城镇有"亲水"特点,因此,在进行小城镇园林景观设计和建设时,应充分利用其一山一水、一草一木等自然条件,将它们有机地组织到小城镇园林景观系统中去。

小城镇园林景观在保护城镇生态利益的同时,还提供人们观赏自然的美学途径,为城镇及居住者带来长期的效益,在生态、文化与美学三者合一的基础上,体现人与自然和谐共处的关系。小城镇园林景观建设不仅关注景观的"土地利用"以及人类生存活动的短期需求,也将景观作为整体生态系统的一个单元,其生态价值是不可低估的。

四、传统性

园林是时代精神的反映,园林具有鲜明的传统性。一个时代的园林建设受当时社会的科学技术发展水平、人们的审美观念特别是意识形态中价值取向的影响,是社会经济、政治、文化的载体。它凝聚了当时当地人们对现在或未来生存空间的一种向往,因受自然地理、文化民俗、气候、植被等因素制约,各个地方的园林风格也各不相同。园林的传统性表现为以下几个方面。

(1)造园之始,意在笔先。意,可视为意志、意念或意境,对内足以抒己,对外足以感人,它强调了在造园之前必不可少的意匠构思,也就是明确指导思想。

(2)欲扬先抑,柳暗花明。在造园时,运用影壁、假山、水景等作为人工障景,利用树丛作为隔景,创造地形变化来组织空间的渐进发展,利用道路系统的曲折前进,园林景物的依次出现,利用虚实院墙的隔而不断,利用园中园、景中景的形式等,都可以创造引人入胜的效果。人工障景无形中延长了游览路线,增加了空间层次,给人们带来柳暗花明、绝路逢生的无穷情趣。

(3)相地合宜,构园得体。凡营造园林,必按地形、地势、地貌的实际情况,考虑园林的性质、规模,强调园有异宜,构思其艺术特征和园景结构。只有合乎地形骨架的规律,才有构园得体的可能。

(4)因地制宜,随势生机。通过选地,可以取得正确的构园选址。然而在一块土地上,要想协调多种景观的关系,还要靠因地制宜、随势生机和随机应变的手法进行合理布局,这是中国造园艺术的又一特点,也是中国画论中的经营位置原则之一。

(5)巧于因借,精在体宜。"因"者,可凭借造园之园;"借"者,藉也。景不限内外,所谓"晴峦耸秀,绀宇凌空;极目所至,俗则屏之,嘉则收之,不分町疃,尽为烟景……"。这种因地、因时借景的做法,大大超越了有限的园林空间。用现代语言描述,就是汇集所有外围环境的风景要素,拿来为我所用,取得事半功倍的艺术效果。

(6)小中见大,咫尺山林。小中见大,就是调动景观诸要素之间的关系,通过对比、反衬,造成错觉和联想,达到扩大空间感,形成咫尺山林的效果。这多用于较小园林空间的私家园林。中国园林特别是江南私家园林,往往因土地限制,面积较小,故造园者运筹帷幄,小中见大,巧为因借。近借毗邻,远借山川,仰借日月,俯借水中倒影,园路曲折迂回。利用廊桥花墙分隔成几个相对独立而又串联贯通的空间,此谓园中有园。

(7)起始开合,步移景异。起始开合、步移景异就是创造不同大小类型的空间,通过人们在行进中的视点、视线、视距、视野、视角等随机安排,产生审美心理的变迁,通过移步换景的处理,增加引人入胜的吸引力。风景园林是一个流动的游赏空间,善于在流动中造景,这也是中国园林的特色之一。

(8)虽由人作,宛自天开。无论是寺观园林、皇家园林还是私家庭园,造园者顺应自然、利用自然和仿效自然的主导思想始终不移。认为只要"稍动天机",即可做到"有真为假,作假成真"。无怪乎外国人称中国造园为"巧夺天工"。纵观我国古代造园的范例,巧就巧在顺应天然之理、自然之规。用现代语言描述,就是遵循客观规律,符合自然秩序,撷取天然精华,布局顺理成章。

第三节　小城镇园林景观设计的内容及意义

一、小城镇园林景观设计的内容

小城镇园林景观是城镇质量的外在表现,是影响城镇生活质量和城镇对外形象的重要因素,因此,小城镇园林景观规划设计在城镇建设中起着举足轻重的作用,它既要给人们创造一个宜人舒适的人居环境,又要满足人们视觉审美的需要,同时,还要符合当地人文和自然情况的客观实际。

为了营造美好的城镇景观,在进行小城镇园林景观规划与设计中,首先,要重视对自然资源和人文资源的利用,并对之进行利用、改造,进而创造美好的视觉感受和良好的居住品质。其次,要深入发掘历史积淀下来的深厚的文化资源,并对这些文化进行归纳、更新,从城镇外在形象上彰显文化特质,借助景观设计元素的细微之处表现地方文化的精髓。

基于此,在对小城镇园林景观设计的理论和方法进行探索时,首先主要从总体上介绍了园林景观设计的相关理论,然后着重针对小城镇园林景观设计专题进行详细论述,从小城镇的街道和广场、水系以及住区三个主要方面进行阐述,旨在抛砖引玉,希望能引起大家对小城镇园林景观建设进行更为广泛和深入的探索。

1. 园林景观

园林是人类文化遗产的一个重要组成部分,世界上曾经有过发达文化的民族和地区,必然有其独特的造园风格,因此,通常把世界园林分为东方和西方两大体系。东方古典园林主要包括中国古典园林和日本古典园林;西方古典园林主要包括古埃及园林、古巴比伦园林、古希腊园林及古罗马园林。东方园林以自然式为主,西方园林以规则式为主。园林景观的设计要素主要包括植物、道路、地形、水体、园林建筑及小品。各要素之间的组合规律包括多样统一、对称与均衡、对比与协调、比例与尺度、抽象与具体及节奏与韵律。点、线、面、体是园林景观的表现形式,同时,还有色彩及质感的变化。传统园林艺术讲求立意,讲求因地制宜、构园得体,要做到虽由人作,宛自天开。

2. 街道与广场景观

街道与广场景观主要分为传统村镇聚落的街道和广场、历史文化街区和节点的文化景观保护以及当代小城镇街道和广场景观的设计三部分。其中,传统村镇聚落的街道和广场具有多义性的空间功能、尺度宜人的空间结构、丰富多变的景观序列、结合自然环境进行空间变化等特点;历史文化街区和节点的文化景观保护。本书中将主要就保护原则及保护模式进行研究,阐述当代小城镇街道和广场景观设计部分主要包括相关设计理论及理念。

3. 水系景观

纵览中西古典园林,几乎每种庭园都有水景的存在。尽管水景在大小、形式、风格上有着很大的差异,但人们对它们的喜爱却如出一辙。在东西方园林景观中水体景观设计往往成为景观艺术设计的难点,但也常常是点睛之笔。水体形态多样,或平淡或跌宕,或喧闹或静谧,由此按水体景观的存在形式可将其分为静态水景和动态水景两大类。静态水景赋予环境娴静淡泊之美,如自然形成的湖泊、池塘及人工建造的水池等;动态水景则赋予环境活泼灵动之美,其中,包括喷涌的喷泉、跌落的瀑布、潺潺而下的叠水等。

4. 居住区景观

小城镇居住区的景观设计主要包括居住区道路的景观设计、居住区公共绿地的景观设计及居住区宅旁绿地的景观设计。道路绿带分为分车绿带、行道树绿带和路侧绿带。在景观设计中主要以行车安全及美化环境为原则,考虑道路环境对植物生长的影响,在植物选择上以抗逆性强的乡土树种为主。居住区公共绿地主要包括居住区级、组群级或院落级公共绿地,布置形式可分为自然式、规则式及混合式三种,其主要功能是为人们提供一个环境优美的休息空间及活动空间。与公共绿地相比,宅旁绿地不具有较强的娱乐、游赏功能,但却与居民日常生活起居息息相关,功能性、观赏性、生态性的兼顾是宅旁绿地设计的原则。

二、小城镇园林景观设计的意义

小城镇园林景观设计的目标在于使人与自然融为一体,它是农村与城市之间相互连接的纽带,不仅连接着经济,还连接着文明。因此,小城镇园林景观的设计具有重要意义。

1. 保护环境

在城镇化过程中,原本在大城市中存在的环境问题现在在小城镇中也开始出现,而且有愈演愈烈之势,这其中包括空气污染、水污染、噪声污染等。小城镇景观的建设将提高其绿化覆盖率,绿地系统不仅能净化空气、降低太阳辐射、调节气温和空气湿度、改善小气候,而且能够防风沙、降噪声、滤尘埃、保水土、抵御自然灾害侵袭等多重功能,对小城镇环境的保护具有重要作用。

2. 美化生活环境

景观建设是美化小城镇面貌、增加小城镇的建筑艺术效果、丰富小城镇景观的有效措施,使建筑"锦上添花",加强小城镇与大自然的联系。更重要的是优美的环境景观在心理上和精神上有积极作用,可以消除在工作和学习中产生的紧张和疲乏,使体力、脑力得到恢复。

3. 促进经济发展

景观设计将使得小城镇的风景更加优美、更能吸引旅游者,从而促进当地旅游业的发展。旅游业会带动经济的发展,同时,优美的环境还会吸引更多的公司来这里发展,吸引更多人来这里工作生活,最终促使小城镇整体经济向前发展。

4. 防灾减灾

小城镇的景观建设,特别是居住区内的公共园林景观建设,不仅可以成为抗灾救灾时的安全疏散和避难场地,还可以作为战时的隐蔽防护,吸附放射性有害物质等。

第四节　小城镇园林建设的发展趋势

一、小城镇园林景观建设的现状

改革开放以来,中国城镇化的发展成功地走了一条以小城镇为主的分散化道路。伴随着中国农村城镇化进程的不断加快,小城镇建设得到了较快发展。我国城镇规模结构和布局有所改善,辐射力和带动力增强。建制镇平均规模扩大,小城镇开始从数量扩张向质量提高和规模成长转变,城镇经济体制改革全面展开,符合市场经济要求的城镇经济体制正在形成,城镇居民生活明显改善,各项社会事业蓬勃发展。

随着新农村建设的不断推进,小城镇的发展也步入了一个繁荣的时期,并具有起点高、发展快、变化大的特点。小城镇的发展繁荣了地方经济,但由于缺乏科学的规划设计、规划管理和景观设计,在取得巨大成就的同时,也存在很多的问题。我国小城镇园林景观的发展在总体上较为无序,有效引导不够,没有一套完整的规划与管理体系,对"推进城镇化"、"高起点"、"高标准"、"超前性"等缺乏全面准确的理解。小城镇园林景观建设没有得到足够的重视,20 世纪 80 年代以来,我国小城镇的发展明显显现出"数量扩张"的特征。全国各地小城镇数量剧增的同时,城镇的面貌、功能没有发生实质性的变化,小城镇园林景观建设严重滞后。

在小城镇园林景观的整体布局上,呈现出全局较散,没有系统的景观结构,更没有整体化的绿地布局。而城镇局部的园林景观也以乱为主要特征,无论是公园、道路,还是住区的景观建设,都没有达到一定的水平,小城镇整体环境较差。

另外,很多小城镇园林景观的建设过分屈从于现实和眼前的利益,普遍重形象建设,轻功能建设,急功近利地做一些华而不实的表面文章,建超大规模的广场,修宽道路搞沿路两张皮,或铺设大面积草坪,并不考虑小城镇园林景观的现状以及地域特色,追求时髦与创新,反而丢失了小城镇固有的景观特色。同时也是浪费资源的一种表现,不仅不能改善整体环境,也不能为当地居民带来任何利益。在小城镇园林景观建设的认识上存在问题,过于盲目地贪大求全,在学习外国经验时往往不顾国情、市情、县情、镇情,盲目照抄照搬,忽视民族文化、地域文化和乡土特色。

二、小城镇园林景观建设的发展历程

1. 我国小城镇规划的历史

小城镇规划在我国只有二十多年的历史。在新中国成立到党的十一届三中全会召开的二十多年中，与社会主义建设事业一样，小城镇的发展也经历了曲折的过程。在这期间，小城镇基本处于自由发展的状态，规划主要为个别具有政治意义的项目服务，并没有进行小城镇的统一规划，国家也没有相应的法律法规与之配套，规划工作只局限于城市中。

1979年，我国第一次农村房屋建设工作会议提出对农村房屋建设进行规划，但这还远不是严格意义上的小城镇规划。直到1981年，我国在第二次农村房屋建设工作会议上提出用2～3年时间把全国村镇规划搞起来，并于1982年由原国家建委和国家农委联合发布《村镇规划原则》，小城镇规划在我国才正式出现。直到1986年底，我国有3.3万个小城镇编制了初步规划，结束了村镇自发建设的历史。

1990年以后，我国普遍开始探索县（市）域范围的城镇规划，传统城市规划向区域城镇体系规划拓展，而村镇规划则从下而上向同一目标迈进，城乡规划融合成为大趋势。2000年的《村镇规划编制办法（试行）》在规划编制层面、内容方面做了新的规定。

截至1999年底，全国共有小城镇50 000个，建制镇19 000多个；累计编制镇（乡）域总体规划39 555个，编制、调整、完善建制镇建设规划15 480个；设立建制镇建设试点7 550个。2000年《中共中央国务院关于促进小城镇健康发展的若干意见》中，要求加强和改进城乡规划工作，并明确提出要重点搞好县（市）域城镇体系规划，加强小城镇和村庄的编制规划工作，使得城乡统筹发展成为大势所趋，极大地促进了小城镇的发展。

2. 我国现行小城镇的规划

在我国，由于《中华人民共和国城乡规划法》按行政建制设立镇

（也称为城市），小城镇的规划大多套用城市规划编制的模式，同时，又遵从主要针对乡村型居民点的《村镇规划标准》，因此，小城镇规划如同小城镇概念一样，亦有城乡双重性。小城镇规划的内容在目前的法律、法规和行业标准框架下，形成了带有城市规划和乡村规划双重特色的小城镇规划模式，其内容通常分为三个部分：镇域总体规划，镇区建设规划，重要地段的详细规划或意向设计。从三方面内容看，小城镇规划继承了我国城市规划以物质环境为重的传统，主要解决小城镇物质环境建设的空间布局问题。

与此同时，《中华人民共和国城乡规划法》将建制镇划归城市范畴，将小城镇作为城市聚落的性质加以规划，而在《村镇规划标准》中，将小城镇划归为农村居民点进行规划，这造成一定程度的混乱。

在具体形式的表现上，传统小城镇的规划仅注重合理的平面布局，主要为平面规划，规划中缺少对地域特征、城镇风貌及城镇形象等三维空间的考虑，与小城镇设计的契合点不多，造成了片面追求大马路、大广场、大草坪的"政绩工程"，不负责任高速度、赶进度的"献礼工程"以及缺乏内涵的"欧陆风"、"仿古复古"和几十年不落后的"现代化"的出现。一方面，对小城镇的风貌缺乏深入系统的研究，使得"新房旧貌"、"千镇一面"、"百城同貌"，到外泛滥着呆板单调乏味的格局；另一方面，有些地方怀着猎奇的心理，以怪为美，盲目地进行模仿，结果造成了中西杂处、五颜六色、奇形怪状、五味杂陈的状态，随处可见那种零乱无序的"奇观"。这些都使得很多小城镇失去了原有的特色风貌，失去了应有的地方性和可识别性，破坏了小城镇的环境景观，进而严重地影响了小城镇的经济发展。

"小城镇，大战略"。建设小城镇，推进城镇化，是党中央根据我国国情做出的英明决策。为了确保小城镇的健康发展，现在，我国正处在城镇化进程迅速发展的重要历史阶段，深入系统结合工作实践、积极开展小城镇规划的研究是时代赋予我们的重大责任。

3. 小城镇园林景观建设的发展趋势

新中国成立以来，小城镇得到了前所未有的发展，建制镇数量从

1954年的5 400个增加到2008年的19 234个,成为繁荣经济、转移农村劳动力和提供公共服务的重要载体。可见,小城镇在我国的社会经济发展和城镇化进程中起着越来越重要的作用。其中,小城镇园林景观的建设是小城镇生态建设的根本保障。从城乡景观生态一体化的角度出发,应用景观生态学的基本原理进行小城镇园林景观建设。

党和政府一再强调小城镇建设的重要意义,十分重视小城镇建设的引导。虽然经过这么多年的探索发展,小城镇的建设发展取得了可喜的成果,但是由于种种原因,仍然存在着对小城镇建设的认识不足、缺少思想准备的现象,也出现了很多令人担忧的问题。小城镇园林景观形态的可感知性和可识别性越趋削弱,造成了"千镇一面,百城同貌"。这些问题已严重阻碍了小城镇的健康发展,因此,搞好小城镇园林景观建设,是促进小城镇健康发展的重要保证。

另外,在城镇化发展过程中,由于不合理地开发利用自然资源,造成生态破坏和环境污染,人类生存的环境日趋恶劣,各种人居环境的不适和灾难逐渐降临,返璞归真、回归自然、与自然和谐相处成为人们的理想愿望。人们重新认识到小城镇园林景观建设是营造优美舒适的居住环境和特色的重要因素之一。小城镇园林景观是农村与城市景观的过渡与纽带,小城镇园林景观建设必须与小城镇中的住区、住宅、街道、广场、公共建筑和生产性建筑的建设紧密配合,这些是营造小城镇独特风貌的重要组成部分。小城镇园林景观建设的发展具有如下趋势。

(1)以美化城镇环境为最终目标。园林景观建设是美化小城镇面貌,增加小城镇的建筑艺术效果,丰富小城镇景观的有效措施。小城镇园林景观的建设将极大地加强小城镇与大自然的联系。优美的园林景观建设将在心理上和精神上对小城镇的居民起到有益的作用。

(2)以保护城镇生态环境为基础。在城镇化过程中,原本在大城市中存在的环境问题现在在小城镇中也开始出现,而且有愈演愈烈之势,这其中包括空气污染、水污染、噪声污染等。小城镇园林景观的建设将以提高城镇绿化覆盖率为基础,通过园林景观建设来创造良好的居住环境和生态环境。

（3）与经济发展相结合。小城镇园林景观拥有珍贵的自然资源，独特的乡村风光与自然山水是小城镇园林景观区别于城市的最主要特征。小城镇园林景观未来发展应该充分利用特有的乡村资源和农业资源，与旅游发展、产业发展相结合。小城镇优美的景色能够吸引更多的旅游者，从而促进当地旅游业的发展，旅游业会带动经济的发展；同时，优美的环境还会吸引更多的企业来这里发展，吸引更多人来这里工作生活，最终促进小城镇整体经济向前发展。小城镇园林景观建设还可以与农业产业相结合，发展农业公园、农业生产示范区等，扩大小城镇产业的经营范围。

（4）突出地方特色，展现独特风貌。在小城镇飞速发展的时期，国家出台各类政策以使小城镇建设独具特性与特色。结合地方条件，突出地方特色的小城镇园林景观建设结合地形，节约用地，考虑气候条件，节约能源，注重环境生态及景观塑造，以最小的花费塑造高品质的居住环境。除了物质建设，小城镇园林景观建设更应该注重精神层面的地方特色。在一些古老的村落中，都会有公用的公共空间、场地、街道、祠堂等，它们是小城镇居民的主要聚会交流场所，有助于团体凝聚力和归属感的形成。同时，在小城镇园林景观的规划设计过程中，应该反映当地居民的愿望，获得他们的理解，接受他们的参与，以最大限度地打造适合当地生活方式的园林景观形式。

三、小城镇园林景观建设存在的问题

1. 基础差，现状绿化指标低

小城镇园林景观建设基础比较差，与国家所确定的衡量城镇绿化水平的指标相差甚远。绿地率低，绿化覆盖率也低，人均公共绿地更少。不少小城镇甚至无一处公共绿地。无论是质还是量，都远不能满足人民物质文化水平提高的需求。

2. 投资少，限制园林景观建设的发展

园林景观建设在我国普遍存在着投资少、缺口大的问题。而小城

镇由于经济发展所限,其资金不足的矛盾尤为突出,"先繁荣,后环境"的思想根深蒂固,这在很大程度上限制和影响了小城镇园林景观建设的发展。

3. 缺特色,园林景观风格单调

我国小城镇结构上存在明显的农业文化印记,即农舍形态的城镇化,这是"千镇一面"现象的根源;加之不少小城镇对待园林景观建设仅停留在"栽树"阶段。在规划设计中存在着系统性差,点、线、面系统结合生硬,新、旧区园林景观不协调的现象。再加上"短、平、快"的单纯绿化思想严重,对设计不重视,盲目追求一步到位,缺乏选择比较,绿地一大片,却没有特色和精品。片面模仿,造成雷同,很难从景观上去识别镇与镇之间的差别。

另外,小城镇特有的自然特色也通常在规划设计的过程中被破坏得消失殆尽。一些小城镇为了满足外来人对自然风景区旅游观光的需求,在小城镇内盲目地建设新奇的房子或随意加大游人对自然景观的干预。为了追求所谓的"大气"、"开阔",把山坡推平,树木砍光,河流填埋或用昂贵而生硬的水泥、花岗岩把河流护岸做成呆板的人工护岸。结果,绿地不成体系,河流变成小塘或单一的排水沟。走在城镇的小路上,不能享受"自然之美",不能欣赏到纯朴的"大地文化",小城镇珍贵的自然景观特色被完全破坏。

4. 总体发展与区域布局

总体发展与区域布局上缺乏科学的规划设计和规划管理,管理技术和管理人才严重不足,在小城镇园林景观规划和建设中,不少地方存在着明显的"长官"意志,领导者以个人的好恶进行决策,方案的确定不经过广泛、充分、科学的论证。

小城镇园林景观建设由于缺乏专业技术人才和管理人才,树林只栽不管或基本上不管,养护水平低,更谈不上用植物造景。对建设的园林景观缺乏维护、对小城镇居民缺乏宣传教育,未能形成爱绿护绿的良好习惯。

5. 生态系统失衡

从生态角度看,小城镇园林景观主要由两类生态系统组成。一类是自然景观生态系统,另一类是人工景观生态系统。小城镇园林景观不仅是一种人工形式美,而且表现为自然和人工景观生态系统良性循环富有生命本质的美。但目前某些小城镇以牺牲环境为代价进行园林景观建设,建成了钢筋水泥的小城镇丛林,而忽视生态型的园林景观,导致景观生态系统失衡,工业生产和城镇居民排放的大量废弃物,造成大量自然景观破坏,超过了小城镇景观生态系统自身的调节能力。

随着经济建设速度的加快,我国步入加速城市化的时期。在社会经济结构和空间结构发生重大变化的同时,城镇和乡村景观遭受到了巨大的冲击:传统乡村景观中生物栖息地的多样性降低,乡村自然景观破碎化,使得小城镇的生态效益遭受严重损害。另外,小城镇的发展缺乏合理有效的规划管理,无论是政府、生产者还是居住者都比较偏重于城镇地域的生产和经济功能,甚至不惜以毁林、毁草和填湖为代价,对小城镇园林景观的生态功能和文化美学内涵造成极大破坏。

6. 规划设计的无序性

我国历史文化悠久,幅员辽阔,具有很多独特景观风貌的历史小城镇和村落,它们是各地传统文化、民俗风情、景观特征和建筑艺术的真实写照,记载了历史文化和社会发展的演变进程。目前,全国有63.4%的村庄已经编制了村庄总体规划,但总的看来,规划水平较低。小城镇园林景观建设方面更是反映出了总体规划的无序性,绿地系统的总体布局大多千篇一律,有的采用城市居住区的布局模式,缺乏乡村的环境特征;有的形式单一,布局呆板,虽提高了土地利用率,但缺乏小城镇乡村景观应有的自然氛围和特色。小城镇建筑景观上也通常盲目模仿城市的住宅或别墅,形成了与小城镇特有的自然环境不相融合的建筑景观。

小城镇园林景观规划设计上的无序性也来源于规划设计人员对小城镇自然环境特征的忽视。经常有设计师将只适用于城市环境的设计规范生搬硬套到小城镇园林景观设计中去,缺乏对城镇居民的心理和行为的研究。

7. 小城镇园林景观缺乏正确定位

随着经济的发展和生活方式现代化的冲击,小城镇居民对其居住环境有着求新求变的心理。但往往缺乏乡村景观及生态环境保护的正确观念指导。同时,城市居住标准、价值观以及建筑风格等极大地误导了小城镇园林景观的发展。很多发展中的小城镇向城市看齐,把城市的一切看成现代文明的标志,大拆大建地使乡村呈现城市的景观。

对小城镇园林景观建设中,缺乏对小城镇性质、功能的正确定位,导致盲目模仿,求大求全的景观建造,模仿大城市的大广场、大草皮、宽马路,与小城镇的空间形态格格不入,严重损坏了小城镇的形象。特别是一些小城镇在园林景观建设中,南北盲目模仿,而不考虑自然环境的差异,选用不适宜的绿化树种和花卉,造成极大浪费。

长期以来,由于我国农村集体土地产权主体不明晰,村镇建设缺乏科学的规划控制与指导,常常出现居住环境建设相对落后、布局不合理的现象,农户多在公路两旁建房经商,村落沿公路延伸,占尽路边良田,形成"马路村"。另外,小城镇的居民自行拆旧建新,大量缺乏设计的建筑形式如雨后春笋般出现,造成小城镇景观布局混乱的现象。最后,虽然有些小城镇的发展有"见缝插绿,凡能绿化的地方都绿化"的意识,但却没有专业的景观规划设计,实施效果低,形象差。这些错误的定位与观念上的偏差都导致了小城镇园林景观的低层次和畸形发展。

8. 忽视文化内涵

小城镇的文化内涵能反映出该城镇的品位高低,小城镇文化的落后与高度现代化社会形成强烈的反差,导致一些小城镇居民对传统文化彻底否定,大拆大建,丢掉了传统文化和地方特色。有些地方,对文物的周围环境大加破坏,使文物脱离了文化氛围,也就失去文物固有的意义。

长期以来,人们只注意保护那些在历史上曾经闻名的单幢建筑物,古塔、古树、寺院、庙宇等,而那些反映当地文化特色或传统风貌的历史性街区、民居则被肆意地推平,代之以毫无特色的行列式住宅,使城镇老城区的传统民居环境遭到严重破坏,小城镇的传统文化内涵越来越多地被淹没。

社会经济的发展,不可避免地影响到人们的生活方式。对外联系的增加,尤其是现代传媒的作用,使小城镇中原有的乡土文化也逐步受到外来文化的影响和冲击,世界文化趋于同性现象越来越明显,很多特色居民的原有生活方式发生了巨大的变化,旧有的具有民俗风情的人文景观逐步消失:民族服饰风格逐渐统一化;民间剪纸、雕刻、刺绣等民族艺术逐步被机械化生产取代;民间歌舞晚会也逐渐被电视传媒所代替;民族宗教信仰与图腾也在渐渐地消失。

9. 对人工景观的错误认识

很多小城镇园林景观的建设只是为了追求政绩而做出的纪念性表面文章,为建而建,将建筑和城市空间作为表演的舞台,忽视了人工的景观是为了居民休闲需求、生活需要和环境需要而存在的。比如近几年兴起的广场建设,广场面积盲目地和大城市作比较,以为广场建得越大气,越能反映当地的生活水准,人在广场上活动就越自由。结果空荡荡的广场上少有人烟,人在其上活动越发觉得自己的渺小。久而久之,大广场成了城镇景观中的摆设。

一些小城镇园林景观的建设中,对景观设施和小品的认识不够,要么认为它是可有可无的装饰品,必要时对它进行简单的加工;要么将之摆在城镇景观的重要位置,花费心思,大加修缮。比如有些地方不注重建筑小品的建设,用厚重的砖墙将住区内部景观与外部空间断然隔开;或在沿街建筑两侧大张旗鼓地挂上醒目的广告招牌,以增添城镇的商业气息。而有些地方,为了利用小品营造环境氛围,大肆修建喷泉景观;或在城镇的不同地方放置这样或那样的雕塑以期丰富景观;或在广场上铺上华丽的花岗岩等。

为了城镇形象更加突出,过分关注城镇形象。但由于经济条件限制,在建设中只能大搞特搞城市外包装建设,对主要道路的两侧建筑、小品大加修缮,浓墨重彩做包装,进行"一层皮"开发,以求取得良好的外在形象。比如有些地方对那些脏、乱、差的地方投入大量的资金建围墙以阻挡人们视线;或在没有理解地方文化的前提下,盲目地认为江南的"小桥、流水、人家"就是最好的,认为欧洲的"大树、草坪、洋楼"就是最时尚的,机械地生搬硬抄,结果没有特定的大环境,这些"移植"过来的景观让人怎么看怎么觉得别扭。

第五节　世界园林景观

一、中国古典园林

中国园林已有数千年的发展历史,有优秀的造园艺术传统及造园文化传统,它从崇尚自然的思想出发,发展形成了以山水园林为骨架的人文自然山水。在我国古代,园林又称作园、囿、苑、庭园、别业、山庄等。创造、营建园林环境的全过程称为"造园"。造园是关系地理学、地质学、气象学、植物学、生态学、建筑学,乃至哲学、文学、绘画、动物学等多种学科的综合性的艺术创作。造园艺术在我国不仅有着悠久的历史,而且也取得了辉煌的成就。中国园林以自己特有的风格,在世界文明史中独树一帜,久负盛名。

1. 皇家园林

皇帝在中国古代的统治阶级的地位是至高无上的,他们利用其政治上的特权以及经济上的雄厚财力,占据大片土地营造园林供己享用。皇家园林属于皇帝个人及皇室私有,皇家园林要在不悖于风景式造景原则的前提下,尽可能地彰显皇家的气派与皇权的至尊。但同时,它也在不断地汲取民间私家园林的造园艺术养分,从而丰富皇家园林的内容,提高宫廷造园的艺术水平。在中国古代历史上,历朝历代几乎都有皇家园林的建置,它们不仅是庞大的艺术创作,也是一项耗资巨大的土木工程。因此,也可以说皇家园林的数量多少、规模大小,在一定程度上也反映出一个朝代的国力盛衰。

（1）春秋战国前的园林。

1）殷商时期。殷商时期有玄圃、灵台、灵沼、灵囿等园林,其中,殷商朴素的囿是中国最早见之于文字记载的园林,是贵族游憩用的。那时的帝王苑囿由自然美趋于建筑美,建都市,周围筑高墙,并造高台为游乐及远眺用。灵囿可以说是最早的皇家园林,但主要是作为狩猎、采樵之用,游憩的目的还在其次。

2）春秋战国时期。春秋战国时期思想解放,人才辈出,以孔孟（儒家）、老庄（道家）思想为主流,宇宙人生哲学受关注。人与自然的关系由敬畏变为亲近,许多诸侯有囿圃,其中郑国的厚圃,秦国的具圃,吴国的梧桐园、会景园比较著名。

（2）秦汉时期的园林。

1）秦代园林。秦代园林中最为知名的上林苑,北起渭水,南至终南山,东到宜春苑,西达沣河,建朝宫于苑中,其前殿即阿房宫。据说"规恢三百余里,离宫别馆,弥山跨谷,辇道相属"。除苑中恢宏的建筑外,对自然景观也十分重视。不仅"表南山之巅以为阙"、"络樊川以为池",还修建了许多人工湖泊,如牛首池、镐池等。此时的园林山明水秀,景色宜人,基本脱离了先秦在园林初创期的那种"蓄草木、养禽兽"的单一模式。

2）汉代园林。西汉初,在修复长乐宫后不久即建造了未央宫,作为朝官及帝后居所。宫中园林在西掖庭宫之西,有沧池,是园中主要景观。池中筑渐台（即水中之台）,池西有大殿名白虎殿。白虎是"西方之兽"（《礼记·曲礼上》）,殿建在西部,显出五行方位之说的影响。汉代园林以"一池三山"为主要模式,汉代后期,官僚、贵族、富商的私家园林已经出现,承袭囿、苑的传统,建筑组群结合自然山水,人与自然关系密切,主要以大自然景观为师法对象,中国园林作为风景式园林的特点已经具备,不过尚处在比较原始、粗放的状态。

（3）南北朝时期的园林。

南北朝时期,社会动荡,突破了儒家的正统地位,出现了诸家争鸣。文人和士大夫受到政治动乱和佛、道出世思想的影响,崇尚"玄学",出现了田园诗和山水画,对造园艺术影响极大,初步确立了园林美学思想,奠定了我国自然式园林发展的基础,是中国园林发展史上的一个转折时期。民间私家园林、寺观园林应运而生。南北朝的自然山水园林中已经出现比较精致而结构复杂的假山,有意识地运用假山、水、石以及植物与建筑的组合来创造写实山水园的景观。僧侣们喜择深山水畔广建佛寺,在自然风景中渗入了人文景观,为发展中国特色的名胜古迹奠定了基础。其中,北魏洛阳御苑华林园、仙都苑等比较著名。

(4)隋唐时期的园林。

隋代是一个国富民强的昌盛时代,园林的发展也相应地进入一个全盛时期。隋代洛阳的西苑是当时著名的皇家园林。西苑的规模很大,以周围十余里的大湖作为主体。湖中三岛高出水面,上建台、观、楼、阁。大湖的周围又有许多小湖,其间又以渠道相连通。苑内有十六院,即十六处独立的建筑群,它们的外面以"龙鳞渠"串联起来,园中有园。苑内大量栽植异花奇木,饲养动物。唐代长安大明宫、华清宫、兴庆宫也是当时著名的皇家园林。华清宫在长安城东面的临潼区,利用骊山风景和温泉进行造园。骊山北坡为苑林区,山麓建置宫廷区和衙署,是我国历史上最早的一座宫苑分置,兼作政治活动的行宫御苑。

(5)明清时期的园林。

盛清康乾时代,在北京西北郊建成了被称为"三山五园"的大片皇家园林群,以圆明园规模最大。但是,包括圆明园在内的北京园林在1860年英法联军、1900年八国联军的两次侵略战争中受到了严重的破坏,圆明园完全被毁,清漪园即今颐和园又经重修,还比较完整。在承德保存着离宫避暑山庄,规模也相当大。皇家园林运用了一整套中国园林构图手法,如对景、借景、隔景、透景等,其起承转合、含蓄委婉的精神皆息息相通。清代的皇家园林更是有意地向私家园林学习,皇园中许多局部或园中小园,甚至是对江南私家园林的模仿。

2. 私家园林

私家园林为民间的官僚、文人、地主、商人等所私有,古籍中称之为园、园亭、园墅、池馆、山池、山庄、别墅、别业等。私家园林与皇家园林相比,无论是在内容上还是在形式上,都表现出很大的差别。建置在城镇里面的私家园林绝大多数为宅园,它依附于住宅,作为园主日常游憩、宴会、读书、会友等的场所,故而规模并不大。通常紧临邸宅的后部,呈前宅后园的格局,或位于邸宅的一侧而成为跨院,此外,也有少数单独建置不依附于邸宅的游憩园。建在郊外山林风景地带的私家园林大多是别墅园,它不受城市用地的限制,因此,规模比一般的宅园要大一些。

(1)西汉时期的私家园林。西汉以来,中国开始出现私家园林,这是园林史上的大事,以后经魏晋的演化,从贵戚富户之园向士人园转化,再历唐宋之发展而蔚为大观,成为与皇家园林并列的中国两大园林系统之一。两汉私家园林,造园手法多效法皇家园林,水平在皇家园林之下。到了唐宋,规模当然仍远不及皇家园林,而造园水平已在皇家园林之上。到了明清,以私园的精微细腻,窈窕曲折,已远超皇室,皇家园林转而要向私家园林取法了。

(2)两晋南北朝的私家园林。中国园林作为自然风景式园林的特点已经确立。公元 3 世纪到 6 世纪的两晋南北朝是中国园林发展史上的一个转折时期。由于文人和士大夫受到政治动乱及佛教、道教思想的影响,大都崇尚玄谈、寄情于山水,游山玩水成为一时风尚。讴歌自然景物与田园风光的诗文涌现文坛,山水画作为独立的画种也开始萌芽。对自然景物内在规律的揭示和探索,促进了自然风景式园林向更高水平上发展。官僚士大夫以隐逸野居为高雅,他们不满足一时的游山玩水,要求身居馆堂而又能长期地享用、占有大自然的山林野趣。

(3)唐代的私家园林。唐代是私家园林的大发展时代。私家园林园主要不外乎贵族和官僚,前者为皇亲国戚,虽身份高贵但不见得饱有才学;后者多为进士出身,有高度文化修养,本身可能就是诗人或画家。因园主不同,私家园林的风格有所差别。大致说来,贵族园林偏重于华丽富贵,官僚而兼文人的园林则在意趣上更高一筹,尤其是经过他们的擘画,偏重于自然淡泊,拳石篑土,寄托情怀,往往小中见大,力求体现天地人生的真趣。例如,辋川别业是王维隐居的庄园,是与友裴迪经常诗酒邀游之处,利用天然山谷、湖水林木相地而筑的一座自然山水园林。规模很大,岗岭起伏,纵谷交错,泉瀑叠落,湖溪岩峡,高林藤菖的自然胜景,并加以构筑茅庐草亭榭石桥舟渡等园林建筑,更具湖光山色之胜,成为既富有园艺之趣,又有诗情画意的优美园林。总之,辋川别业是一个林木茂盛、湖光山色、风景十分优美的自然山水园林,无论从景的题名还是从人的感受,处处都充满了诗和画的意味,通过诗人的描绘,强烈地反映出一代艺术巨匠的审美标准。

3. 寺观园林

在我国,儒家思想占据着意识形态的主导地位,儒、道、佛思想互补互渗。在这种情况下,宗教建筑与世俗建筑没有根本的差别,大多为世俗住宅的扩大或宫殿的缩小,通过世俗建筑与园林化相辅相成并且更多地追求赏心悦目、恬适宁静。寺观园林即佛寺和道观的附属园林,也包括寺观内外的园林化环境。魏晋南北朝时,印度佛教的传入,使人们寄希望于来世。由于佛教的盛行使得僧侣们喜爱选择深山水畔建立寺庙,其内讲究曲折幽致,使寺院本身成为很好的园林。从历史文献记载及现存寺观园林来看,寺观按照宅园的模式建置的独立小园林也很讲究内部庭院的绿化,多以栽植名贵花木而闻名于世。郊外的寺观大多建在风景优美的地带,周围向来不许伐木采薪,因此古木参天,绿树成荫,再配以小桥流水或少许亭棚的点缀,形成了寺观外围的园林化环境。

4. 乡村园林

在我国乡村园林景观建设中,为居民提供公共交往、休闲、游憩的场所,多半是利用河、湖、溪等水系稍加园林化处理或者街巷的绿化,也有就名胜、古迹而稍加整治和调整的,绝大多数都没有墙垣的范围,呈开放的外向型布局。

在工业社会随着城市化进程的加剧,尤其是不合理地改造自然和开发利用自然资源,造成了全球性的环境污染和生态破坏,对人类生存和发展构成了现实威胁。人类生活开始遭受大自然的惩罚,各种人居环境的不适与灾难逐步降临。回归自然,与自然和谐相处成为现代人们的理想追求。村镇聚落的自然园林景观深受人们的青睐。

二、中国古典园林的特点

中国园林体系与世界上其他园林体系相比较,因其很多独特的造园理念和营造技艺,成为世界园林中一朵璀璨的奇葩。各种不同园林虽然有着许多不同的特性,但在各个不同类型之间,又都有着许多共性。

1. 源于自然而高于自然

源于自然而又高于自然,这个特点在人工山水园的筑山、理水、植物配置方面表现得尤为突出。山、水、植物乃是构成自然风景的基本要素,当然也是风景式园林的构景要素。但中国古典园林绝非一般地利用和简单地模仿这些构景要素的原始状态。而是有意识地加以改造、调整、加工、剪裁从而表现一个精炼概括的自然、典型化的自然。这就是中国古典园林的一个最主要的特点。自然风景以山水为地貌基础,以植被做装点。

园林内使用天然石块堆筑假山的技艺叫作叠山。匠师们广泛采用各种造型、纹理、色泽的石材,以不同的堆叠风格而形成许多流派。南北各地现存的许多优秀的叠山作品,一般最高不过 $8\sim9$ m,无论模拟真山的全貌或截取真山的一角,都能够以小尺度创造峰、峦、岭、岫、洞、谷、悬崖、峭壁等的形象写照。从它们的堆叠章法和构图经营上可以看到天然山岳构成规律的概括、提炼。园林内开凿的各种水体也都是天然的河、湖、溪、涧、泉、瀑等的艺术概括,人工理水务必做到"虽由人作,宛若天开",哪怕再小的水面亦必曲折有致。并利用山石点缀岸、矶,有的还故意做出港湾、水口以显示源流脉脉、疏水若为无尽。稍大一些的水面,则必堆筑岛堤,架设桥梁。在有限的空间内尽量模

仿天然山水的全貌,这就是"一勺则江湖万里"之立意。园林植物配置
尽管姹紫嫣红、争奇斗艳,但都是以三株五株为宜。虬枝枯干而予人
以翁郁之感,运用少量树木的艺术概括而表现天然植被的气象万千。

2. 引人入胜

中国古典园林的创作,比其他园林体系更能充分地把握引人入胜
这一特性。它运用各个艺术门类之间的触类旁通,融会诗画艺术与园
林艺术,使得园林从总体到局部都包含着浓郁的诗画情趣,这就是通
常所谓的"诗情画意"。诗情,不仅是前人诗文的某些境界、场景在园
林中以具体的形象浮现出来,有时还运用景名、匾额、楹联等文学手段
对园景作直接点题,而且还借鉴文学艺术的章法使得规划设计类似于
文学艺术的结构。园内的游览路线绝非平铺直叙的简单道路,而是运
用各种构景要素于迂回曲折中形成渐进的空间序列,也就是空间的划
分和组合。画意,不流于支离破碎的组合,务求其开合起承、变化有
序、层次清晰。这个序列的安排一般必有前奏、起始、主题、高潮、转
折、结尾,形成内容丰富多彩、整体和谐统一的连续流动空间,表现出
诗文的结构。在这个序列之中往往还穿插一些对比、悬念、欲抑先扬
或欲扬先抑的手法,合乎情理之中而又在人意料之外,则更加强了犹
如诗歌的韵律感。因此,人们游览中国古典园林所得到的感受,往往
像朗读诗文一样酣畅淋漓,这也是园林所包含的"诗情";而优秀的原
始作品,则无异于凝固的音乐、无声的诗歌。

3. 建筑与自然相融合

中国古典园林中,无论建筑多少,也无论其性质功能如何,都能够
与山、水、植物有机地组织在一起,彼此协调、互相补充,从而在园林总
体上达到人工与自然高度和谐的境界和"天人合一"的哲学境界。中
国古典园林之所以能够使建筑美与自然美相融合,固然由于传统的哲
学、美学乃至思维方式的主导,中国古代木构建筑本身所具有的特征
也为此提供了优越的条件。木框架结构的个体建筑,内墙外墙可有可
无,空间可虚可实、可隔可透。园林里面的建筑物充分利用这种灵活

性和随意性创造了千姿百态、生动活泼的外形形象,导致与自然环境的山、水、花、木密切嵌合的多样性。中国园林建筑,不仅形象之丰富在世界范围内算得上首屈一指,而且还把传统建筑化整为零、由个体组合为建筑群体的可变性发挥到了极限。它一反宫廷、坛庙、衙署、邸宅的严整、对称、均齐的格局,完全自由随意、因山就水、高低错落,以千变万化的面上铺装来强化建筑与自然环境的嵌合关系。同时,还利用建筑内部空间与外部空间的通透、流动的可能性,把建筑物小空间与自然界大空间沟通起来。许多优秀的建筑形象与细节处理反映了建筑与自然环境的协调。优秀的园林作品尽管建筑物比较密集也不会让人感觉到囿于建筑空间之内。虽然处处有建筑,却处处洋溢着大自然的盎然生机。这反映了中国人"天人合一"的自然景观,体现了道家对待大自然的"为而不持、主而不宰"的态度。

4. 意境蕴含

意境是中国艺术的创作和鉴赏方面的一个极重要的美学范畴。简单地说,意即主观的理念、感情;境即客观的生活、景观。意境产生于艺术创作之中,此两者的结合,即创作者把自己的感情、理念融入于客观生活、景物之中,从而引发鉴赏者类似的情感激动和理念联想。中国古典园林不仅借助于具体的景观——山水花木建筑所构成的各种风景画面来间接传达意境的信息,而且还运用园名、景题、刻石、匾额、对联等文字方式直接通过文学艺术来表达、深化意境的内涵。另外,汉字本身的排列组合、规律对仗极富于装饰性和图案美,它的书法是一种高超的艺术。因此,一旦把文学艺术、书法艺术与园林艺术直接结合起来,园林意境的表现便获得了多样的手法,状写、比附、象征、寓意、点题等,表现的范围也十分广泛,情操、品德、哲理、生活、理想、愿望、憧憬等都包含其中。游人在园林中所领略的已不仅是眼睛能看到的景观,而且还有不断在头脑中闪现的"景外之景";不仅满足了感官上美的享受,还能够获得不断的情思激发和理念联想,即"象外之旨"。就园林的创作而言,无往而非"寓情于景",就园林的鉴赏而言,随处皆能"见景生情"。正由于意境蕴含得如此深广,中国古典园林所达到的高度情景交融的境界，也就远非其他园林体系所能企及了。

三、外国园林景观

1. 日本园林

日本历史上早期虽有掘池筑岛、在岛上建造宫殿的记载，但主要是为了防御外敌和防范火灾。后来，在中国文化艺术的影响下，庭园中出现了游赏的内容。钦明天皇十三年(552 年)，佛教东传，中国园林对日本的影响扩大。日本宫苑中开始造须弥山、架设吴桥等，朝廷贵族纷纷建造宅园。

20 世纪 60 年代，平城京考古发掘表明，奈良时代的庭园已有曲折的水池，池中设石岛，池边置叠石，池岸和池底敷石块，环池疏布屋宇。平安时代前期庭园要求表现自然，贵族别墅常采用以池岛为主题的"水石庭"。到平安时代后期，贵族邸宅已由过去具有中国唐朝风格的左右对称形式发展成为符合日本习俗的"寝殿造"形式。这种住宅前面有水池，池中设岛，池上架桥，池周布置亭、阁和假山，是按中国蓬莱海岛(一池三山)的概念布置而成的。在镰仓时代和室町时代，武士阶层掌握政权后，武士宅园仍以蓬莱海岛式庭园为主。由于禅宗很兴盛，在禅与画的影响下，枯山水式庭园发展起来。这种庭园规模一般较小，园内以石组为主要观赏对象，而用白砂耙纹象征水面和水池，或者配置以简素的树木。桃山时期园林建筑多为武士家的书院庭园和随茶道发展而兴起的茶室和茶庭。江户时期发展了草庵式茶亭和书院式茶亭，特点是在庭园中各茶室间用"回游道路"和"露路"连通，一般都设在大规模园林之中，如修学院离宫、桂离宫等。明治维新以后，随着西方文化的输入，日本庭园出现了新的转折。一方面，庭园从特权阶层私有专用转为开放公有，国家开放了一批私园，也新建了大批公园；另一方面，西方的园路、喷泉、花坛、草坪等也开始在庭园中出现，使日本园林除原有的传统手法外，又增加了新的造园技艺。

2. 英国园林

(1)英国风景风格。17—18 世纪的英国毛纺工业较发达，从而开辟了许多牧羊草场,如茵的草地、树丛,森林与起伏的丘陵构成了英国的天然风景,所以,这一时期英国的风景画和田园诗也得到了蓬勃发展,使得英国人对自然风景之美产生了深厚的感情,受这种思潮的影响,园林的风格也发生了变化,人们厌弃了封闭的城堡园林和规整的"勒"式园林,而追求一种返璞归真的园林风格——风景风格。

18世纪初,英国风景园林兴起,它与"勒"式正相反,讲究蜿蜒曲折的道路、借景以及园内外相互融合。这一时期中国园林艺术被介绍到欧洲,英国皇家建筑师张伯斯将中国园林中的一些元素运用于英国风景式园林,虽然只是一些极其肤浅和不伦不类的点缀,但终于也形成了一派被法国人称为"中英式"的风格,在欧洲也曾风行一时。

在"中英式"之前还出现了一种浪漫派园林,英国风景式园林接下来虽耗费大量人力和财力,但效果与自然风景无差别,源于自然而未能高于自然,人们开始产生反感,因此,造园家列普顿重新使用台地、绿篱、人工水、植物剪形等,注意树形与建筑外形的相互依赖衬托以及虚实、色彩、明暗对比等的关系,甚至在园内特意设置龙碑、废墟、桥、枯树等渲染浪漫气氛。

(2)英国自然风景式园林的主要特征。

1)相地选址。英国自然风景式园林大多是皇家贵族规则式园林改造而成的,注重对场地周边自然风貌和风光的发掘,力求使自然在园林中更富有人情味。英国领土景观是自然起伏的丘陵,一望无际的牧场,园林中的要素与领土景观融为一体。自然风景扩大园林的视野,园林又是人性化自然的体现。

2)"哈哈"墙。"哈哈"墙是英国自然风景式园林最具有代表性的要素之一,是指隐垣或界沟,以环绕园林的宽壕深沟代替高大的围墙。"哈哈"墙一方面界定边界,防止牲畜进入园中;另一方面使园林与周围广袤的自然景观融为一体。

3)园林植物。英国自然风景式园林的植物要素中,最重要的就是疏林草地,除通向建筑的林荫道外,植物种植多采用孤植、丛植、片植等方式,并结合自然植物的群落特征。另外,多雨的气候和灰暗的天空,使得彩叶树和花卉植物成为不可或缺的要素。在英国自然风景式园林中少有动水,以自然形态的水池构成静水效果。还有蜿蜒的溪流和湖泊在地势低凹处蓄积,护岸有绿草如茵,也有林木森森。自然风景式园林并没有完全摒弃规则式水景的应用,在建筑周围也有几何形水池或喷泉。英国自然风景式园林中的点缀性建筑表达了浪漫的异国情调和古典情怀,包括希腊罗马的古代庙宇,中国的亭台楼阁及其他纪念性的小建筑等。还有拱桥、亭桥起到交通和点景作用的廊桥、石碑、石栏杆、园门、壁龛等建筑小品。

4)园林布局。造园中尽可能避免与自然冲突,弯曲的园路,自然式的植物群落,蜿蜒的河流,彻底消除了园林内外的界限。自然起伏的地形分割空间、引导视线,全园没有明显的中轴线,建筑仅仅是园林中的点缀。

3. 法国园林

(1)法国规整式园林。17世纪下半叶,意大利文艺复兴式园林传入法国,但是由于法国的地理位置、地势与意大利截然不同,法国多平原,拥有大面积的天然植被以及大量的湖泊河流,故扬弃了意大利文艺复兴式台地园的形式,将台地形式舍弃而将中轴线对称均齐的规整式园林布局手法运用于平地造园。法国继承和发展了意大利的造园艺术。法国造园家勒诺特尔提出要"强迫自然接受匀称的法则"。他主持设计的凡尔赛宫苑,如图 1-2 所示。根据法国这一地区地势较平坦的特点,开辟

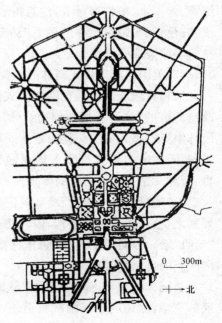

0　　　300m

←→北

图 1-2　法国凡尔赛宫苑平面图

大片草坪、花坛、河渠,创造了宏伟华丽的园林风格,被称为勒诺特风格,后各国竞相效仿。

凡尔赛宫占地极广,约六百公顷,包括了"宫"、"苑"两个部分,广大的苑林区在宫殿建筑的西面,由著名的造园家勒诺特设计规划。它有一条自宫殿中央往西延伸两公里的中轴线,两侧大片树林把中轴线衬托成一条极宽的林荫大道,自西而东消失于天际,林荫道分为东西两段。西段以水景为主,包括十字形大水渠和阿波罗水池饰以大理石雕像和喷泉,十字水渠横臂的北端为别墅园,南端为动物饲养园;东段的开阔平地两侧是左右对称布置的几组大型"绣毯式植坛"。林荫道两侧的树林里隐蔽地布列着一些洞府、水景剧场、迷宫、小型别墅等,树林里还开辟了若干笔直交叉的小林荫道,尽端均有对景,因而形成了一条条的视景线,故此种园林又叫做视景园,园内的布局均严格按照几何格式布置,堪称规整式园林的典范,尽显古典主义的原则风格,雍容华贵,气度浑容。

法国古典主义园林的另一个典型实例是沃·勒·维贡特府邸花园,这是勒·诺特尔古典主义园林的第一个成熟的代表作。这座花园展开在几层台地上,每层的构图各不相同。花园的最大特点在于把中轴线装点成为全园最华丽、最丰富、最有艺术表现力的部分。中轴线全长约 1 000 m,宽约 200 m,在各层台地上有不同的题材,布置着水池、植坛、雕像和喷泉等,并应用不同的处理方法在中轴上采用三段式处理。第一段的中心是一对刺绣花坛,红色碎石衬托着黄杨花纹。刺绣花坛和府邸的两侧,各有一组花坛台地,著名的王冠喷泉就位于此。端点是圆形水池,两侧为小运河,水渠东端原来是水栅栏和小跌水,现在是几层草地平台。第二段中轴路两侧过去有小水渠,密布着喷泉,现已改成草坪种植带,其后是矩形草坪围绕的椭圆形水池。沿中轴路向南,有方形水池,称为"水镜面"。长近 1 000 m、宽 40 m 的运河,将全园一分为二,中轴处水面向南面扩展,形成一块内凹的方形水面,成为两岸围合而成的,相对独立的水面空间。第三段花园坐落在运河南岸的山坡上,坡角倚山就势建有七开间的洞府,内有河神雕像和喷泉。

大台阶上有一座圆形水池,再往上是树林夹峙下的草坡,坡顶中央耸立着的大力神的镀金雕像,构成花园中轴的端点。在此回头北望,整个府邸花园尽收眼底。

(2)法国古典主义园林的特点。

1)皇权至上。法国古典主义园林总体上属于中轴对称的规则式园林,其构园主次分明、秩序严谨、条理清晰,表达了皇权至上的主题思想,与时代思想的完全契合,可谓时势造物。

2)辽阔、深远、平静、典雅。这种突出的印象体验都是在中轴花园与林园界面中完成的其中中轴空间是强制性的,并引向无限的自然,而林园则既是实现强制性又是向自然过渡的手段。

3)大尺度的设计经验。由于规模宏大,使用者众多,迫使造园家采用新的不同于以往的设计方式,法国古典主义园林在控制处理大尺度空间问题上积累了丰富的设计经验,成为后辈受益无穷的设计财富。

4)园林功能复合化。勒·诺特尔独创性地采用了林园设计方式,在表达中轴空间的同时开辟极富娱乐功能的小空间,满足不同的使用需要,使园林功能复合化,体现出某种公共园林的倾向。

4. 意大利园林

意大利半岛三面临海而多山,气候温和阳光充足,积累了大量财富的贵族、天主教、商业资本家,在城市中修建华丽的住宅,同时也在郊外修建别墅作为休闲的场所,因此,别墅园成为意大利文艺复兴园林中最具代表性的一类,它们大多修建在山坡地段,就坡势而修成若干层台地,这就是著名的台地园。

由于当时从事园林设计的多半是建筑师,因而运用了很多古典建筑的设计手法。主要建筑通常位于山坡地段的最高处,在它的前面沿山坡的坡势引出一条中轴线并在轴线上开辟一层层台地,并分别配置平台、花坛、水池、喷泉、雕像等,各层台地之间以蹬道相联系,中轴线两旁栽植高耸的丝杉黄杨、石松等树丛作为与周围自然环境之间的过渡,站在台地上顺着中轴线的纵深方向眺望,可以收览到无限深远的园外借景。台地式园林是规整式与风景式相结合,并以前者为主的一种园林形式。在理水的手法上比过去丰富了许多,位于高处汇集水源作为储水池,然后顺坡势往下引注成为水瀑、平濑或流水梯,在下层台地利用水落差的压力做出各种喷泉,最低的一层台地上又重新汇聚为水池。除此之外,还常设置流水声音以供欣赏,甚至有意识地利用激水之声构成音乐的旋律。作为装饰点缀的园林小品也十分多样,如雕镂精致的石栏杆、石坛罐、碑铭以及众多的以古代神话为题材的大理石雕像,它们自身的光亮衬托着暗绿色的丝杉树丛,与碧水蓝天相掩映,产生了一种生动而强烈的色彩和质感的对比。

5. 古埃及与西亚园林

埃及与西亚邻近,埃及的尼罗河流域与西亚的幼发拉底河、底格里斯河流域同为人类文明的两个发源地,园林出现也最早。

埃及早在公元前 4000 年就跨入了奴隶制社会,到公元前 28 世纪至公元前 23 世纪,形成法老政体的中央集权制。法老(即埃及国王)死后都兴建金字塔作王陵,成为墓园。金字塔工程浩大、宏伟、壮观,反映出当时埃及科学与工程技术已很发达。奴隶主的私园把绿荫和湿润的小气候作为追求的主要目标,因而树木和水池是园中的主要内容。

西亚地区的叙利亚和伊拉克也是人类文明的发祥地之一。早在公元前 3500 年时,已经出现了高度发达的古代文化。奴隶主在宅园附近建造各式花园,作为游憩观赏的乐园。在公元前 2000 年的巴比伦、大马士革等西亚广大地区有许多美丽的花园。尤其距今 3 000 年前新巴比伦王国宏大的都城,有无数宫殿,这些宫殿不仅异常华丽壮观,而且还在宫殿上建造了被誉为世界七大奇观之一的"空中花园"。

四、园林发展趋势

1. 艺术对园林景观的影响

欧洲从 20 世纪起,就开始出现了抽象画派,较突出的有德国的表现派和法国的立体派其艺术本质表现为主观幻想的探索性。受立体派的影响,风景建筑师把这种新的艺术形式结合在风景中,风景建筑师的风景形式摒弃了焦点、透视法等规则,风景建筑师关心的是采用不同材料构成的自由曲线的应用,并相互结合为不规则的构图,创造出轻松、愉快、富有流线感的形式。第二次世界大战后,抽象的风景构图在美国发展很快,此外日本园林强调的静观自悟、枯山水的形式对美国抽象风景形式的发展也有较大的启发。

随着社会的发展,新的哲学和艺术思想的产生,20世纪70年代美国建筑领域兴起了后现代主义的思潮,后现代派作为现代派的对立面而出现,反对现代派的纯净、清晰和秩序,它主张从各方面引用,从历史中搜索、提取,有时甚至是随意地包涵各种元素,它注重周围环境的历史文脉,使用的方法是综合而不是排斥。就风格来说,它一方面追求形式,但又没有确定的形式原则,它取消了艺术的规律性和逻辑性,显得风格自由。它不再具有几何规则形式,也不依赖于平衡、比例、对称、韵律等艺术原则,后现代派认为风景艺术的主题是寻找与自然界的联系,空间组织朝向外界,而不是孤立的内部空间。风景建筑师接受了其中的思想应用于风景设计中,产生了后现代派的风景园林作品,这些作品的特点在空间上表现出流动性、复合性以及空间的暧昧,在造型上具有模糊、含混、象征的感觉,同时,也借用历史中的形式和风格融会在现代风景中。

2. 环境心理学对园林景观的影响

环境心理学是关于人与自然环境之间相互关系的科学,它通过环境政策、规划和设计来改善生活环境质量。行为科学研究环境对行为的影响,人生活在各种环境中,总要对这些环境做出不同的反映,人的行为模式的研究在环境创造中,具有直接的意义和价值。

(1)环境、行为和心理。

1)人、环境、行为。关于环境是如何又是在何种程度上影响人及人的行为这个问题上存在两种观点。第一种观点认为这是由物质环境决定的,即物质环境决定人类思想。持有这种思想的就是"物质环境决定论"。第二种观点是环境心理学的观点。人与环境处在相互作用的生态系统之中，即人适应环境以满足自己的需要，如果无法满足就会着手改变环境并根据环境所反馈的信息来调整自己的行为，从而最大限度达到自己的目的。

2）人的行为、心理与环境的关系。这一领域主要研究人类所共有的，体现环境与行为相互作用的现象，包括环境知觉、环境认知以及空间行为三类。

（2）多层次的心理需求。

住宅景观设计的最终目的是为居住者提供一个良好的环境，使人能更好地实现他们的个人与社会活动。因此适应与满足人的需求是住宅景观设计的基本要求。

1）生活必需的环境。人类生活的基本要求是一个可以满足人们日常生活使用功能要求的物质环境并以此作为基础享受更高的生活质量。在住宅环境中，住宅是人们的生活核心，而且人们的日常生活所要求的方方面面都要维系在住宅环境内部和邻近地区，这样一来就对住宅的实质环境——生活必需功能的配置提出了要求。因此，良好的市政基础设施以及超市、医院、幼儿园、学校、停车场地、垃圾回收站等配套公共服务设施就成了居住生活中必备的环境硬件，成为创造良好住宅环境的物质基础。

2）生活舒适的环境。随着人类生活质量的不断提高，人们的生活环境观念也从以往"住得宽敞"向"住得舒适"转变。而这之中所指的"住得舒适"已不仅仅局限于住宅配套公共服务设施的齐全；就住宅环境本身而言，还需要提供更多可以令人产生愉悦感的高质量综合感官信息即温暖的阳光，和煦的微风，赏心悦目的花卉、草坪、遮阴的大树，安静的步行小径，宜人的游戏休息场地以及活动广场等，从而构成令人流连忘返，优美和谐的住宅外部环境。

3）有生活品位的环境。现代人在满足于生活的必需环境和生活的舒适环境之余更着意追求有生活品位和归属意愿的家园。这是在物质环境基础上引发出的精神文化需求。这个层次的环境是将分散的物质元素升华为信息连贯的艺术整体引发的一种意境,以符合一定的文化内涵和特定精神的需求。它不仅令人产生愉悦感、舒适感,还将通过人的联想产生特定的情感体验——留念、性情、品赏、眷恋、陶冶人的情操。这一层次的住宅环境往往具有独特的场所特征,如山川、河、湖、海景、松涛等自然特色或特定的人文色彩,人们居于其间,可尽享生活之乐趣。

　　除在充分考虑一般人的需求外,还要考虑一些特定人群的需求,如儿童、青少年、老年人和残疾人或经济地位、生活方式不同的使用者对环境所具有的特殊需求。在现实环境中,时代文化的变迁以及生活方式的改变决定了各环境层次的需求不能孤立存在,它们常常是共存交织的,在整体发展进程中具有渐近性。

3. 生态技术与园林景观设计的结合

　　美国现代风景建筑学的实践反映出风景建筑学已摆脱了个别园林的概念扩大到城市绿化系统,进入生态环境造园阶段,这种环境设计的指导思想是 19 世纪早期兴起的生态学。

　　生态学一般被认为是研究有机体和包括其他有机体的环境之间相互作用的科学。它所研究的自然和生物过程具有发展和相互作用的特点,生态学的观点把场所、植物、动物都看作自然和生物演变的结果,而认识演变过程是有效开发的必要条件。近代生态学研究正深入到各个领域,其意义在于生态学的观点,使我们把自然当作一个过程来理解,把自然过程当作资源来理解,而许多领域的研究都是围绕如何有效地使用资源这一问题展开的,生态学为这些领域的研究提供了一种总的思想原则。

　　新的生态设计方法所获得的形式,麦克哈格称之为"创造的形式",它是与"原有形式"相区别而存在的。他认为"原有形式"反映风景特性及自然过程,是自然演变的结果,而"创造的形式"是在"原有形式"基础之上施加的人为作用,是人创造、设计的结果。麦克哈格认为生态提供了一种自然过程的语言,生态过程本身创造了形式,过程与形式是一种现象的两个方面,生态的方法使我们能从更清晰的角度,从自然的演变过程来理解形式,这里强调自然演变过程在形式创造中的作用。

4. 世界园林发展的趋势

中西园林艺术风格各异,虽然分为两大系统,各有千秋、竞放异彩,但同属世界园林的组成部分,同为人类的共同财富,其园林美学思想相互交流、相互借鉴、相互包容。在相互融合的统一性基础上,共同构建、创造更完美的新型园林,世界园林发展的趋势如下。

(1)各国既保持自己优秀传统的园林艺术与特色,又互相借鉴、融合他国之长。

(2)综合运用各种新技术、新材料、新艺术手段,对园林进行科学规划、科学施工,创造出丰富多样的新型园林。它们既有固定的,又有活动的;既有地上的,又有空中的;既有写实的,又有幻想的。

(3)园林绿化的生态效益、社会效益与经济效益的相互结合、相互作用将更为紧密,使其在经济发展、物质与精神文明建设中发挥更大、更广的作用。

(4)园林绿化的科学研究与理论建设,将综合生态学、美学、建筑学、心理学、社会学、行为学、电子学等多种学科,将有新的突破与发展。

(5)在公园的规划布局上,普遍以植物造景为主,建筑的比例较小,以追求真实、朴素的自然美,最大限度地让人们在自然的气氛中自由自在地漫步,以寻求诗意,重返大自然。

(6)在园容的养护管理上广泛采用先进的技术设备和科学的管理方法,植物的园艺养护、操作一般都实现了机械化,广泛运用计算机进行监控、统计和辅助设计。

(7)随着世界性交往的日益扩大,园林界的交流也越来越多。各国纷纷举办各种性质的园林、园艺博览会、艺术节等活动,极大地促进了园林事业的发展。

第二章 小城镇园林景观设计原则和指导思想

第一节 小城镇园林景观设计原则

小城镇园林景观需要紧密结合当地的规划,综合考虑、全面安排,正确地处理好土地、环境的现状与园林景观建设的关系。将园林景观广泛地渗透在城镇的规划建设之中,发挥潜在力量,与工业区布局、居住区详细规划、公共建筑分布、道路系统规划密切配合与协作,不能孤立地进行。

结合当地特点,因地制宜,首先保护利用自然之美的生态优先原则。各小城镇之间的自然条件差异较大,面临的景观现状与问题也各有不同,因此,不同城镇的景观规划和设计,都必须与当地实际情况相结合协调发展。从实际情况出发,创造性地设计独特地域风格的园林景观。

注重地方特色的体现。小城镇具有自身特殊的地理、自然、历史、文化等因素,且各具特色。在开发潜在的风景资源的同时弘扬历史文化,保护文物遗迹,最终形成别具一格的地方特色。注重对街道的景观与绿化,结合水系、山系等自然地理环境,配合植物及造景,创造出适合小城镇自身特点的园林景观。

从整体出发,制定分期规划目标,分批分层次地设计完成,既要有远景目标,也应有近期安排,做到远近结合;同时,还要照顾到由远及近的过渡措施。

小城镇园林景观的良好发展除了必须依靠科学的规划与管理,还应遵循一定的景观设计原则,对小城镇区域内的各种景观要素进行整体规划与设计,使城镇景观形态与自然环境和谐共存、持续发展。

一、生态优先原则

小城镇是介于城市和乡村之间的过渡地带，不同于大中城市，它贴近自然，建筑规模小，规划设计中要充分发掘和利用小城镇自然之美的这种特色。中国的国土面积广阔，跨越多个地理区域，囊括了众多的地理气候，拥有各色自然景观的同时也具有各自不同的自然条件。小城镇就星罗棋布地散落在广阔的国土上。因而，在小城镇的园林景观设计中要根据各地的现实条件、绿化基础、地质特点、规划范围等因素，选择不同的绿地、布置方式、面积大小、定额指标，从实际需要和规范出发，创造出适合小城镇自身的景观，切忌生搬硬套，脱离实际地单纯追求形式。

一些小城镇由于其独特的地理形态，依山傍水，会形成山水城镇、水乡小镇或者海滨小城，其自然山水之美的特色是任何一个大中城市无可比拟的。因此，保护与利用自然之美的生态优先原则理应成为景观设计的首选。要实现生态优先的景观设计原则，应做到以下几点。

1. 保护地方生态环境

在景观设计中，应充分利用自然界的光能、热能、风能，大力保护小城镇地方生态环境；因地制宜有效利用土地、自然资源，治理污染；保护地方自然生态，走人与自然和谐共生、可持续发展之路。

2. 善于借景

在小城镇景观设计中，应善于借自然美景，善待自然，应以自然景观资源为设计基础，切不可肆意设计，以人工取代天然。当前国际上一种先进的景观设计思想就是将自然原野作为公园，然后巧妙点缀一些石凳、园林灯、步行小径、自行车道等人工设施，使之成为一处宜人的休闲好去处。在小城镇景观设计中务必要根据当地的地理特征，对地貌与水体进行合理的改造与利用，尽可能保持原生状态的自然环境，切不可照搬国内大中城市的错误做法。很多的大城市盲目地参照国外的模式，完全不视具体的国情情况，把城市仅有的自然地改造成花园式公园,其拙劣手法是将城郊山林的落叶乔木代之以"常青树";乡土"杂灌"被剔除而代之以"四季有花"的异域灌木;自然的溪涧被改造成人工的"小桥流水";滨水的曲线形自然河岸被拉直,变为人工石砌的岸壁直墙,再在岸边设计一些或方或圆的园林建筑、人工水池,使自然水岸景观荡然无存。这不仅耗费人力、物力、财力,更重要的是舍本逐末,是对大自然的亵渎。

3. 就地取材

要合理选择建筑装饰材料,提倡就地取材、因地制宜的绿色设计。营造健康良好的小城镇生态景观,切不可舍弃天然材质而代之以瓷砖、不锈钢,将自然景观改造为人工草坪,将生长在山林的大树移进城镇,既劳民伤财,又破坏生态。

二、协调发展原则

耕地不多,可利用土地紧张是我国现有土地的总体情况,合理利用土地是当务之急。在小城镇园林景观设计中,首先要合理地选择园林景观用地,使得园林景观有限的用地能更好地发挥改善和美化环境的功能与作用;其次在满足植物生长的前提下,要尽可能地利用不适宜建设和耕种的破碎地区,避免良田面积的占用。

园林景观用地规划是综合规划中的一部分,要与小城镇的整体规划相结合,与道路系统规划、公共建筑分布、功能区域划分相互配合协作。切实地将园林景观分布到小城镇之中,融合在整个城镇的景观环境之间。

1. 综合考虑

小城镇园林景观规划应结合城镇其他组成部分的规划,综合考虑,全面安排。

园林景观用地在小城镇中分布很广,潜力很大,所以,园林景观用地规划要与工业区布局、居住区详细规划、公共建筑分布、道路系统规划密切配合、协作,不能孤立地进行。例如,在工业区和居住区布置时,就要考虑到卫生防护需要的隔离林带布置;在河湖水系规划时,就要考虑水源涵养林带及城镇通风绿带的设置;在居住区规划中,就要考虑居住区中公共绿地、游园的分布以及宅旁庭园绿化布置的可能性;在公共建筑布置时,就要考虑到绿化空间对街景变化、镇容镇貌的作用;在道路管网规划时,要根据道路性质、宽度、朝向、地上地下管线位置等统筹安排,在满足交通功能的同时,要考虑到植物种植的位置与生长需要的良好条件。

2. 结合当地特点

园林景观用地系统规划,必须结合当地特点,因地制宜。小城镇星罗棋布地分布在辽阔的国土上,其自然条件差异较大,同时,各小城镇的现实条件、绿化基础、性质特点、规划范围也各不相同。因此,不同小城镇中各类绿地的选择、布置方式、面积大小、定额指标的高低,要从实际的需要和可能出发编制规划,切忌生搬硬套,单纯追求某一种形式、某一些指标,避免发生因注重眼前利益需要,致使事倍功半,甚至事与愿违的情况。

3. 均衡分布

小城镇不同于大、中城市,规模小,居民居住分散,可供开辟为大型公共绿地的地段有限,而居民休息、游览的要求在不断提高。园林景观用地应均衡分布,比例合理,满足城镇居民休息、游览的要求。小城镇园林景观用地布局宜均匀分布,重点突出。小城镇原则上应根据不同区域范围内的人口密度来配置相应数量、面积的公共绿地。在小城镇居民居住较为集中的地带,可考虑公园绿地,以满足全体居民需要。但公共绿地的性质、位置、面积等应根据小城镇发展规划综合考虑,以避免给将来小城镇发展规划的完善改造工作造成困难。

4. 远近结合

园林景观用地系统规划要有远景目标,也应有近期安排,做到远近结合。规划中要充分研究小城镇远期发展规划及人民生活水平逐步提高的要求,制定出远景发展目标,切忌只顾眼前利益,造成将来改造完善的困难，同时，还要照顾到由近及远的过渡措施。例如，对于建筑密集、质量低劣、卫生条件差、居住水平低、人口密度高的地区，应结合旧城改造，为新居住区规划留出适当的绿化用地，待时机成熟时即可迁出居民，拆迁建筑，开辟为公共绿地。在远期规划为公园的地段内，近期可作为苗圃，既能为将来改造成公园创造条件，又可以防止被其他用地侵占，起到控制用地的作用。

5. 注重地方特色体现

园林景观用地规划，应注重地方特色体现。由于受地理、自然、历史、文化诸因素的影响，我国小城镇各具特色。园林景观系统规划要充分利用和发挥其固有的特色，将风景资源、古迹遗址、古树名木、当地特色植物、历史人物、民间传说等纳入园林景观用地系统规划中，开发潜在的风景资源，弘扬历史文化，保护文物遗迹，丰富园林景观的内容，寓历史文化于园林景观用地规划中，形成别具一格的地方特色。

6. 独特的结构形式

小城镇园林规划布局要有独特的结构形式。园林景观用地系统规划布局，应有别于城市，宜采取以面为主、均匀布点、绿地穿插、以圈相围的结构形式。小城镇绿化程度普遍较低，所以，在绿地系统布局中，应重视"面"上的绿化，将其提到主要位置，动员全社会力量，结合每年的全民义务植树运动，积极推进普遍绿化，为改善生态环境打好基础。公共绿地宜均匀布点，以小为主。发挥其投资少、周期短、见效快、近居民的优点，既能满足居民休息、游览要求，又能符合小城镇现状与发展的实际。

街道是小城镇的骨架，街道绿化对于形成富于变化的街景、优美的镇容镇貌和改善小城镇环境起着重要作用。因此，做到有路必有树，有街必有绿，如同一张绿色网，将小城镇所有街道、道路用绿树联结在一起，绿化布置各具特色，乔、灌、草、花相结合，积极发展垂直绿化，形成多层次绿化布置，增加绿量，丰富景观。有条件的小城镇可组织环形绿地，在规划中将河道及干渠绿化带、防护林带、道路绿地联结成环,形成以圈相围的格局,更有利于村镇一体化的绿色环境的形成。

三、地域性原则

1. 展现特色

我国的传统小城镇、古村落,因为处于同一民族文化体系,建筑的构造、形态、审美在许多方面保持一致,但是由于风水观念、地理气候环境、等级制度、宗教信仰深刻地影响着造城观念和建筑形制,因而使得传统的小城镇景观能与地方环境紧密结合,呈现出风格迥异的乡土特色与地域特色。

2. 历史文脉

地域性原则主要侧重的是小城镇的历史文脉和具有乡土特色的景观要素等方面的问题。建筑是小城镇景观形象与地域特色的决定因素,原生态的建筑形态、建筑群体的整体节奏以及所形成的城市整体面貌就是城镇的主体景观形象的体现。创造具有地方特色的小城镇景观就是要在景观设计中保护和改造具有传统地方特色的建筑,以及由建筑组合形成的聚落、城镇。

3. 传统城镇

传统村镇聚落中的街巷是由民居聚合而成的,充满了人情味,是一种人性空间,充分体现了"场所感"。这种巷道空间是居住环境的扩展和延伸,是最理想的交往空间,甚至是居民们最依赖的生活场所。小城镇聚落中的街巷和院落也是体现城镇空间形象特色的重要因素。其适宜的尺度成了人们活动的发生点,促进了人们的步行交通和户外的停留。很多小城镇由于盲目不切实际的开发,忽略了当地人们的生活特色本质,在面貌和风格上趋向一致,使得人们对自身所陷入的居住环境感到茫然、矛盾和失衡,失去了"城市意象",失去了场所认同感。而小城镇园林景观设计的根本目的是创造人类自身健康愉快、舒适安全的生活。因此,无论是传统的还是现代的小城镇,都应关注当地居民的生活,注重鲜明的地域景观特色,其景观设计不能脱离民情,更不能盲目搞不切实际的形象工程,而应保持小城镇的整体风貌与地域特色,保持地方性、民族性和历史传统。古街古巷是一种不可再生的传统,体现了历史文脉,是一种具有地域特色的景观资源,因此,在小城镇景观设计中,应对某些历史地段、古街古巷实施历史景观保护性设计。在设计时维持现存历史风貌,确保其久远性、真实性的历史价值,从而体现其独特的历史人文景观与地域特色。

四、整体性原则

1. 保护和发展文化景观的原则

文化景观包括社会风俗、民族文化特色、人们的宗教娱乐活动、广告影视以及居民的行为规范和精神理念,这是小城镇的气质、精神和灵魂。由于地域的不同和经济结构发展的不同,不同的小城镇会有不同的文化传统,这就形成了小城镇不同的发展特色,在小城镇的发展建设中要发掘和保护这种文化景观。但是随着中国经济的快速发展,由于优势的地理区域位置,东南部的温州模式、苏南模式、广东模式等区域的小城镇发展速度处于领先地位,在发展地方经济中起到了举足轻重的作用,为全国的小城镇建设积累了宝贵的经验。但是它们都存在一个共同的缺陷,即在小城镇现代建筑景观中对传统建筑、文化景观的保护与继承不够,造成一些文化特色的丧失。

通常形象鲜明、个性突出、环境优美的小城镇景观需要有优越的地理条件和深厚的人文历史背景作依托。无论城镇景观设计从何种角度展开,它必定是在一定的文化背景与观念的驱使下完成的,要解决的是小城镇的文化景观和景观要素的地域特色等方面的设计问题。因此,成功的景观设计,其文化内涵和艺术风格应当体现鲜明的地域特色、民俗世风与宗教信仰。具有地域特色的历史文脉和乡土民俗文化是祖先留给我们的宝贵财富,在设计中应该尊重民俗世风,注重保护小城镇传统人文特色,并有机地融入现代文明,创造具有历史文化特色的、与环境和谐统一的新景观。

2. 注重小城镇整体形象的设计原则

小城镇的现代建筑设计应体现对历史文脉的尊重，对地方民族、民俗风格的继承、发展与创新。在设计之初，应对建筑的形象感、文化感、时代感、审美感都有较高的要求。在景观设计时，应本着因势利导、对旧建筑采取以修复为主的原则，对周边的建筑应控制其高度和风格，使之与标志建筑取得一致，切不可喧宾夺主。

在城市建设过程中，人们应该考虑保护什么，不是考虑盖什么，考虑哪些东西是不能动的。这是一种新型的城市空间规划的方法论。"反规划"不是不规划，也不是反对规划，"反规划"其实是一种整体性的规划设计，即在整体上优先规划保护那些对构建小城镇生态环境、地域特色、历史人文街区景观等起决定作用的区域、要素，然后进行其他功能区域的规划。在景观设计中，景观应该综合建筑、绿化、小品雕塑等诸多因素进行外部空间的环境设计。在控制小城镇建筑空间环境中，景观规划设计应起到宏观的调控作用，考虑的是建筑形态和组合的整体性，对建筑设计提供一定的宏观控制，具体内容包括建筑体量、高度、外观、色彩、风格、容积率、沿街后退距离等。通过整合设计，不仅控制了单体建筑形态的科学性，也把握住了建筑组合体的宏观效果、雕塑的风格、绿化的形式，从而更好地构建城镇风貌，形成一种有机生长的小城镇景观。

五、分期建设性原则

1. 均衡分布

小城镇的规模无法与大、中城市相比，具有居民相对分散，大型公共绿地的区域有限等特点。随着城镇的发展，居民对周围服务环境有了更高的要求。园林景观均衡分布在小城镇之中，在充分利用空间的基础上增加了新的功能。这种均衡的布局更方便公众的使用与参与，比较适合小城镇的建设。在建筑密度较为低的区域可依据当地实际情况的要求增加数量较少的具有一定功能性质的大面积城镇绿地等，这些公共场所必将进一步提升城镇的生活品质。

2. 分期建设

规划建设就是要充分满足当前城镇发展及人民生活水平，更要制定出满足社会生产力不断发展所提出的更高要求的规划，还要能够创造性地预见未来发展的总趋势和要求。对未来的建设和发展做出合理的规划，并进行适时的调整。在规划中不能只追求当前利益，避免对未来的发展造成困难。在建设的同时更要注重建设过程中的过渡措施和整体资源利益。例如，对于建筑密集、质量低劣、卫生条件差、居住水平低、人口密度高的地区，应结合旧城改造，新居住区规划留出适当的绿化用地，待时机成熟时即可迁出居民，拆迁建筑，开辟为公共绿地。在远期规划为公园的地段内，近期可作为苗圃，既能为将来改造成公园创造条件，又可以防止被其他用地侵占，起到控制用地的作用。在园林景观养护的过程中，逐步地完善其他的基础设施，最终建立一个多功能立体的景观。

小城镇园林景观的分期建设是小城镇规划的重要组成部分，通过规划小城镇不同阶段的园林景观建设内容，使小城镇的景观能够高效地完成，并保证景观体系的完整性。

第二节　小城镇园林景观设计指导思想

小城镇特殊的环境位置，决定了在规划设计时必须以人为本。在现代景观以人为本的思想指导之下，结合现代生产生活的发展规律及需求，在更深层的基础上创造出更加适合现代的园林景观。更多地从使用者的角度出发，在尊重自然的前提下，创造出具有较强舒适性和活动性的园林景观。一方面要在建筑形式和空间规划方面有适宜的尺度和风格的考虑，居住环境上应体现对使用者的关怀；另一方面要对多年龄层的使用者加以关注，特别是适合老人和儿童的相应服务设施和精神空间环境。创造更多的积极空间，以满足大多数人的精神家园。

小城镇往往镶嵌于广阔的农村之中,相对于城市来讲,小城镇与大自然的联系更为紧密,存在更多的人与人、人与社会的交融。小城镇的园林景观同时具有了村庄的恬静与惬意和城市的喧哗与热闹。介于动与静之间的小城镇的园林景观成了地方特色风貌的重要展示平台,也更能够多方位立体地展现出小城镇特色风貌。为此,小城镇的园林景观必须合理协调各景观要素,以营造优美富有情趣的环境并能够体现地方特色的小城镇景观。

小城镇特殊的环境位置决定了其与自然的紧密联系,小城镇的园林景观要充分认识到维护自然是利用自然和改造自然的基本前提。在小城镇的园林景观规划和设计中,必须对整体山水格局的连续性进行维护和强化,尽可能减少对自然的影响和破坏,以保证自然景观体系的健康发展。要尽可能利用地形地貌、山川水系、森林植被、飞禽走兽及独特的气候变化等自然元素造景,使人工景观自然地融合到自然景观之中,从而保证小城镇园林景观与乡村景观相互协调。

营造特色,这是树立小城镇良好形象的关键。小城镇的范围小决定了形成特色园林景观的要素少,小城镇园林景观的“小而精,少而特”就显得格外重要。要体现景观特色就需要对环境有敏感和独特的构思,在充分分析利用当地的地理条件、经济条件、社会文化特征,以及生活方式等多方面因素的基础上,反映出地方传统和空间特征(包括植物、建筑形式等地方特色),努力塑造出园林景观特色。

一、以人为本

现代景观设计的理论强调以人为本,在更高层次上主动地协调人与自然的关系和不同土地利用之间的关系。这一原则应深入到小城镇园林景观设计当中:尊重自然,满足人的各种生理和心理需要,并使人在园林中的生活获得最大的活动性和舒适性。具体地说,要从以下两个方面入手。

1. 建筑造型

在建筑造型上,应使人感到亲切舒服;空间设计上,尺度要适宜。

能够充分体现设计者对使用者居住环境的关怀。

2. 考虑不同层次的人群

园林景观设计不应当只考虑成年人,还应当更多地考虑老年人与儿童。增加相应的服务设施,使老人与儿童在心理上得到满足的同时,精神生活也更加丰富和多姿多彩。将空间设计成为所有人心目中的精神家园。

总的来说,小城镇园林景观设计就是要达到这样的一个目的,即充分利用自然环境的同时将人为环境加以改造,使之优美、清静、舒适,更加适合去建设、工作与生活。

一个建筑的好坏取决于人住在里面是否舒适与开心。而一个小城镇的建设更是要满足人的需求。因此,以人为本这一设计原则在小城镇景观规划与设计中显得尤为重要。因此,设计出来的小城镇应该让人感觉到是自己的小城镇,住在里面很舒适方便,对其很认同,心理上对其产生共鸣,并有一种想要在里面生活的强烈欲望。这就要求设计者应当对当地的人文景观及风土人情十分了解,在设计中加以保护并发掘出其中的潜在内容,并在其中加入人的活动,使得小城镇的景观富有乐趣与人情味。

二、公众参与

1. 群众参与

无论是古代中国的园林还是世界各地的园林景观,在其出现之初,公众参与就与之相伴。在小城镇园林景观的设计中,要努力创造条件,让居民对周围的环境产生共鸣和认同感,形成积极参与的意识,让居民积极投入到保护和发掘地方的人文景观及民情风俗活动中来,将人的活动融入设计中。小城镇园林景观的建设,关系到每个居民,渗透到各行各业,因此,要为机关、团体、企业、学校的环境绿化、美化提供条件,形成人人参与营造小城镇园林景观建设的新风尚。

2. 精心管理

靓丽的园林景观是一个发展中的动态美,要始终展现出一个较为完美的景观状态,是一个比较复杂的生物系统工程,需要社会各界人士的广泛支持,更需要公众对其有意识的维护。搞好小城镇园林景观建设,维护良好的生态环境,既是一项生物系统工程,又是一项社会文化工程,直接反映城镇的发达程度和文化水平;搞好小城镇的园林景观建设,也必须坚持"三分建设、七分管理",要特别注重经常性的长期维护。最佳的绿化效果,不是出现在栽种结束之时,而是长期管护的结果,管护越好,生长越旺,效果越佳。这就要求一方面要加强教育,提高群众素质,增强种绿、爱绿、护绿的自觉性;另一方面要加强管理力度,建立和落实管理责任,保证人员、设备和资金到位。

三、融于环境

广阔的小城镇接近自然,蓝天、白云、绿树,田园风光近在咫尺,有利于创造优美、舒适的景观,设计者应努力保护自然资源。自然资源是这一区域最重要的景观优势,设计者应当充分维护自然,为利用自然和改造自然打好坚实的基础。

1. 创造良好的生态系统

小城镇要发展,人们的物质文化生活水平要提高,有赖于良好生态环境的形成和创造。营造良好的小城镇生态环境,应该成为小城镇发展的永恒主题。人们对良好环境的要求也越发强烈,创造良好的生态系统成了小城镇园林景观建设的重要原则。在保护好环境的前提下,坚持生态原则,对现有的生态系统进行尽可能小的影响的人工景观改造,减少对自然景观的破坏。

2. 园林景观与小城镇景观相互协调

园林景观与小城镇景观相互协调,景观特征应兼顾城市的喧闹与村庄的恬静,是动与静相互协调。小城镇的景观既需要有聚集的喧闹场所,也需要拥有相对恬静的居住区域,较小的尺度使得这一区域具有很高的宜居性。园林景观要照顾到小城镇地方特色,适应小城镇发展的需求。

3. 建立高效的园林景观

小城镇的规模有限,对于园林景观的建设方面也应当以提高其使用效率来增加景观的价值。结合小城镇的自身环境、人文环境和经济格局等特点,设立具有多重功能的园林景观,在增加小城镇生态环境和生活舒适度的同时,为当地居民提供一个活动的场所,使有限的空间功能多样而丰富。

小城镇景观的生态化是发展的必然趋势,未来与生态息息相关。以牺牲生态环境为代价进行景观建设,是对小城镇景观缺乏宏观调控造成的,往往导致小城镇景观生态环境恶化。小城镇景观规划与设计的重点是把小城镇置于区域内的自然生态系统之中,坚持生态的原则,使人工生态系统与自然生态系统协调发展,在建造人工景观的同时,尽量减少破坏自然景观。小城镇接近自然,环境条件好,就应充分利用这个优势,以"绿"为主,将人工景观与自然景观融为一体,谋求人与自然和谐共生的小城镇景观环境。

四、营造特色

营造特色是树立小城镇良好形象的关键所在。小城镇能否树立一个良好形象的关键在于它是否拥有自己的特色。小城镇小,能够产生园林景观特色的要素也不多,因此,小城镇的景观只能"小而精,少而特"。要达到这一要求,不能将景观要素简单地罗列在一起,而是应该总揽全局,有主有次,充分利用已有的景观要素,通过对当地环境、地理条件、经济条件、社会文化特征以及生活方式的了解,加入自己的构思,充分体现地方传统和空间特征,包括植物、建筑形式等地方特色,将其园林景观特色发挥得淋漓尽致。

1. 弘扬传统造园理论

"天人合一"是自古以来中国人的观念,影响着一代又一代人,同时也是中国古代景观理论体系的核心。《园冶》总结了中国古典园林的造园艺术,是我国第一部系统全面论述造园艺术的专著,促进了江南园林艺术的发展,是我国造园学的经典著作。此书的诞生不但推动了我国园林历史的进程,而且传播到了日本和西欧。日本人大村西崖在他所撰的《东洋美术史》中所提到的刻本《夺天工》即是《园冶》,日本造园名家本多静六博士曾称《园冶》为世界最古之造园书籍。"①由此可见,中国园林不仅仅在中国源远流长,它还对日本以及欧美园林景观的发展产生了深刻的影响。

2. 体现文化特征和时代感

只有深入了解我国优良的传统造园文化,深入了解传统造园文化的精髓,才会明白该怎样在设计中体现出这种文化的真与美,体现出这种文化的底蕴与自信。同时,我们还要清楚地认识到自己所处的时代,认识到它的进步,认识到它的优缺点,并从它的角度去设计小城镇的园林景观,在设计中展现时代的气息,并彰显现代中国独特的新小城镇园林景观特色。

3. 注重文化内涵

小城镇积淀了所在区域的历史、文化和风俗,在园林景观中也得到了深刻的反映。这需要设计者对小城镇本身的历史文化如古迹遗址、古树名木、历史人物、民间传说及民情风俗等要十分地熟悉,并在小城镇的园林设计中体现出来。通过园林设计来宣扬当地的历史,保护当地的文物古迹,使园林设计的形式更加丰富并且具有地方特色的同时还能够展示当地的风土人情,使人在小城镇里流连忘返。这样的园林景观设计才真正地具有文化内涵,才能真正在精神上使人产生共鸣,人们生活在这个小城镇才会产生归属感。

4. 与当地实际情况相结合

我国的园林设计理论十分强调因地制宜,地形上完全随着地势的起伏而变化,取景时依山傍水,和当时当地的情况相一致。与大自然五光十色的环境融为一体,这对园林景观设计来说有着至关重要的意

---

① 引自《园冶注释》第二版,中国建筑工业出版社。

义。在设计中材料的选择上要多运用具有当地特色的造景材料，虽然简陋，但十分自然，可以更好地体现当地的景观特色。从而使小城镇的形象更加丰满，特色更加明显，为更多的人所喜爱。我国第一部系统全面论述造园艺术的专著——《园冶注释》指出：园林巧于"因"、"借"，精在"体"、"宜"。一个建筑的特色是通过它和其他建筑的对比体现出来的。同样的道理，一个小城镇想要拥有特色，那它必须要拥有不同于其他小城镇的地方；不是简单地罗列各种景观要素，而是通过多方面的手段重新排列组合这些景观，使之能够体现"生态优化"、"以人为本"的原则。之所以要深入研究小城镇的景观设计与规划，是希望能够通过这些研究来提高设计者小城镇景观设计的水平，建造出更多具有多种地域特色、不同建筑风格、多样历史文化、独特生活习俗的小城镇。

第三章　小城镇园林景观设计要素

第一节　小城镇园林造景表现手法

一、多样与统一

多样与统一是最具规范的形式美的原则,使各个部分整体而有秩序地排列,体现一种单纯而整齐的秩序美。这种秩序感能给人一种庄重、威严、力量、权力的象征。综合运用各种规律的表达能体现整体形象的多样化。自然现象的个性都必须蕴藏在整体的共性之中。个体由于有造型、材质、色彩、质感等方面的多样变化,给人以刚柔、轻重、聚散、升降的不同感受,但在体量、色彩、线条、形式、风格方面要求有一定程度的相似性和一致性,给人以统一感,从而形成整体环境独有的特性。

多样与统一包括形式统一原则、材料形式统一原则、局部与整体统一原则等方面。这些形式美的原则不是固定不变的,它们随着人类生产实践、审美观的提高、文化修养的提高、社会的进步而不断地演化和更新。

在小城镇园林景观设计中,风格上的统一可使整个小城镇面貌具有特色。一个地方有它的地方习惯、地方材料及地方传统,因此,在园林景观系统中应以某一个重点为主,其他景点、小品等在格调统一的基础上处于陪衬地位,成为统一的整体。在小城镇景观设计中,应保持特色,即使在处理大面积的园林景观时,亦应考虑古朴、简洁的风格,切忌抄袭硬搬没有个性的设计而破坏协调气氛。

植物景观设计时,树形、色彩、线条、质地及比例都要有一定的差异和变化,显示多样性,但又要使它们之间保持一定的相似性,有统一感,这样既生动活泼,又和谐统一。变化太多,整体就会显得杂乱无章,甚至一些局部感到支离破碎,失去美感。过于繁杂的色彩会使人心烦意乱,无所适从,但平铺直叙,没有变化,又会单调呆板。

变化统一是美学的基本规律,首先表现在其内容与形式的高度统一。其次在形式上表现景观要素自身的、局部关系的和整体结构上的和谐统一。只有多样变化,没有整齐统一,就会显得纷繁散乱;如果只有整齐统一,没有多样变化,就会显得呆板单调。多样统一包括两种基本类型:一种是各种对立因素之间的统一;另一种是各种非对立因素相互联系的统一。无论是对立还是调和,都要有变化,在变化中体现出统一的美。道路景观与周围环境的协调统一,即保持与周围的自然环境、社会环境、人文环境以及其他道路景观风格的协调统一。

二、协调与对比

协调与对比是一对矛盾的统一体,是园林造景的重要手段之一。植物景观设计时要注意相互联系与配合,体现协调的原则,使人具有柔和、平静、舒适和愉悦的美感。找出近似性和一致性,配置在一起才能产生协调感;相反的,用差异和变化可产生对比的效果,具有强烈的刺激感。因此,在植物景观设计中,常用对比的手法来突出主题或引人注目。

协调,一方面反映在不同领域,不同环境,若干层次的意向冲突中,通过一定的组合形式,从而达到矛盾的统一;另一方面通过相近的不同事物相融合而达到完美的境界和多样化的统一。这两方面的协调都使人感到调和、融合、亲切、自然。在某种环境中,定量的对比可以取得更好的环境协调效果,它可以彼此对照、互相衬托,更加明确地突出自己的个性特点,鲜明、醒目,令人振奋,显现出矛盾的美感,如体量对比、方向对比、明暗对比、材质对比、色彩对比等。

园林景观设计中的协调与对比既对立又统一,在对比中求协调,在协调中有对比。如果只有对比,容易给人以零乱、松散之感;只有协调,容易使人产生单调乏味感。只有对比中的协调才能使景观丰富多彩、生动活泼、主题突出,才能使人感受景观带来的兴奋与感动。

在园林景观设计中,采用诸如虚实、明暗、疏密对比等,使视觉没有单调感。在建筑群体周围布置绿化,使环境多姿、多变,这是一种很好的对比手法。另外,沿街建筑应该注意虚实对比,一般是以虚为主,以实为辅,给人以宽敞的感觉。

对比,即事物的对立和相互比较、相互影响的关系。对比是强化视觉刺激的有效手段,其特征是使质与量差异很大的两个要素在一定条件下共处于一个完整的统一体中,形成相辅相成的呼应关系,以突出被表现事物的本质特征。和谐是指事物各组成部分之间处于矛盾统一中,相互协调的一种状态,能使人在柔和宁静的心境中获得审美享受。

三、均衡与对称

均衡与对称同属形式美的范畴,它们所不同的是量上的区别。均衡不论在园林景观建筑立面造型上,还是在平面布局上都是一种十分重要的艺术处理手法,同样也是景观设计的重要手法。

规则或不规则的均衡是园林景观规划设计在艺术上的根基,均衡能为外观带来力量和统一,可以形成安宁氛围,防止混乱和不稳定。它有着控制人们自然活动的微妙力量。

各景物在左右、前后、上下等方面的布局上,其形状、质量、距离、价值等诸要素的综合处于对应相等的状态,称为均衡。在视觉艺术中,均衡中心两边的视觉中心分量相当,则会给人以美的感觉。最简单的一类均衡是对称,对称轴两旁是完全一样的。另一类均衡形式是不对称均衡。不对称均衡的均衡中心应做一定强调。

对称是以中轴线形成的左右或上下绝对的对称和形式上的相同,在量上也均等。对称形式通常被运用在景观规划中,这也是人们比较乐于接受的一个规划形式,体现庄重、严整,常用于纪念性景观和古典园林的布局中。均衡是指在形式上的不相等,在体量上大致相当的一种等量的布局形式。由于自然式景观规划布局受到功能、地形、地势等组成部分的条件限制,常采用均衡的手法进行规划,运用材质、色彩、疏密及体量变化给人以轻松、自由、活泼的感受。均衡的手法常运用于比较休闲的空间环境。

四、比例与尺度

万物都有一定的尺度,尺度的概念是根深蒂固的。比例是指园林中的景物在体形上具有适当的关系,其中,既有景物本身各部分之间长、宽、高的比例关系,又有景物之间个体与整体之间的比例关系。比例来自形状、结构、功能的和谐,也来自习惯及人们的审美观,比例失调会给人以厌恶的感觉。

比例是指整体与局部之间比例协调关系,这种关系可以使人产生舒适感,具有满足逻辑和视觉要求的特征。为了追求比例的美与和谐,人们为之努力,创造了世界公认的黄金分割 1∶0.618 为最美的比例形式,但在人们的生活中,审美活动的不断变化,优秀的形式不仅仅限于黄金比例,而是建立在比例与尺度的和谐,比例是相对的,是物体与参照物之间的视觉协调关系。如以建筑、广场为背景,来调节植物大小的比例,可使人产生不同的心理感受,植物设计的近或大,建筑物就相对缩小,反之则显得建筑物高大,这是一个相对的比例关系。如日本庭院面积与体量,植物都以较小的比例来控制空间,形成亲切感人的亲近感。

尺度既有比例关系,又有匀称、协调、平衡的审美要求,其中,最重要的是联系到人的体形标准之间的关系以及人所熟悉的大小关系。尺度是绝对的,可以用具体的度量来衡量,这种尺度感的大小尺寸和它的表现形式组成一个整体,成为人类习惯环境空间的固定尺度感。如栏杆、扶手、台阶、花架、凉亭、电话亭、垃圾筒等。

尺度的个性特征是与相对的比例关系组合而体现出来的,适当的尺度关系让人产生亲切感,尺度也因参照物之间的变化而失掉应有的尺度感,合理地运用尺度与比例的关系,才能实现其舒适而美的尺度感。

比例是指事物的整体与局部、局部与局部之间的数量关系。一切事物都是在一定尺度内得到适宜的比例。形式要素之间的匀称和比例,是人类在实践活动中通过对自然事物的总结抽象出来的。尺度使人们产生寓于物体尺寸中的美感。人本身的尺度是衡量其他物体比例美感的因素。尺度的实质是反映人与建筑之间关系的一种性质。建筑物的存在应让人们去喜欢它,当建筑物与人的身体在内在感情上建立某种紧密与间接的关系时,这种建筑就会更加适用与更加美观。

五、节奏与韵律

节奏是指单纯的段落和停顿的反复;韵律即指旋律的起伏与延续。节奏与韵律有着内在的联系,是一种物质动态过程中,有规则、有秩序并且富有变化的一种动态连续的美,如何把握延续中的停顿,韵律中的节奏,就必须遵循节奏与韵律美的规律。

节奏是一种有规律的周期性变化的运动方式。在视觉艺术中,节奏主要通过线条的流动、色块的形体、光影明暗等因素反复重叠来体现。韵律节奏是各物体在时间和空间中,按一定的方式组合排列,形成一定的间隔并有规律地重复。韵律节奏具有流动性,是一种运动中的秩序。节奏主要通过线条的流动、色块的形体、光影明暗等因素反复重叠来体现。在建设过程中,研究和应用这些规律,可以改善景观环境。同时,景观的美不仅是形式的美,更是表现生态系统精美结构与功能有生命力的美,它是建在环境秩序与生态系统良性运转轨迹之上的。人类活动必须符合自然规律,在创造道路景观时应符合美学规律,"晴峦耸秀,绀宇凌空,极目所至,俗则屏之,嘉则收之"。使得各景观要素比例恰当,均衡稳定,形成和谐的统一体,创造出生态平衡的、赏心悦目的环境,满足人们的需求。

韵律,即有规律地重复。韵律感可以反映在平面上,亦可以反映在立面上。韵律所形成的循环再现,可产生抑扬顿挫的美的旋律,能给人带来审美上的满足,韵律感最常反映在全景轮廓线及沿街建筑的布置上。

重复韵律是一种简单的韵律连续构成形式,强调交替的美,如路灯的重复排列到树木的交替排列形成整齐的重复韵律。

　　间隔韵律是由两种以上单元景点间隔,交替地出现,如一段踏步、一行花坛,这样不断重复形成有节奏的间隔美。

　　渐变韵律是指一个单元要素的逐渐变小或放大而形成的节奏感,如体量由小变大,质感由粗变细,它能在一定的空间范围内,造成逐渐远去和上升的感觉。

　　起伏曲折韵律是物体通过起伏和曲折的变化所产生的韵律,如景观设计中地形的起伏,墙面的曲折,道路有花草、树林都能产生韵律感。

　　整体布局的韵律是将景观环境整体考虑,使山山水水每一个景观都不会脱节,使其纳入整体的布局,有轻有缓,有张有弛,令人感受到整体韵律,如在园林布局中,有时一个景观往往有多种韵律节奏方式表现,在满足功能要求的前提下,采用合理的组成形式,创造出理想的园林景观。

　　植物配置中单体有规律地重复,有间隙地变化,在序列重复中产生节奏,在节奏变化中产生韵律。如路旁的行道树用一种或两种以上植物的重复出现形成韵律。一种树木等距离排列称为"简单韵律";两种树木尤其是一种乔木与一种花灌木相间排列,或带状花坛中不同花色分段交替重复等,产生活泼的"交替韵律"。另外,还有植物色彩搭配,随季节发生变化的"季相韵律";植物栽植由低到高,由疏到密,色彩由淡到浓的"渐变韵律"等。

第二节　小城镇园林植物造景景观设计

一、园林植物配置

1. 园林植物配置原则

（1）因地制宜。

1）因地制宜要根据不同的特点,满足不同的生活需要。因地制宜是根据绿化所在地区气候的特点,不同的绿地环境条件,不同的绿地性质、功能和造景要求,结合其他造园题材,充分利用现有的绿化基础,合理地选择植物材料,力求适地适树,采用不同的植物配置形式,合理密植,组成多种多样的园林空间满足人们游憩、观赏、锻炼等多种活动功能的需要。

在植物配置时除基调树种外,应当选用一定数量的观赏花木,种植一定数量的草本花卉,并留出一定数量的草坪形成多层次绿化,同一城市不同区域地段的环境条件差异很大,在园林植物选择和配置中应加以区别对待。

2)因地制宜还表现在植物在不同地方发挥不同的功能与作用。

①可用绿色植物遮挡不利于景观物体,使欲达到封闭效果的空间更隐蔽、更安静以及分隔不同功能的景区等。其次是修饰和完善建筑物构成的空间以及将不同的、孤立的空间景物连接在一起,形成一个有机的整体。

②植物配置可以形成某个景物的框景,起装饰以这个景物为主景的画面的框景作用,并利用植物的不同形态及色彩作为某建筑物的背景或装饰,从而使观赏者的注意力集中到应有的位置;而在街道绿化带和商业区的绿化带,其主要功能是考虑针对灰尘和噪声这两大环境因素的改善,起到减尘减噪的效果,所以要求选用枝叶茂密、分枝低、叶面粗糙、分泌物多的常绿植物;并尽可能营造较宽的绿带,形成松散的多层次结构。在重污染工矿区,防治大气污染是这些区域园林绿化的主要目的,选用一些抗污染能力强、能吸收分解有毒物质、净化大气的植物是非常重要的。

(2)因材制宜。植物配置要根据植物的生态习性及其观赏特点,全面考虑植物在造景上的观形、赏色、闻香、听声的作用。结合当地环境条件和功能要求,合理布置。

在植物的选材方面,应以乡土植物为主。乡土植物是小城镇及其周围地区长期生存并保留下来的植物,它们在长期的生长进化过程中,已经形成了对小城镇环境的高度适应性,成了小城镇园林植物的主要来源。外来植物对丰富本地植物景观大有益处,但引种应遵循

"气候相似性"的原则进行。耐瘠薄、耐干旱的植物有十分发达的根系和适应干旱的特殊器官结构,成活率高,生长较快,较适于作为城市绿化植物,尤其是行道树和街道绿化植物。

(3)因时制宜。园林空间景物的特点是随着时间的变化而变化的,园林植物随时间的变化而改变其形态,这就要求进行植物配置时既要考虑目前的绿化效果,又要考虑长远的效果,也就是要注意保持园林景观的相对稳定性。

1)因时制宜体现在植物配置中远近结合的问题,这其中主要是考虑快长树与慢长树的比例,掌握好常绿树、落叶树的比例。要想近期绿化效果好,还应注意乔木、灌木的比例以及草坪地被植物的应用。植物配置中合理的株行距也是影响绿化效果的因素之一。

2)苗木规格和大小、苗木的比例也是决定绿化见效早晚的因素之一。在植物配置中还应该注意乔木和灌木的搭配。灌木多为丛生状,枝繁叶茂,而且有鲜艳的花朵和果实,可以使绿地增加层次,可以组织分隔空间。

3)植物配置时,切不可忽视对草坪和地被植物的应用,因它们有浓密的覆盖度,而且有独特的色彩和质地,可以将地面上不同形状的各种植物有机结合成为一体,如同一幅风景画的基调色,并能迅速产生绿化效果。

(4)生物多样性。

1)挖掘植物特色,丰富植物种类。物种多样性是生物多样性的基础。每种植物都有各自的优缺点,植物本身无所谓低劣与好坏,关键在于如何运用这些植物,将植物运用在哪个地方以及后期的养护管理技术水平。在植物配置中,设计师应该尽量多挖掘植物的各种特点,考虑如何与其他植物搭配。如某些适应性较强的落叶乔木有着丰富的色彩及较快的生长速度,就可与常绿树种以一定的比例搭配,一起构成复层群落的上木部分。落叶树可以打破常绿树一统天下的局面,为秋天增添丰富的色彩,为冬天增添阳光,为春天增添嫩绿的新叶,为夏天增添荫凉。还有就是要大力提倡开发运用乡土树种,乡土树种适应能力强,不仅可以丰富植物的多样性,而且还可以使植物配置更具有地方特色。

2)构建丰富的复层植物群落结构。构建丰富的复层植物群落结构有助于生物多样性的实现。单一的草坪与乔木、灌木、复层群落结构不仅植物种类有差异,而且在生态效益上也有着显著的差异。良好的复层结构植物群落将能够最大限度地利用土地及空间,使植物能充分利用光、温、气、水、肥等自然资源,产出比草坪高出数倍乃至数十倍的生态经济效益。乔木能改善群落内部环境,为中、下层植物的生长创造较好的小生境条件;小乔木或者大灌木等中层树可以充当低层屏障,既可挡风,又能增添视觉景观;下层灌木或地被可以丰富林下景致,保持水土,弥补地形不足。同时,复层结构群落能形成多样的小生境,为动物、微生物提供良好的栖息和繁衍场所,配置的群落应能招引各种昆虫、鸟类和小兽类,形成完善的食物链,以保障生态系统中能量转换和物质循环的持续稳定发展。

3)构建多样的园林植物景观与园林生态系统。生态系统多样性是指不同生境、生物群体以及生物圈生态过程的总和。它表现了生态系统结构的多样性以及生态过程的复杂性和多变性。保护生态系统多样性尤为重要,因为无论是物种多样性还是遗传多样性。都是寓于生态系统多样性之中,生态系统多样性保护直接影响物种多样性及其基因多样性。

(5)生态性。小城镇园林绿化以生态效益和社会效益为主要目的,但这并不意味着可以无限制地增加投入。任何一个小城镇的人力、物力、财力都是有限的,需遵循生态经济原则,才可能以最少的投入获得最大的生态效益和社会效益。多选用寿命长、生长速度中等、耐粗放管理、耐修剪的植物。在街道绿化中将穴状种植改为带状种植,尤以宽带为好。这样可以避免践踏,为植物提供更大的生存空间和较好的土壤条件,并可使落叶留在种植带内,避免因焚烧带来的污染和养分流失,还可以有效地改良土壤,同时对减尘减噪有很好的效果。合理组合多种植物,配置成复杂层结构,并合理控制栽植密度,以防止由于栽植密度不当引起某些植物出现树冠偏冠、畸形、树干扭曲等现象,严重影响景观质量和造成浪费。

因此,在小城镇园林植物配置过程中,一定要遵循相关的原则,才能在节约成本、方便管理的基础上取得良好的生态效益和社会效益,让小城镇绿地更好地为改善小城镇环境,提高小城镇居民生活环境质量服务。

(6)稳定性。园林植物群落不仅要有良好的生态功能,还要能满足人们对自然景观的欣赏要求。所以,对于小城镇植物群落,不论是公园绿地的特殊景观,还是住宅区内的园林小品,这些景观特征能否持久存在,并保护景观质量的相对稳定极为重要,而植物群落随着时间的推移逐渐发生演替是必然的,那么要保证原有景观的存在和质量,就要求在设计和配置过程中充分考虑到群落的稳定性原则,加以合理利用和人为干预,得到较为稳定的群落和景观。具体可采用以下措施。

1)在群落内尽可能多地配置不同的植物,提高植物对环境空间的利用程度,同时大大增强群落的抗干扰性,保持其稳定性。

2)人为的干预可以在一定程度上加快或减缓植物群落的演替,如在干旱贫瘠的地段上,园林绿化初期必须配置耐瘠耐旱的阳性植物以提高成活率加快绿化进程,在其群落景观维持至首批植物自然衰亡后,可自然演替至中性和以耐阴性植物为主的中性群落。

2. 园林植物配置的理论

(1)园林植物配置的群落特点。

自然界植物的分布不是凌乱无章的,而是遵循一定规律而集合成群落。植物群落是不同植物有机体的特定结合,在这种结合下,存在植物之间以及植物与环境之间的相互影响。每个群落都有其特定的外貌,是群落对生境因素的综合反映。植物群落的特点如下。

1)具有一定的外貌。一个群落中的植物个体,分别处于不同高度和密度,从而决定了群落的外部形态,如森林、灌丛或草丛等。植物群落的外貌,主要由群落优势种植的生活型植物种类多少、生长密度、色相变化、季相变化、群落层次等方面共同体现。

2) 具有一定的种类组成。每个生物群落都是由一定的植物、动物、微生物种群组成的。种类组成是区别不同生物群落的首要特征。一个群落中种类成分的多少及每种个体的数量,是衡量群落生物多样性的基础。群落种类的多少决定群落外貌变化的丰富性,种类越多,配置树种时线性变化越多,使群落景观呈现丰富的变化性。

3) 不同物种之间的相互影响。群落中的物种有规律地共处,即在有序状态下共存。生物群落是生物种群的集合体,但不是说一些种群的任意组合便是一个群落。一个群落必须是经过生物对环境的适应和生物种群之间的相互适应、相互竞争,形成具有一定外貌、种类组成和结构的集合体。

4) 形成群落环境。植物群落对其所在环境产生重大影响,并形成群落环境。如林地中的环境与周围裸地就有很大的不同,包括光照、温度、湿度与土壤情况等都经过了生物群落的改造。

5) 具有一定的群落结构。群落是生态系统的一个结构单元,它本身除具有一定的种类组成外,还具有一系列结构特点,包括形态结构、生态结构与营养结构。如生活型组成、种类的分布格局、成层性、季相等。

6) 具有一定的分布范围。群落都是分布在特定地段或特定生境上的,不同群落的生境和分布范围不同。无论从全球还是从区域范围看,不同群落都是按照一定的规律分布的。

7) 具有一定的动态特征。群落是生态系统中具有生命的部分,生命的特征是不停地运动,群落也是如此。其运动形式包括季节动态、年际动态、演替与演化。

8) 群落的边界特征。在自然条件下,有些群落具有明显的边界,可以清楚地加以区分;有的则不具有明显的边界,而处于连续变化中。大多数情况下,不同群落之间都存在过渡带,称为群落交错区,并导致明显的边缘效应。群落的结构要素见表3-1。

表 3-1　群落的结构要素

名称	要　素　内　容
生活型	生活型是生物对外界环境适应的外部表现形式,不但体态相似,而且其适应特点也相似
叶片大小、性质及叶面积指数	叶片是进行光合作用的重要器官,它的大小、形状和性质直接影响群落的结构与功能。如针叶、阔叶、常绿叶、落叶等是决定群落外貌的重要特征。叶片的大小与水分平衡密切相关;叶面积指数是群落结构的一个重要指标,并与群落的光能利用效率等群落功能有直接关系
层片	层片作为群落的结构单元,是群落的三维生态结构,它与垂直结构中的层次划分虽有相同之处,但也有本质区别。层片强调群落的生态学方面,层次着重于群落的形态方面。落叶乔木与常绿乔木都属于同一层次,但二者却属于不同的层片
同资源种团	群落中以同一方式利用共同资源的物种集团,它们在群落中占有同一功能地位,是等价种。如果一个种由于某种原因从群落中消失,其他种团就可能取而代之
生态位	生态位是指种在群落中的机能作用和地位。生态位相同的种不能共存

(2)园林植物配置的空间构成。

1)园林植物有强烈的空间结构特征和建造功能,使植物与其他建筑材料一样,成为园林景观空间中一个重要组成部分;将绿色植物的景观构成要素与人工环境中的空间组成要素相结合,按人们对植物环境的视觉审美需求,探索在特定地域空间内由植物材料所构成的空间景观的各种类型及组合方式。

2)绿色植物是一种有生命的构建材料,有其自身的空间结构。植物以其特有的点、线、面、体形式以及个体和群体组合,形成有生命活力的复杂流动性的空间。这种空间具有强烈的可观赏性,并将植物按冠幅分为地被植物、膝下植物、腰间植物、视线植物和超视线植物。其次,这些植物在个体或群体组合造景时,能形成开敞空间和封闭式空间;园林植物配置中要了解各种空间形式的特点及与绿色植物的空间结构的对应关系。

3)植物配置与造景的实质就是植物空间的组织过程。根据绿色植物具有的空间结构特征和形成的空间类型,采取离心式空间组织形式和向心式空间组织形式来完成植物的空间景观序列。其中,在离心式组织中多采用组团式和交叉式布置,在向心式组织中常运用双层包容、多层包容与串联包容的方法;植物景观的改变采用空间过渡的形式来完成,根据不同的植物空间形式,在空间过渡中又可采用相邻式空间过渡、链锁式空间过渡、嵌套式空间过渡、共享式空间过渡等多种过渡形式,实现植物景观的改变。

(3)园林植物配置的心理学。

人在情感力量比较柔和、平静时,心理时空挖掘出来的表象往往是清风、明月、垂柳、花前与月下;在心理时空情感壮阔、激荡之时,心理环境的表现又常常是苍松、翠柏、远山、郁郁葱葱的树群和奔腾的大海,其原因是植物在具有园林中的线性美、动态美、静态美的同时,植物景观还有一种影响人心理时空与情绪的景观要素,即景观的创作与欣赏过程中不可缺少人的心理反应,它时刻受人们审美心理氛围的影响,植物及其组合搭配成景后,被欣赏者通过各种感官产生印象,产生反射后形成相应的心理反应,激发出各种内在情感,从而产生各种不同的心理感受。

植物景观的审美活动,由感知、情感、想象、理解与反应等活动产生影响和作用,最终形成对心理时空影响的综合过程。因此,园林设计师在进行园林景观设计时,应充分融入欣赏者的心理需要,使园林的艺术美体现在欣赏者的心理接受过程中,使其与欣赏者产生共鸣,这样才能使园林植物的配置与景观创造获得生命力。

3. 各种植物配置

(1)地被植物配置。

小城镇园林绿地植物配置中,植物群落类型多,差异大,地被植物应根据"因地制宜,功能为先,高度适宜,四季有景"的原则统筹配置。同时在小城镇生态景观建设中,根据景观的需要,对地被植物要有取舍。在小城镇生态景观建设中,适于栽植地被植物的地方有以下几种。

1) 人流量较小但要达到水土保持效果的斜坡地。

2) 栽植条件差的地方，如土壤贫瘠、沙石多、阳光被郁闭或不够充足、风力强劲、建筑物残余基础地等场所。

3) 某些不许践踏的地方，用地被植物可阻止入内。

4) 养护管理很不方便的地方，如水源不足、剪草机难以进入、大树分枝很低的树下、高速公路两旁等地。

5) 不经常有人活动的地方。

6) 因造景或衬托其他景物需要的地方。

7) 杂草太猖獗的地方。

地被植物品种的选择和应用适当，空间和环境资源将会得到更大限度的利用。从美观与适用的角度出发，选择时应注意地被植物的高矮与附近的建筑物比例关系要相称，矮型建筑物适用匍匐而低矮的地被植物，而高大建筑物附近，则可选择稍高的地被植物；视线开阔的地方，成片地被植物高矮均可，宜选用一些具有一定高度的喜阳性植物作地被成片栽植，反之如视线受约束或在小面积区域，如空间有限的庭院中，则宜选用一些低矮、小巧玲珑而耐半阴的植物作地被。

（2）草坪植物配置。

要想获得优美、健康的草坪，选择适宜的草坪品种是草坪成功建植的关键。选择草坪草种和品种的第一个基本原则是气候环境适应性原则，一个地区的气候环境是草坪草种选择的决定性因素。第二个基本原则就是优势互补及景观一致性原则，即各地应根据建植草坪的目的、周围的园林景观，以及不同草坪草种和品种的色泽、叶片粗细程度和抗性等，选择出最适宜的草坪草种、品种及其组合。草坪作为园林绿化的底色，景观一致性原则是达到优美、健康草坪的必要条件。草坪的植物配置主要有以下内容。

1) 草坪主景的植物配置。园林中的主要草坪，尤其是自然式草坪一般都有主景。具有特色的孤植树或树丛常作为草坪的主景配置在自然式园林中。

2) 草坪配景的植物配置。为了丰富植物景观，增加绿量，同时创造更加优美、舒适的园林环境,在较大面积的草坪上,除主景树外,还有许多空间是以树丛(树林)的形式作为草坪配景配置的。配景树丛(树林)的大小、位置、树种及其配置方式,要根据草坪的面积、地形、立意和功能而定。

3)草坪边缘的植物配置。草坪边缘的处理,不仅是草坪的界限标志,同时又是一种装饰。自然式草坪由于其边缘也是自然曲折的,其边缘的乔木、灌木或草坪也应是自然式配置的,既要曲折有致,又要疏密相间,高低错落。草坪与园路最好自然相接,避免使用水泥镶边或用金属栅栏等把草坪与园路截然分开。草坪边缘较通直时,可在离边缘不等距处点缀山石或利用植物组成曲折的林冠线,使边缘富于变化,避免平直与呆板。

4)草坪与园路的配置。主路两旁配置草坪,显得主路更加宽广,使空间更加开阔。在次路旁配置草坪,需借助于低矮的灌木,以抬高园路的立面景观,将园路与地形结合设计成曲线,便可营造"曲径通幽"的意境。若借助于观花类植物的配置,则可营造丰富多彩、喜庆浪漫的气氛,还有夹道欢迎之意。小路主要是供游人散步休息的,它引导游人深入园林的各个角落,因此,草坪结合花、灌、乔木往往能创造多层次结构的景观。

另外,在路面绿化中,石缝中嵌草或草皮上嵌石,浅色的石块与草坪形成的对比,可增强视觉效果。此时还可根据石块拼接不同形状,组成多种图案,如方形、人字形、梅花形等图案,设计出各种地面景观,以增加景观的韵律感。

5)草坪与水体的配置。园林中的水体可以分为静水和流水。平静的水池,水面如镜,可以映照出天空或地面景物,如在阳光普照的白天,池面水光晶莹耀眼,与草坪的暗淡形成强烈的对比,蓝天、碧水、绿地,令人心旷神怡。草坪与流水的组合,清波碧草,一动一静的对比更能烘托园林意境。

6)草坪花卉的配置。在绿树成荫的园林中,布置艳丽多姿的露地花卉,可使园林更加绚丽多彩。露地花卉,群体栽植在草坪上,形成缀花草坪,除其浓郁的香气和婀娜多姿的形态可供人们观赏之外,它还可以组成各种图案和多种艺术造型,在园林绿地中往往起到画龙点睛的作用。常用的花卉品种有水仙、鸢尾、石蒜、葱兰、三色堇、二月兰、假花生、野豌豆等。

7)草坪植物的色彩搭配与季相。

①草坪植物的色彩搭配。草坪本身具有统一而柔和的色彩,一年中大部分时间为绿色。从春至夏,色彩由浅黄、黄绿到嫩绿、浓绿,颜色逐渐加深,入冬后变为枯黄。草坪上植物色彩的搭配也要以草色为底色,根据造景的需要选择和谐统一的色彩。由于绝大多数植物的叶片是绿色的,配置在以绿色为底色的草坪上时,草坪与植物之间、相邻的植物之间在色度上要有深浅差异,在色调上要有明暗之别。为了突出主景,主景树有时选用常年异色叶、彩叶或秋色叶树种。丛植或片植时,各树种之间要根据色度分出层次。一般从前到后、由低到高逐层配置,相邻层次有一定的高差,植物色度也相应从浅到深,色调由明到暗。对于相近层次的色调,在需要突出不同花色时,应选用对比色或色度相差大的植物。

②草坪植物配置的季相变化。植物从早春萌芽、展叶,到开花、结果与落叶,都随着季节的变化而呈现出周期性的相貌和色彩变化。北方的草坪在植物配置时,就要使春季花团锦簇、夏季浓荫覆地、秋季果实累累、冬季玉树琼枝。这些北方园林中特有的季相变化被充分展现出来,使各个季节都能呈现不同的风姿与妙趣,充分体现北方植物多彩多姿的季相美。需要注意的是草坪上植物配置的季相是针对一个地区或一个园林景观而言的,更多的是突出某一季节的特色,并不是要求园林中的每一块草坪都要兼顾各季节的景观变化,尤其是在较小的范围内,如果将各季节的植物全都配置在一起,就会显得杂乱无章。合理的草坪植物配置将使特定地区、特定园林植物景观既丰富又统一。

8)草坪与山石的配置。山石一直作为重要的造园要素之一,在草坪上布置山石时,必须反复研究、认真思考置石的形状、体量、色泽及其与周围环境(包括地形、建筑、植物、铺垫等)的关系,艺术地处理置石的平面及立体效果,突出山石的瘦、透、皱之美,创造一个统一的空间,再现自然山水之美。实际中常把置石半埋于草坪中,再利用少数花草灌木来装饰,一方面可掩饰置石的缺陷;另一方面可丰富置石的层次。或者,在草坪上随意地摆设几块山石,也能增加园林的野趣。

9)草坪与建筑的配置。园林建筑是园林中利用率高、景观明显、位置和体型固定的主要要素。草坪低矮,贴近地表,又有一定的空旷性,可用来反衬人工建筑的高大雄伟;利用草坪的可塑性可以软化建筑的生硬线条,丰富建筑的艺术构图。要创造一个既是对身体健康有益的生产、生活环境,又是一个幽静、美丽的景观环境,这就要求建筑与周围环境十分协调,而草坪由于成坪快、效果明显,常被用作调节建筑与环境的重要素材之一。

二、植物造景的原则与观赏特性

1. 植物造景的原则

(1)整体性原则。整体性原则,从宏观上是指园林植物造景要遵循自然规律,利用所处的环境、地形地貌特征、自然景观等进行科学建设或改建,同时要高度重视保护自然景观、历史文化景观以及物种的多样性,把握好它们与园林造景的关系,使园林建设与自然相和谐。因此,应充分研究和借鉴小城镇所处地带的自然植被类型、景观格局和特征特色,在科学合理的基础上进行植物造景设计。

(2)可持续发展原则。以自然环境为出发点,按照生态学原理,在充分了解各植物种类的生物学、生态学特性的基础上,合理布局、科学搭配,使各种植物和谐共存,群落稳定发展,达到调节自然环境与园林造景的关系,实现社会、经济和环境效益的协调发展。

(3)突出地方特色原则。突出地方特色原则主要是指在植物的选择上要选用适应性较强的乡土树种,乡土植物一般是以地区来划分的,指城市所在区域内固有的、非引进的,能很好地适应当地的自然条件,融入当地自然生态系统并生长良好且具有一定的观赏价值的植物种类。乡土植物能表现强烈的故土情怀,这样营造的景观能使不断演变起伏的历史文化脉络在园林建设中得到体现。由于不同的地域,其经济水平、各种自然资源条件、历史文脉和地域文化都存在很大的差异,因此,在园林植物造景上更应注重当地的自然和文化特色,只有把握历史文脉,体现地域文化特色和地方风格才能提高园林绿化的品位。

(4)生态性原则。植物造景设计时应遵循生态学原理,就是要因地制宜,因时制宜,满足植物与环境在生态适应上的统一,科学地配置园林植物,使植物正常生长,并保持一定的稳定性且充分发挥其观赏特性,实现园林植物的各种功能和效益,创造理想的园林效果。生态原则还体现在植物材料的选择、树种的搭配、草本花卉的点缀、草坪的衬托以及新品种的选择等方面。应当最大限度地以改善生态环境,提高生态质量为出发点。园林植物选择时要以乡土树种为主,以保证园林植物有正常的生长发育条件,并反映出各个地区的植物特色;同时,不能忽视优良品种的引种驯化工作。总的来说,就是要充分应用生态学原理,合理配置植物,只有最适合的才是最好的,才能发挥出最大的生态效益。

2. 植物的选择

园林植物是园林绿化的主体,选择合适的植物种类,是关系到绿化成败的关键之一。园林植物的选择,在宏观上要顺应生态园林建设的基本要求,微观上要遵循以下原则。

(1)适地适树,满足植物生态要求。适地适树就是要选择能适合在绿化地点的环境条件下生长的树种,尊重植物自身的生态习性,也就是说当地的环境条件必须能满足所选择的树种生长发育的要求。园林植物配置如果不尊重植物的这些生态特性和生长规律,就生长不好甚至不能生长。

植物除了有其固有的生态习性,还有其明显的自然地理条件特征。每个区域的地带性植物都有各自的生长气候和地理条件背景,经过长期生长与周围的生态系统也达成了良好的互利互补互生关系。而改变植物的生长环境必然要付出沉重的代价。"大树进城"虽然其初衷是好的,在短期内可以改善小城镇的绿化面貌,但事实上,很多

"大树"是从乡村周围的山上挖来的野生大树和古树名木,这种移植成本太高,恢复生长慢,成活率低,反而欲速则不达,不可避免地会引发原生地生态环境恶化的危机。

(2)满足绿化的主要功能要求。小城镇不同地域对绿化功能的要求各有侧重。有的地域以美化装饰为主,有的以冠大庇荫为主,有的以防护隔离为主。

(3)适应性强,具有抗污染的性能。要求植物能起良好的防护作用,成为绿色屏障,首先要使植物生长正常。由于小城镇工业的迅猛发展,在生产过程中均不同程度地产生有害物质,污染空气、水、土壤,进而污染危害植物,影响植物的正常生长。

(4)病虫害较少,易于管理。小城镇环境,尤其是工矿区因环境遭受不同程度的污染,影响到植物正常的生长发育。植物生长受到抑制后,抗病虫害的能力减弱,又易感染各种病虫害。所以,应选择生长良好、发病率低的植物。一般来说,乡土树种生命力强、适应性强,能有效地防止病虫害大暴发,常绿与落叶树分隔能有效地阻止病虫害的蔓延,林下植草比单一林地或草地更能有效地利用光能、保持水土并易于管理。

(5)经济实惠。在小城镇绿化中,要尽可能选用本地区培育的苗木。当地苗木栽植成活率高、生长好且运输费少,苗木价格低。在园林绿地中,可适当选择一些不需精心修剪和养护管理,具有一定经济价值的树种,如柿树、核桃等。园林绿化时,宜将快生长和慢生长的树结合起来,快速生长的树能在短期内产生好的效果。多用乡土树种,因乡土树种对当地环境条件较适应,能保证成活,生长良好且成本低。

(6)植物的选择搭配要注重自身与整体的生态效益。小城镇绿地要严格选择植物材料,在选择中,除考虑树种的适地适树,注意树种的色彩美和形态美,注意与周围的环境相协调外,在小城镇生态环境日益恶化的今天,园林建设中植物材料的选择与搭配上更要考虑其自身以及植物群落的生态效益。

(7)植物选择还应体现植物造景的作用,展现愉悦的生活空间。

植物材料除了美化小城镇环境、调节生态环境等作用外,长久以来,对某些植物赋予了深厚的文化内涵,与人们的思想感情发生着千丝万缕的联系。

3. 植物造景的观赏特性

园林植物种类繁多,千姿百态,无论是树的形、干、花,还是果实和叶子,都因各自的特征,展现其姿态、色彩、芳香和神韵上的美感;随着季节及植物年龄的变化,又会丰富和发展这些美感。

(1)观花。园林植物的花各式各样,不同的形状和大小,不同的色彩,不同的芳香,单瓣抑或是重瓣,这些复杂多变的因素形成不同的观赏效果,给人以视觉和嗅觉上的享受。

花的色彩是最直观的视觉观赏要素。花团锦簇、五彩缤纷、色彩斑斓、万紫千红……这所有的词都是形容植物花朵的色彩,植物花的色彩极为丰富,在进行植物造景时应使花的色彩与周围的环境、场景气氛相协调,可以通过花的色彩、形态等来衬托气氛、突出主题、创造意境。

花的芳香,可分为清香:如茉莉、九里香、荷花等;淡香:如玉兰、梅花、香雪球等;甜香:如桂花、含笑、百合等;浓香:如白兰花、玫瑰、玉簪、晚香玉等;幽香:如树兰、惠兰等。把不同种类的芳香植物栽植在一起,组成"芳香园",必能形成很好的景观效果。

(2)观果。园林植物很多可以结出果,颜色各异,在植物景观中也发挥着极高的观赏效果。果的颜色有:红色系的山楂、冬青、海棠果、火棘、金银木、多花栒子、枸杞、毛樱桃等;白色系的红瑞木、雪果、湖北花楸等;黄色系的贴梗海棠、金橘、木瓜、海棠花、柚、沙棘等;蓝紫色系的葡萄、十大功劳、蓝果忍冬、海州常山等;黑色系的金银花、女贞、地锦、君迁子、刺楸、鼠李等。累累硕果不仅点缀秋景,为人们提供美的享受,它们中的很多还能招引鸟类及小兽类,给园林环境带来鸟语花香和生动活泼的气息,还促进了绿地生物多样性的形成。

(3)观叶。园林植物叶的观赏价值主要表现在叶的形状及叶的色彩。

1)叶的形状。园林植物的叶形丰富多样,千奇百怪,尤其一些奇异形状的叶片,更具观赏价值,如鹅掌楸的马褂服形叶,北美鹅掌楸的鹅掌形叶,羊蹄甲的羊蹄形叶,银杏的折扇形叶,黄栌的圆扇形叶,元宝枫的五角形叶,乌桕的菱形叶等,给人深刻印象。棕榈、椰树、龟背竹等叶片带来热带情调,合欢、凤凰木、蓝花楹纤细似羽毛的叶片则轻盈秀丽。

2)叶的色彩。园林中植物的叶大多为绿色,但不同树种绿色度会有差异,如嫩绿、浅绿、深绿、黄绿、墨绿、蓝绿等。深浓绿的有松、柏、桂花、女贞、大叶黄杨、毛白杨、柿树、麦冬等;浅淡绿的有水杉、金钱松、馒头柳、刺槐、玉兰、鹅掌楸、银杏、紫薇、山楂、七叶树、梧桐等。把不同绿色度的植物配植在一起,能增加层次,扩大景深,得到良好的景观效果。同时,还有不少的变叶类的园林植物,如春季叶色变红或变紫的七叶树、臭椿、五角枫、元宝枫、黄连木、香椿、栾树、日本晚樱、石榴、茶条槭等,秋季叶色变黄或变红的银杏、白蜡、鹅掌楸、栾树、枫香、乌桕、鸡爪槭、火炬树、地锦、黄栌、山楂等。秋色叶的变色是植株整体叶片的变化,色块面积大,而且变色的时间长,因此,在园林植物配置时,应更多地加以运用,以体现明净的秋景。在种类繁多的园林植物中,还有一些树种是长年异色叶。如红枫、紫叶李、紫叶小檗、紫叶桃等,其长年的叶色就为红色或紫色;金叶女贞和金山绣线菊,其叶色长年就为黄色。

(4)观干。园林树木的干皮有的光滑透亮,有的开裂粗糙。开裂的干皮有横纹裂、片状裂、纵条裂、长方裂等多种类型,具有一定观赏价值,而干皮的色彩观赏价值更高。秋冬的北方,万木萧条,色彩单调,但有了那多彩干皮的装点,感觉完全不一样。无边的白雪,一丛丛红色干、黄色干、绿色干相配的灌木树丛,这强烈对比的色彩使得北国的冬景极富情趣;即使在南国,白干的粉单竹、高大的黄金间碧竹、奇特的佛肚竹成丛地栽植一角,它们那白黄绿的色彩对比,挺拔高大与奇特佛肚的形态对比,使得局部景观生动活泼。

干的色彩分为如下几类:红色系的红瑞木、山桃、杏等;黄色系的金枝垂柳、黄桦、金竹等;绿色系的梧桐、棣棠、枸橘、迎春、竹类等;白色系的老年白皮松、白桦、粉单竹、核桃等;斑驳色系的悬铃木、木瓜、白皮松、榔榆等。

(5)观姿。植物姿态是指植物整体形态的外部轮廓,一般对木本植物而言,它是由主干、主枝、侧枝及叶幕组成的。植物的姿态主要是由遗传因子决定的,但是它也受外界环境因子的影响,如人工养护管理,只有在好的养护管理下植物才会更好地展现其优美姿态。植物的观赏特性中最重要的就是其姿态美,尤其是针叶树类及单子叶竹类,它们没有美丽芳香的花,也不结晶莹可爱的果实,但它们以其姿态美同样博取人们的喜爱。苍老的松柏给人端庄、古朴的感觉,青翠的竹子又有潇洒之感,挺拔的棕榈使人领略到南国风光……这一切都是植物姿态呈现出的观赏特性。

植物姿态千变万化,一般归纳为以下几类,如图 3-1 所示。

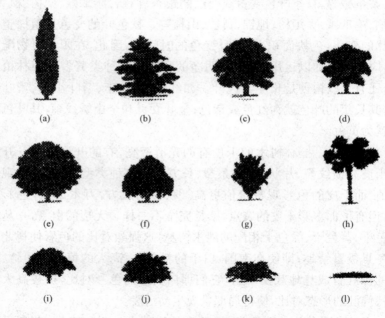

图 3-1　园林树木基本姿态

(a)圆柱形;(b)圆锥形;(c)卵圆形;(d)倒卵形;(e)圆球形;(f)垂枝形;

(g)曲枝形;(h)棕榈形;(i)伞形;(j)拱枝形;(k)丛枝形;(l)匍伏形

圆柱形:杜松、龙柏、钻天杨等。

圆锥形:雪松、云杉、冷杉、圆柏及其他各类针叶树在青壮年时期的姿态。

卵圆形:悬铃木、加杨、七叶树、梧桐、香樟、广玉兰、鹅掌楸、白蜡等。

倒卵形:刺槐、旱柳、小叶朴、桑树、千头椿等。

圆球形:馒头柳、元宝枫、橡树、榕树、核桃、黄连木、乌桕、柿树等。

垂枝形:垂柳、垂枝榆、垂枝桃、垂枝海棠等。

曲枝形:龙桑、龙游梅、龙爪槐等。

丛枝形:玫瑰、黄刺玫、锦带花、夹竹桃、南天竹、棣棠等。

拱枝形:迎春、连翘、云南黄馨、夜香树、多花栒子、火棘、菱叶绣线菊等。

伞形:鸡爪槭、合欢、凤凰木、老年期油松等。

棕榈形:椰树、蒲葵、棕榈、苏铁等。

匍伏形:铺地柏、沙地柏、爬地龙柏、扶芳藤等。

三、街道广场植物配置

小城镇的街道广场通常规模较小,道路并不很宽,在选择植物品种时要适当考虑其冠幅与冠型的标准,以适应小城镇的空间尺度。另外,街道广场是人与车辆活动较多的地方,应选择适于管理粗放,对土壤、水分、肥料要求不高的树种;同时又要适应城镇的生态环境,有一定耐污染、抗烟尘能力的树种。街道广场由于人流较大,植物的选择应考虑发叶早、落叶迟的树种。根据小城镇的当地自然条件,选择一些晚秋落叶期在短时间内就能落光的树种,便于集中清扫。对于道路两侧的行道树,要选择树干端直、分枝点较高,主枝角度与地面不小于30°,叶片紧密的树种。行道树的冠型由栽植地点的环境决定。一般较狭窄的巷道可以选择自然式冠型的乔木为主。凡有中央主干的树种,如杨树,侧枝点高度应在2.5 m以上,下方裙枝需根据具体情况修剪。特别是在交通视线不良的弯道和岔路口等地段,要以安全考虑为主,注意视野的开阔性,以免引发交通事故。无中央主干的树种,如柳树、榆树、槐树,分枝点高度宜控制在 2～3 m。小城镇的行道树间距可在 6～8 m,苗木规格分别以胸径 7～8 cm、3～4 cm 为宜。树体大小尽可能整齐划一,避免因高低错落不等、大小粗细各异而影响审美效果并给管理造成不便。

1. 主路旁景观设计

主路是沟通各活动区的主要道路,往往设计成环路,宽为 3～5 m,人流量大。平坦笔直的主路两旁常用规则式配置。最好植以观花乔木,并以花灌木作下木,丰富园内色彩。主路前方有漂亮的建筑作对景时,两旁植物可密植,使道路成为一条甬道,以突出建筑主景,入口处也常常为规则式配置,可以强调气氛。如庐山植物园入口两排高耸的日本冷杉,给人以进入森林的气氛。蜿蜒曲折的园路,不宜成排成行,而以自然式配置为宜,沿路的植物景观在视觉上应有挡有敞,有疏有密,有高有低。路旁若有微地形变化或园路本身高低起伏,最宜进行自然式配置。若在路旁微地形隆起处配置复层混交的人工群落,可得自然之趣。如华东地区可用马尾松、黑松、赤松或金钱松等作上层乔木;用毛白杜鹃、锦绣杜鹃、杂种西洋杜鹃作下木;络石、宽叶麦冬、沿阶草、常春藤或石蒜等作地被。路边无论远近,若有景可赏,则在配置植物时必须留出透视线。如遇水面,对岸有景可赏,则路边沿水面一侧不仅要留出透视线,在地形上还需稍加处理。要在顺水面方向略向下倾斜,再植上草坪,诱导游人走向水边去欣赏对岸的景观。路边地被植物的应用不容忽视,可根据环境不同,种植耐阴或喜光的观花、观叶的多年生宿根、球根草本植物或藤本植物,既组织了植物景观,又使环境保持清洁卫生。

2. 次路旁景观设计

次路是园中各区内的主要道路,一般宽 2～3 m,小路则是供游人漫步在宁静的休息区中,一般宽仅 1～1.5 m。次路和小路两旁的种植可更灵活多样,由于路窄,有的只需在路的一旁种植乔木、灌木,就可达到既遮阴又赏花的效果。有的利用诸如木绣球、台湾相思、夹竹桃等具有拱形枝条的大灌木或小乔木，植于路边，形成拱道，游人穿行其下，富于野趣；有的植成复层混交群落，则感到非常幽深，如华南植物园一条小路两旁种植大叶桉、长叶竹柏、棕竹、沿阶草四层的群落。某些地段可以突出某种植物组成的植物景观。如上海淮海路、衡山路的法国梧桐；北京林业大学的银杏路；北京颐和园后山的连翘路、山杏路、山桃路。

要注意创造不同的园路景观，如山道、竹径、花径、野趣之路等。在自然式园路中，应打破一般行道树的栽植格局，两侧不一定栽植同一树种，但必须取得均衡效果。株行距应与路旁景物结合，留出透景线，为"步移景异"创造条件。路口可种植色彩鲜明的孤植树或树丛，或作对景，或作标志，起导游作用。在次要园路或小路路面，可镶嵌草皮，丰富园路景观。规则式的园路，亦宜有 2～3 种乔木或灌木相间搭配，形成起伏节奏感。

四、居住区植物配置

居住区绿地设计时，要求以生态学理论为指导，以再现自然、改善和维持小区生态平衡为宗旨，以人与自然共存为目标，以园林绿化的系统性、生物多样性、植物造景为主题的可持续性为使命，达到平面上的系统性、空间上的层次性、时间上的相关性。

绿色的植物是居住区的重要设计元素，正是因为有了植物的生长才使优美的居住区犹如大自然的怀抱，处处散发着浓郁的自然气息。绿色植物除了能有效地改善居住区空间的环境质量，还可以与居住区中的小品、服务设施、地形、水景相结合，充分体现它的艺术价值，创造丰富的自然化居住区景观。底层居住区能否达到实用、经济、美观的效果，在很大程度上取决于对园林植物的选择和配置。园林植物种类繁多，形态各异。在居住区设计中可以大量应用植物来增加景点，也可以利用植物来遮挡私密空间，同时，利用植物的多样性创造不同的居住区季相景观。在居住区中能感觉到四季的变化，更能体现庭院的价值。

在住户居住区的景观元素中,植物造景的特殊性在于它的生命力。植物随着自然的演变生长变化,从成熟到开花、结果、落叶、生芽,植物为居住区带来的是最富有生机的景观。在居住区的种植过程中,植物生长的季相变化是创造居住区景观的重要元素。"月月有花,季季有景"是园林植物配置的季相设计原则,使得居住区景观在一年的春、夏、秋、冬四个季节内皆有植物景观可赏。做到观花和观叶植物相结合,以草本花卉弥补木本花木的不足,了解不同植物的季相变化进行合理搭配。园林植物随着季节的变化表现出不同的季相特征,春季繁花似锦,夏季绿树成荫,秋季硕果累累,冬季枝干苍劲。根据植物的季相变化,把不同花期的植物搭配种植,使得居住区的同一地点在不同时期产生不同的景观,给人不同的感受,在方寸之间体会时令的变化。居住区的季相景观设计必须对植物的生长规律和四季的景观表现有深入的了解,根据植物品种在不同季节中的不同色彩来创造居住区景观。四季的演替使植物呈现不同的季相,而把植物的不同季相应用到园林艺术中,就构成了四季演替的居住区景观,赋予了居住区以生命。

园林植物作为营造优美居住区的主要景观元素,本身具有独特的姿态、色彩和风韵之美。既可孤植以展示个体之美,又可参考生态习性,按照一定的方式配置,表现乔、灌、草的群落之美。如银杏干通直,气势轩昂,油松苍劲有力,玉兰富贵典雅,这些树木在居住区中孤植,可构成居住区的主景;春、秋季变色植物,如元宝枫、栾树、黄栌等可群植形成"霜叶红于二月花"的成片景观;很多观果植物,如海棠、石榴等不仅可以形成硕果累累的一派丰收景象,还可以结合居住区生产,创造经济效益。色彩缤纷的草本花卉更是创造居住区景观的最好元素,由于花卉种类繁多,色彩丰富,在居住区中应用十分广泛,形式也多种多样。既可露地栽植,又可盆栽摆放,组成花坛、花境等,创造赏心悦目的自然景观。许多园林植物芳香宜人,如桂花、蜡梅、丁香、月季、茉莉等,在居住区中可以营造"芳香园"的特色景观,盛夏夜晚在居住区中乘凉,种植的各类芳香花卉微风送香,沁人心脾。

　　利用园林植物进行意境创作是中国古典园林典型的造景手法和宝贵的文化遗产。在居住区景观创造中,也可借助植物来抒发情怀,寓情于景,情景交融。居住区植物的寓意作用能够恰当地表达居住区主人的理想追求,增加居住区的文化氛围和精神底蕴。如苍劲的古松不畏霜、雪严寒的恶劣环境;梅花不畏寒冷傲雪怒放;竹子"未曾出土先有节,纵凌云处也虚心"。三种植物都具有坚贞不屈和高风亮节的品格,用其配置,意境高雅而鲜明。

　　除了植物的各类特性的应用,在居住区景观设计中还应注意一些细节之处的绿化美。如住宅屋基的绿化,包括墙基、墙角、窗前和入口等围绕住宅周围的基础栽植。墙基绿化可以使建筑物与地面之间形成自然的过渡,增添庭院的绿意,一般多采用灌木作规则式配置,或种植一些爬蔓植物,如爬山虎、络石等进行墙体的垂直绿化;墙角可种植小乔木、竹子或灌木丛,打破建筑线条的生硬感觉;住宅入口处多与台阶、花台、花架等相结合进行绿化配置,形成住宅与庭院入口的标志,也作为室外进入室内的过渡,有利于消除眼睛的强光刺激,或兼作"绿色门厅"之用。

五、公园绿地植物配置

　　小城镇公园绿地是面积相对较大的绿地类型,其植物配置在不同的功能分区内表现出不同的特征。小城镇公园绿地的体育活动区是居民们经常健身娱乐的区域,要求有充足的阳光,其植物不宜有强烈的反光,树种及颜色要单纯,以免影响运动员的视线,最好能将球的颜色衬托出来,足球场用耐踩的草坪覆盖。体育场地四周应用常绿密林与其他区域区分开。树种的选择应避免选用有种子飞扬、结果、易生病虫害、分别性强、树姿不齐的树木。

　　小城镇公园绿地的安静休息区用地面积较大,应该采用密林的方式绿化,在密林中分布很多的散步小路、林间空地等,并设置休息设施,还可设庇荫的疏林草地、空旷草坪,设置多种专类花园,再结合水体效果更佳。此区内以自然式绿化配置为主。

儿童活动区是公园绿地中不可缺少的功能分区,采用的植物种类应该比较丰富,这些可以引起儿童对自然界的兴趣,增长植物学的知识。儿童集体活动场地应有高大、树冠开展的落叶乔木庇荫,不宜种植有刺、有毒或易引起过敏的开花植物、种子飞扬的树种,尽量不用要求肥水严格的果树或不用果树。主要配置富于色彩和外形奇特的植物,要用密林或树墙与其他活动区分开。总之,该区的绿化面积不宜小于全区面积的 50％。

文娱活动区在较大的公园绿地中占主要位置,通常有大型的建筑物、广场、道路、雕塑等,一般采用规则式的绿化种植。在大量游人活动集中的地段,可设开阔的大草坪,留出足够的活动空间,以种植高大的乔木为宜。

小城镇公园绿化的种植比例与城市相似,一般常绿树与阔叶树在不同地域表现出不同的比例特征。华南地区:常绿树占 70％～80％,落叶树占 20％～30％;华中地区:常绿树占 50％～60％,落叶树占 40％～50％;华北地区:常绿树占 30％～40％,落叶树占 60％～70％。

第三节　小城镇园林建筑及小品景观设计

一、园林建筑

园林建筑是指在园林绿地中,既有使用功能,又可供观赏的景观建筑或构筑物,如亭、廊、榭等。

1. 亭

《园冶》中说"亭者,停也。所以停憩游行也"。亭是供人休息、遮阴、避雨的建筑,个别属于纪念性建筑和标志性建筑。亭是园林中最常见的一种园林建筑。园亭要建在风景好的地方,使入内歇足休息的人有景可赏,更要考虑建亭成为一处园林美景,园亭在园林中往往起到画龙点睛的作用。

亭的形式、尺寸、色彩、题材等应与周围景观相适应、协调。亭的高度宜在 2.4～3 m,宽度宜在 2.4～3.6 m,立柱间距宜在 3 m 左右。

(1)亭的功能。

1)园林之中,亭是为数最多的建筑物之一,其作用可以概括为两个方面,即"观景"和"景观"。

2)从亭的原意说,亭是供人休息的建筑。在园林中,亭也常作为游人停留、小憩的场所,并可以避免日晒、雨淋,这是亭的最基本功能。

3)与原始亭含义稍有不同的是,亭除了为游人提供休息场所外,还要考虑游人的游览需要。因为游园与赶路不同,人们在赶路途中的休息主要为了恢复体力,而游园之时,观览四周景致有时较休息更为重要,所以,园林中的亭要结合园林的地形、环境来建造。如山巅立亭,要能俯瞰全园;山腰建亭,则须前景开阔,以利于眺望;水际置亭,应可远观对岸的洲渚堤桥;小园设亭,虽然未必周览全园,也须让一部分有特色的园景展现于眼前。

4)在园景构成中,亭与其他园林建筑一样,常会成为视线的焦点,所以,亭的设置常被当作重要的点景手段。由于亭造型优美、形式多变,因而山巅水际、花间竹里若置一亭,往往会平添无限诗意。

5)有许多为特定的目的而建造的亭,如传统名胜、园林中的碑亭、井亭、纪念亭、鼓乐亭等;在现代公园中,亭被赋予了更多的用途,如书报亭、茶水亭、展览亭、摄影亭等。

(2)亭的造型。

1)按平面形状分类。

①单体亭:正多边形,有正三角形亭、正四角形亭、正六角形亭、八角形亭等;非正多边形,有圆亭、扇亭、长方形亭等。

②组合亭:单体亭组合,有双三角形亭、双方亭、双圆亭等;亭与廊、花架、景墙组合。

2)按立面造型分类。单檐:最常见,较轻巧。重檐:较少见,稳重。

3)按屋顶形式分类。古代有攒尖顶、歇山顶、卷棚顶等;现代有平顶、蘑菇顶、空顶、伞顶灯。

（3）亭的立面。亭的立面因款式的不同有很大的差异。但有一点是共同的，就是内外空间相互渗透，立面显得开敞、通透。个别有四面装门窗的，如苏州拙政园的塔影亭，这说明其功能已逐渐向实用方面转化。

园亭的立面，可以分成几种类型。这是决定园亭风格款式的主要因素。如中国古典、西洋古典传统式样。这种类型都有程式可依，困难的是施工十分繁复。中国传统园亭柱子有木和石两种，用真材或混凝土仿制；但屋盖变化多，如以混凝土代木，则费工、料，均不合算，效果也不甚理想。西洋传统式样，现在市面有各种规格的玻璃钢、GRC柱式、檐口，可在结构外套用。

平顶、斜坡、曲线等各种新式样。园亭平面和组成均甚简洁，观赏功能又强，因此屋面变化无妨多一些。如做成折板、弧形、波浪形，采用新型建材、瓦、板材；或者强调某一部分构件和装修，以丰富园亭外立面。

仿自然、野趣的式样。目前，用得多的是竹、松木、棕榈等植物外形或木结构，真实石材或仿石结构，用茅草作顶也非常有表现力。

帐幕等新式样。以其自然柔和的曲线，应用日渐增多。

（4）亭的选址。亭的形式和特点见表 3-2。常见亭子的布局形式有以下几种。

1）山地设亭。山上建亭通常选择山巅、山脊等视线较开阔的地方。如设在山顶，则视野开阔，最适于远眺；如设在山腰，则视线可仰观可俯视，适于休憩观景。无论亭在山地设于何位置，不被树木遮掩视线，同时亭的外形丰富了山的轮廓，起到点景作用。但亭的大小、外形一定要与周围环境相协调，不能喧宾夺主。根据观景和构景的需要，山上建亭可起到控制景区范围和协调山势轮廓的作用。

2）临水建亭。水面是构成丰富多变的风景画面的重要因素，亭可以置于岸上、水边甚至水中。由于人有亲近水的天性，亭应尽量靠近水体。水面设亭，一般尽量贴近水面，突出三面或四面环水的环境。水面设亭在体量上应根据水面大小确定，小水面宜小，作配景宜小；大水面宜大,作主景宜大,甚至可以以亭组出现来强调景观。水面亭也可设在桥上,与桥身协调构景。需要注意的是,亭不要置于水面的中心,这样会丧失水面的自然感。

3)平地建亭。平地建亭,或设于路口,或设于花间、林下,或设于主体建筑的一侧,也可设于主要景区途中作一种标志和点缀,只要亭在造型、材料、色彩等方面与周围环境相协调,就可创造出优美的景色。亭可以在绿地、树林中按需要布置,能打破地形上的平淡,成为构图中心。

表 3-2　亭的形式和特点

名　称	特　点
山亭	设置在山顶和人造假山石上,多属于标志性建筑
靠山半亭	靠山体、假山建造,显露半个亭身,多用于中式园林
靠墙半亭	靠墙体建造,显露半个亭身,多用于中式园林
桥亭	建在桥中部或桥头,具有遮风避雨和观赏的功能
廊亭	与廊连接的亭,形成连续景观的节点
群亭	由多个亭有机组成,具有一定的体量和韵律
纪念亭	具有特定意义和誉名
凉亭	以木制、竹制或其他轻质材料建造,多用于盘结悬垂类蔓生植物,亦常作为外部空间通道使用

(5)亭的施工方便迅速。亭一般由地基、亭柱和亭顶三部分组成。其中,地基多以混凝土为材料,如果地上部分负荷较重,要经过结构计算后加钢筋;地上部分较轻的,则只需挖穴灌注混凝土即可。亭柱的材料较多,水泥、石材、砖、木材、竹均可。亭子无墙,因此柱的形式、色泽要讲究美观。亭顶的梁架可以用木材,也可以用钢筋混凝土或金属;亭顶的覆盖材料可以用瓦、稻草、树皮、芦苇、树叶、竹片、铝片等。

(6)亭选择要考虑的因素。

1)亭是供游人休息,要能遮阳避雨,也要便于观赏风景。

2)亭建成后,又成为园林风景的重要组成部分,所以,亭的设计要和周围环境相协调，并且往往起到画龙点睛的作用。造亭的位置可以是山地、水边、平地等。

(7)亭的设计要求。亭的设计首先要确定传统或现代、中式或西洋式、自然野趣或奢华富贵的风格等；其次同种款式中，平面、立面、装修的大小、式样、繁简也有很大的不同；再次所有的形式、功能、建材是在不断变化和进步的，通常是相互交叉的，必须着重于创造。

每个亭都应有特点，不能千篇一律，观此知彼。一般亭只是休息、点景用，体量上不论平面、立体都不宜过大、过高，而宜小巧玲珑。一般亭子的直径为 3.5～4 m，小的为 3 m，大的不宜超过 5 m。例如，在中国古典园亭的梁架上，以卡普隆阳光板做顶代替传统的瓦，古中有今，洋为我用，可以取得很好的效果。四片实墙的边框采用中国古典园亭的外轮廓，组成虚拟的亭，也是一种创造。用悬索、布幕、玻璃、阳光板等，层出不穷。亭的色彩要根据风俗、气候与爱好来定，如南方多用黑褐等较暗的色彩，北方多用鲜艳色彩。在建筑物不多的园林中以淡雅色调较好。

(8)亭的变化趋势。

1)式样越来越多，甚至出现了不对称形状，比如与入口相结合的半边亭。

2)色彩越来越丰富，不再拘泥于传统的皇家园林的黄色、私家园林的素色，颜色更加明快、大胆、丰富。

3)材质的选择多元化，钢材、铁材、塑料、不锈钢、张力膜、铝塑板、玻璃等现代材料被广泛运用到亭子的各个结构中。即使是传统的木质材料，现在也出现了耐蚀、防腐的新木材。

4)体量变大。传统亭总是以小巧为宜，有的开间只有 1 m 多一点，20 世纪 80 年代的小游园，开间 4 m 的亭子就觉得很大了。现代公园、绿地、广场的面积较大，相应人流量大，有的亭开间在 10 m 以上，只要符合人的需要和美的要求，亭的增大也是顺理成章的。

5)亭的功能向更为实用的方向转化。亭的立面，虽因款式的不同有很大的差异，但有一点是共同的，那就是内外空间的相互渗透。园亭原先都是由柱子支撑着屋盖,为了实用,也有在周边装上门窗的,如苏州拙政园的塔影亭,现保留着园亭立面的开敞通透又可避风雨,使其更具实用价值。

2. 廊

廊是建筑物前面增加的"一步"(古建筑的一个柱间),有柱,有的还设栏杆。不但是厅堂内室、楼、亭台的延伸,也是由主体建筑通向各处的纽带。《园冶》中"廊者,庑出一步也,宜曲宜长则胜……随形而弯,依势而曲。或蟠山腰、或穷水际,通花渡壑,蜿蜒无尽……"这是对园林中廊的精炼概括。廊架是廊和花架的统称,它是园林中空间联系与分割的重要手段。廊架不仅具有交通联系、遮风避雨的实用功能,而且对游览路线的组织串联起着十分重要的作用。廊架自身的长短、开合、高低,能把景区进行大小、明暗、起伏、对比的转换,从而形成有特色变化的不同景区。

(1)廊的作用。廊是建筑物前后的出廊,是室内外过渡的空间,是连接建筑之间的有顶建筑物,可供人在内行走,起导游作用,也可停留休息赏景。廊的物质功能是使室内不受风雨的吹打,夏秋之交也不受阳光的曝晒。廊在江南园林中运用较多,它不仅是联系建筑的重要组成部分,在园林建筑中起穿插、联系的作用,而且有划分空间、增加空间层次的作用。如苏州留园的石林小院,院周设一圈廊,建筑与院子以廊作为过渡空间。廊本身也可成为园中之景。

廊是组成一个个景区的重要手段,是园林景色的导游线,还是组成园林动观与静观的重要手法。如北京颐和园的长廊,它既是园林建筑之间的联系路线,或者说是园林中的脉络,又与各种各样建筑组成空间层次多变的园林艺术空间。现代廊,一是作为公园中长形休息、赏景的建筑;二是和亭台楼阁组成建筑群的一部分。在功能上,除了休息、赏景、遮阳、避雨、导游、组织划分空间之外,还常设有宣传、小卖、摄影内容。

(2)廊的类型。廊有许多类型,如曲廊、直廊、波形廊、复廊等。按所处的位置分,有沿墙走廊、爬山走廊、水廊、回廊、桥廊等。除了上面的类型外,还有单独而设的廊,有的绕山,有的缘水,有的穿花丛草地。曲廊多迤逦曲折,一部分依墙而建,其他部分转折向外,组成墙与廊之间不同大小、不同形状的小院落,在其中栽花木叠山石,为园林增添了无数空间层次多变的优美景色。爬山廊大多建于山际,这样不仅可以使山坡上下的建筑之间有所联系,而且廊随地形有高低起伏的变化,使得园景丰富。水廊一般凌驾于水面之上,既可增加水面空间层次的变化,又与水面的倒影相映成趣。桥廊是在桥上布置亭子,既具有桥的交通作用,又具有廊的休息功能。复廊的两侧并为一体,中间隔有漏窗墙,或两廊并行,又有曲折变化,起到很好的分隔与组织园林空间的重要作用。苏州怡园就以复廊著称,此廊将园分为东、西两大部分。上海豫园也有复廊,此处空间曲折多变,情趣无穷。拙政园的中部和西部景区,也以复廊分开,廊的西侧用水廊,即廊的地面似桥面,下部是水面,柱下设墩插入水中,廊水交融,和谐得体;而且此廊较长,做得既弯曲而又有些起伏,十分动人。

1)从廊的剖面来看分为四种类型。

①双面画廊:指无柱无墙,只有屋顶的廊,能两面观景,适于景色丰富的环境。

②单面半廊:一面开敞,一面沿墙设各式漏窗门洞,能使景色半掩半露,引人入胜。

③复廊:廊中设有漏窗墙,两面都可通行。在双面空廊中夹一道墙,可以不露痕迹地分割出两面空间,同时,产生空间双向渗透与联系,使景观层次饶有情趣。

④双层廊:廊分为上下两层廊道,可以连接不同的标高景点,在立面上高低错落,丰富了廊架的外轮廓。

2)从廊的总体造型及与地形、环境的结合来分,廊有直廊、曲廊、爬山廊、水廊、桥廊等。

(3)廊的特点。廊的特点与功能密切相关。游廊为连接亭台楼阁的走廊;回廊为曲折环绕的走廊。

1)廊由连续的单元"间"组成。"间",一般古代的尺寸为 1.2～

1.5 m,现代的尺寸为 2.5～3 m。廊架常做到十几间长,也有数十间组成的廊,它将各景区、景点连成有序整体,配合园路,以"线"联系全园。

2)廊敞开通透的特点使它可以围合、分隔景区,做到隔而不断,丰富了层次。

3)廊选址的随意性几乎可以不受限制地造景。同时,有顶的廊可防风吹日晒,给人提供良好的休憩环境。

(4)廊的设计。

1)总体上应采用自由开朗的平面布局、活泼多变的类型,易于表达园林建筑的气氛和性格,使人感到新颖、舒畅。

2)廊是长形观景建筑物,因此,考虑游览路线上的动态效果成为主要因素,是廊设计的关键。廊的各种组成,如墙、门、洞等是根据廊外的各种自然景观,通过廊内游览观赏路线来布置安排的,以形成廊的对景、框景,空间的动与静、延伸与穿插,道路的曲折迂回。

3)廊从空间上分析,可以讲是"间"的重复,要充分注意这种特点,有规律地重复,有组织地变化,以形成韵律,产生美感。

4)廊从立面上突出表现了"虚实"的对比,从总体上说是以虚为主,这主要是功能上的要求。廊作为休息、赏景建筑,需要开阔的视野。廊又是景色的一部分,需要和自然空间互相延伸,融合于自然环境中。

5)廊的宽度和高度设定应按人的尺度比例关系加以控制,避免过宽、过高,一般高度宜在 2.2～2.5 m,宽度宜在 1.8～2.5 m。居住区内建筑与建筑之间的连廊尺度控制必须与主体建筑相适应。

6)柱廊是以柱构成的廊式空间,是一个既有开放性,又有限定性的空间,能增加环境景观的层次感。柱廊一般无顶盖或在柱头上加设装饰构架,靠柱子的排列产生效果,柱间距较大,纵列间距 4～6 m 为宜,横列间距 6～8 m 为宜。柱廊多用于广场、居住区主入口处。

3. 榭与舫

榭与舫的相同之处都是临水建筑,不过在园林中榭与舫在建筑形式上是不同的。《园冶》中记载"……榭者,藉也。藉景而成者也。或水边,或花畔,制亦随态"。

(1)榭。榭又称为水阁,不但多建于水边,而且多建于水之南岸,使人视线向北观景。建筑在南,水面在北,所见之景是向阳的;反之,则水面反射阳光,很刺眼,而且对面之景是背阳的,也不够优美。现存古典园林中的水榭实例表现出的基本形式为:在水边架起一个平台,平台一半伸入水中,一半架于岸边,平台四周以低平的栏杆围绕,平台上建一个木构架的单体建筑,建筑的平面形式通常为长方形,临水一面特别开敞,屋顶常做成卷棚歇山式样,檐角低平轻巧。如网师园中的"濯缨水阁",怡园中的"藕香榭"等,都是朝北的。现代园林中,水榭在功能上有了更多内容,形式上也有了很大变化,但水榭的基本特征仍然保留着。榭的形式随环境不同而不同。它的平台挑出水面,实际上是观览园林景色的建筑,较大的水榭还有茶座和水上舞台等。

1)水榭的类型。

①从平面上看,有一面临水、两面临水、三面临水、四面临水等形式。

②从剖面上看,有实心平台、悬空平台、挑出平台等形式。

2)水榭与水面、池岸的关系。

①尽可能突出水面。

②强调水平线条,与水体协调。

③尽可能贴近水面。

3)水榭与环境的关系。水榭与环境的关系处理也是水榭设计的重要方面。水榭与环境的关系主要体现在水榭的体量大小、外观造型与环境的协调,进一步分析还可体现在水榭装饰装修、色彩运用等方面与环境的协调。水榭在造型、体量上应与所处环境协调统一。

(2)舫。舫又称旱船,是一种船形建筑,必建于水边,多是三面临水,使人有虽在建筑中,却又有着犹如置身舟楫之感。舫仿照船的造型建在园林水面上的建筑物,也称旱船。下部船体用石制成,上部船舱为木结构,外形像船,供游玩宴饮、观赏水景之用。

舫是中国人民从现实生活中模拟、提炼出来的建筑形象。处身其中宛如乘船荡漾于水泽。舫的前半部多是三面临水,船首常设有平桥与岸相连,类似跳板。通常下部船体用石料制成,上部船舱则多用木构。舫像船而不能动,所以又名"不系舟"。中国江南水乡有一种画舫,专供游人在水面上荡漾游乐之用。江南修造园林多以水为中心,造园家创造出了一种类似画舫的建筑形象,游人身处其中,能取得仿佛置身舟楫的效果。这样就产生了"舫"这种园林建筑。

舫的基本形式同真船相似,宽约丈余,一般分为船头、中舱、尾舱三部分。船头做成敞棚,供赏景用;中舱最矮,是主要的休息、宴饮场所,舱的两侧开长窗,坐着观赏时可有宽广的视野;后部尾舱最高,一般为两层,下实上虚,上层状似楼阁,四面开窗以便远眺。舱顶一般做成船篷式样,首尾舱顶则为歇山式样,轻盈舒展,成为园林中的重要景观。

在中国江南园林中,苏州拙政园的"香洲"、怡园的"画舫斋"是比较典型的实例。北方园林中的舫是从南方引来的,著名的如北京颐和园石舫——"清宴舫"。它全长 30 m,上部的舱楼原是木结构,1860 年被英法联军烧毁后,重建时改成现在的西洋楼建筑式样。清宴舫的位置选得很妙,从昆明湖上看过去,很像正从后湖开过来的一条大船,为后湖景区的展开起着启示作用。

4. 轩

园林中的轩多为高而敞的建筑,但体量不大。其类型也较多,有的做得奇特,也有的平淡无奇,如同宽的廊。在园林建筑中,轩这种形式也像亭一样,是一种点缀性的建筑。《园冶》中说得好,"轩式类车,取轩欲举之意,宜置高敞,以助胜则称"。意思是说轩的式样类似古代的车子,取其高敞而又居高之意(车子前面坐驾驶者的部位较高)。

轩建于高旷的地方对于景观有利,并以此相称。为此,造园者在布局时要郑重考虑何处设轩,因为它既非主体,但又有一定的视觉感染力,可以看作引景之物。

如网师园中的"竹外一枝轩",可谓引人入胜,经此处可通向"月到风来亭"，又作为"濯缨水阁"之对景。拙政园中的"与谁同坐轩"，是从中部园区经"别有洞天"至西部园区的第一眼所见之建筑，它是一座扇形的建筑，形象生动、别致。留园中的"揖峰轩"，是石林小院中的一座主要建筑，体量不大，又有廊院及院中石林相伴，是一处园中之园。院内空间有分有合，隔中有透，层次分明。

5. 楼

楼在园中是一个较大的高耸建筑，所以其是园中的主要视觉对象。楼有窗户，窗户上排列着窗孔，使建筑形象具有空灵感。

楼应造于高处，以便于赏景。园中之楼，是构成一个景区的主体，要选择好位置，因此对其所处位置的选择至关重要，务必慎之。其周围再配以适当的山石、池水、林木，使得楼与园景融为一体，展现建筑与自然的和谐美。另外，楼之所以造得高耸主要是为了观景。

6. 阁

阁与堂相似，但比堂高出一层，阁的四周都要开窗，属造型较轻巧的建筑物。阁在园林中的作用是赏景和控制风景视线，它常成为全园艺术构图的中心，成为该园的标志。

阁的建筑，多为多层，如颐和园的佛香阁，为八面三层四重檐，高达 41 m，其下部砌有一座 20 多米高的大石台基，沿台基的四周建了一圈低矮的游廊作为陪衬。整个建筑庄重华丽，金碧辉煌，气势磅礴，具有很高的艺术性，是整个颐和园园林建筑的构图中心。但也有如苏州拙政园的浮翠阁、留听阁等单层建筑；临水而建的就称为水阁，如苏州网师园的濯缨阁等。

7. 厅与堂

厅与堂是古时会客、治事、礼祭的建筑。一般坐北向南，形状高大，居园林中的重要位置，成为全园的主体建筑。从结构上分，用长方形木料作梁架的一般称为厅，用圆木料者称为堂。常与廊、亭、楼、阁结合。

(1)厅。厅有大厅、四面厅、鸳鸯厅、花厅、荷花厅、花篮厅。

1)大厅往往是园林建筑中的主体，面阔三间、五间不等。面临庭院的一边，柱间安置连续长窗（隔扇）。有的为了组景和通风采光，往往也在两侧墙上开窗，这样既解决了通风采光的要求，又成为很好的取景框，构成活的画面，如苏州留园中的五峰仙馆等。

2)四面厅是为了满足四面景观的需要而置，不但四面设置门窗，而且四周围以回廊、长窗装于步柱之间，不砌墙壁，廊柱间设半栏坐槛，供坐憩之用。

3)鸳鸯厅如留园的林泉耆硕之馆，平面面阔五间，单檐歇山顶，建筑的外形比较简洁、朴素、大方。厅内以屏风、落地罩、纱隔将厅分为前后两部分，主要一面向北，大木梁架用方料，并有雕刻；向南一面为圆料，无雕刻饰。整个室内装饰陈设雅静而又富丽。

4)花厅主要供起居、生活或兼作会客之用，多接近住宅。厅前庭院中多布置奇花异草，创造出情意幽深的环境，花厅室内多用卷棚顶。

5)荷花厅为临水建筑，厅前有宽敞的平台，与园中水体组成重要的景观。如苏州怡园的藕香谢、留园的涵碧山房等，皆属此种类型。荷花厅室内也都用卷棚顶。

6)花篮厅与花厅、荷花厅基本相同，但花篮厅的中心布柱不落地，代以垂莲柱，柱端雕花蓝，梁架多用方木。

(2)堂。园林中的堂，因其高大且居正中之位，多为园中之主体建筑。堂不仅高大而对称，而且居于园林之中。在多以自由布局构园的我国古典园林中，堂是唯一必须居中轴线布置的，其余布局皆委蜿曲折，表现出我国文人的观念形态。

二、园林小品

园林小品是指在园林绿地中体量较小，但其造型、取意经过一番艺术加工，与园林整体能协调一致的小型设施，如园椅、园凳、栏杆、小型雕塑等。

1. 花架

花架又称为绿廊、花廊、凉棚、蔓棚等，是一种由立柱和顶部格、条等杆状构件搭建的构筑物,其上覆以藤蔓类的攀缘植物,使之既有亭、廊的用途,同时又显现出植物造景的野趣。花架造型活泼,色彩丰富,在各类园林绿地中被广泛应用。

(1)花架的作用。花架有两方面作用:一方面供人歇足休息、欣赏风景;另一方面为攀缘植物创造生长的条件。因此,可以说花架是最接近于自然的园林建筑。一组花钵,一座攀缘棚架,一片供植物攀附的花格墙,一个以花架板做出挑的口,高层建筑的屋顶花园,餐厅、舞池的葡萄天棚……它们物简而意深,有着画龙点睛的作用,使室内室外、建筑与自然相互渗透、浑然一体。

(2)花架的类型。花架具有灵活多变的造型,伞形花架具有单体亭的特点,体量校小的单体花架或组合花架具有亭、榭的特点,而沿道布置的长形花架则具有廊的特征,花架在运用上同时兼具亭、廊、榭三类园林建筑的特点。同时,花架与攀缘植物的完美结合又使得花架成为人工建筑与自然结合的典范,正符合现代人回归自然的思潮。因而,花架在园林中特别是在现代园林中的运用十分普遍。

花架的形式大体上可分为以下四种。

1)单片式。这种花架是最简单的网格式,其植物配置以观花植物为主。

2)独立式。花架的支撑和传力通过刚架结构来实现,造型的灵活度大,别致新颖,常用混凝土、钢材、铝合金等材料。

3)直廊式。花架的常见形式,柱上架梁,梁上再架格条(枋),格条两端挑出。常见梁架式花架有双臂花架、单臂花架、伞形花架等。常用的材料有竹、木、砖石、钢材、混凝土等。

4)组合式。这是一种与园林建筑小品(如亭、廊、景门、景窗、景墙、隔断等)融为一体的花架形式。组合式花架的造型更丰富,空间划分与组景的作用更强,弥补了单纯花架功能上的不足。

(3)花架的特点。凡适合布置亭、廊、榭的地方均可考虑布置花架,但花架的造型因植物的影响变化较大,因而,不适合用作建筑环境中的主景或是在景观功能上起控制作用的主体景物。花架也可依附建筑进行布置,挑檐式花架常用来代替建筑周围的檐廊。

(4)花架的设计。

1)花架与攀缘植物。花架与攀缘植物的配合表现为两方面:一方面,花架的结构、材料、造型在设计时必须考虑所攀附的植物材料特点(植物的攀缘方式、生长习性);另一方面,植物攀附后与花架实质上成为一个整体,景观效果的取得来自建筑和植物的完美结合,两者必须综合考虑。

2)花架的高度。根据花架所处的位置及周围环境而定,一般为2.8~3.5 m,有时可根据构景的需要适当放大或缩小尺度。

3)花架的开间与进深。花架相邻两个柱子间的距离称为开间;花架的跨度称为进深。花架的开间和进深也与花架在园林或园林局部所处的地位及周围环境息息相关,并与花架所用材料和结构有关,一般的混凝土双臂花架,开间和进深通常在 2.5~3 m,有些情况下,花架的进深可达 6~8 m。

4)几种常用的花架。

①在 17 世纪末,我国《工段营造录》中记载,"架以见方计工。料用杉槁、杨柳木条、薰竹竿、黄竹竿、荆笆、籀竹片、花竹片"。上述材料现已不易见到,但为追求某种意境、造型,可用钢管绑扎外粉或混凝土仿做上述自然材料。最近也流行经处理木材做材料,以求真实、亲切。

②混凝土材料是最常见的材料。基础、柱、梁皆可按设计要求,唯花架板量多而距离近,且受木构断面影响,宜用光模、高强度等级混凝土一次捣制成型,以求轻巧挺薄。

③金属材料常用于独立的花柱、花瓶等。造型活泼、通透、多变、现代、美观,唯需经常养护油漆。

④玻璃钢、GRC 等材料常用于花钵、花盆。

(5)花架实例。

1)上海复兴公园木香花架位于公园一隅,成为安静休息点,花架与廊结合,适于不同季节使用,布局较灵活,如图 3-2 所示。

2)杭州儿童公园花架位于湖岸草坪上,造型简洁大方,两端以厚

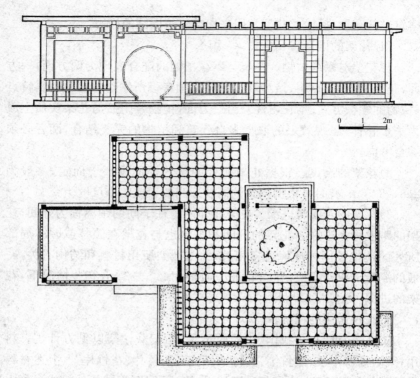

图 3-2　上海复兴公园木香花架

实墙体与空架形成强烈的虚实对比,效果良好。

花架与亭组合,立面采用传统形式,对称布局,构图完整,如图 3-3 所示。

3)某绿地花架位于水体转弯处,为亭廊花架的组合,平面呈曲尺形,花架虽不紧临水边,但借地形高差处理,与水面连成一体。立面以传统亭的形式与花架结合,较为协调,但立面整体性不足,如图 3-4 所示。

4)杭州植物园花架位于园路边的草坪上,采用单柱花架,立面结合花格装饰,作为攀缘植物的格架,在休息空间处理上具有特点,但立面比例欠佳,如图 3-5 所示。

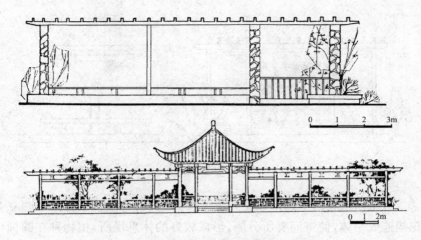

图 3-3 杭州儿童公园花架

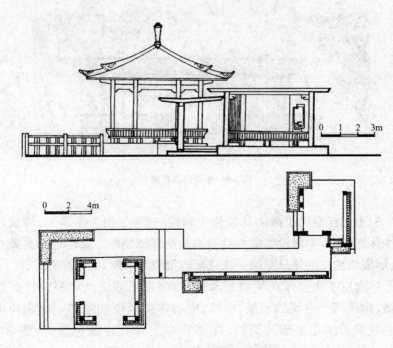

图 3-4 亭廊花架组合

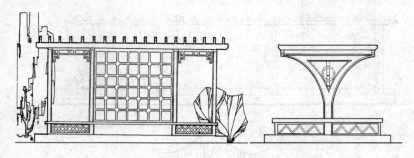

图 3-5　单柱花架

5)杭州植物园半圆形双花架位于园路边,以一段景墙将两个独立花架连成一体,使空间有所分隔,形成较好的休息场所,植物种在圆桶形内侧,造型新颖,别具风韵,如图 3-6 所示。

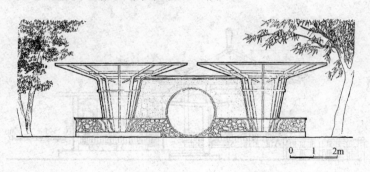

图 3-6　半圆形双花架

6)上海江西路小游园花架位于园路一侧,平面为半圆形,构成内聚性休息空间,中部设实墙与后面的杂乱环境隔断。又借地面高差升高,形成较独立的休息空间。该花架造型较为新颖,如图 3-7 所示。

7)南京丁山公园花架位于水边,一字形平面随地坪高差作前后交错,构成两个空间的效果,座椅、横墙等排列更加强调空间聚向水面的效果。该花架形式简洁,局部装饰上具有传统色彩,如图 3-8 所示。

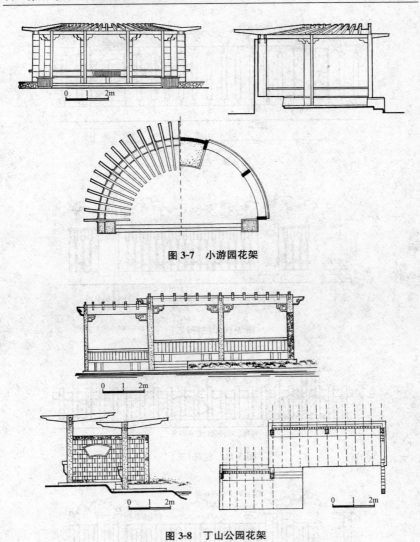

图 3-7 小游园花架

图 3-8 丁山公园花架

2. 园林栏杆

栏杆在绿地中起分隔、导向的作用,使绿地边界明确清晰,好的栏杆设计还具有装饰意义,如图 3-9～图 3-14 所示。

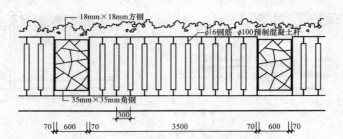

图 3-9　栏杆(一)

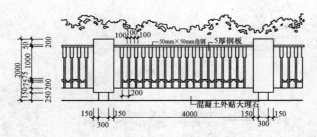

图 3-10　栏杆(二)

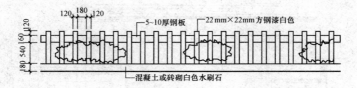

图 3-11　栏杆(三)

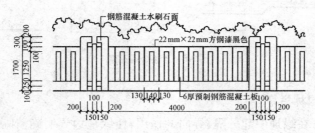

图 3-12　栏杆(四)

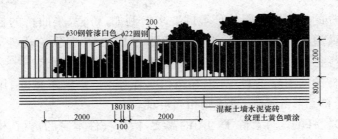

图 3-13 栏杆(五)

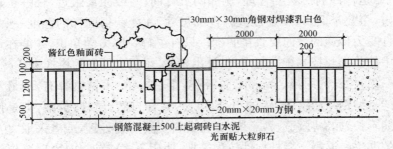

图 3-14 栏杆(六)

(1)栏杆的分类。

1)矮栏杆。高度为 30～40 cm,不妨碍视线,多用于草坪、花坛边缘,明确边界,也用于场地空间领域的划分,是一种很好的装饰和点缀。

2)高栏杆。高度在 90 cm 左右,用于限制入内的空间、人流拥挤的大门、游乐场等,有较强的分隔与阻拦作用。

3)防护栏杆。高度在 100～120 cm,超过人的重心高度,以起防护、围挡作用。一般设置在高台的边缘,可使人产生安全感。

(2)栏杆的构图。栏杆是一种长形的、连续的构筑物,因为设计和施工的要求,常按单元来划分制作。栏杆的构图既要单元好看,更要整体美观,在长距离内连续重复,产生韵律美感。因此,某些具体的图案、标志,例如,动物的形象、文字往往不如抽象的几何线条组成给人的感受更强烈。

栏杆的构图还要服从环境的要求。例如,桥栏,平曲桥的栏杆有时仅是两道横线,与平桥造型呼应,而拱桥的栏杆,是循着桥身呈拱形的。栏杆色彩的隐显选择,也是同样的道理,切不可喧宾夺主。

栏杆的构图除了美观,也和造价关系密切,要疏密相间、用料恰当,每个单元节约一点,总体则相当可观。

(3)栏杆的构件。除了构图的需要,栏杆杆件本身的选材、构造也很有讲究。一是要充分利用杆件的截面高度,提高强度又有利于施工;二是杆件的形状要合理,例如两点之间,直线距离最近,杆件也最稳定,多几个曲折,就要放大杆件的尺寸,才能获得同样的强度;三是栏杆受力传递的方向要直接明确。只有了解一些力学知识,才能在设计中把艺术和技术统一起来,设计出好看、耐用又便宜的栏杆来。

(4)栏杆的用料。石、木、竹、混凝土、铁、钢、不锈钢都有,现最常用的是型钢与铸铁、铸铝的组合。竹木栏杆自然、质朴、价廉,但是使用期不长,如需强调这种意境,真材实料要经防腐处理,或者采取“仿”真的办法。混凝土栏杆构件较为笨拙,使用不多;有时作栏杆柱,但无论什么栏杆,总离不了用混凝土作基础材料。铸铁、铸铝可以做出各种花型构件,美观通透;缺点是性脆,毁坏后不易修复,因此通常用型钢作为框架,取两者的优点而用之。还有一种锻铁制品,其杆件的外形和截面可以有多种变化,做工也精致,优雅美观,只是价格不菲,可在局部或室内使用。

(5)栏杆的设计。低栏要防坐防踏,因此低栏的外形有时做成波浪形,有时直杆朝上,只要造型好看,构造牢固,杆件之间的距离大些也无妨,这样既省造价又易养护。中栏在须防钻的地方,净空不宜超过 14 cm;在不须防钻的地方,构图的优美是关键,但这不适于有危险、临空的地方,尤其要注意儿童的安全问题。此外,中栏的上槛要考虑作为扶手使用,凭栏遥望,也是一种享受。高栏要防爬,因此下面不要有太多的横向杆件。

3. 门与窗

门与窗在建筑中都是采光、通风和采景的位置,因此通常把门与窗联系在一起。我国的先人们极为重视建筑与景观的关系,因此,在园林建筑中,对门与窗的设置十分讲究。

(1)门。门是中国居民最讲究的一种形态构成。"门第"、"门阀"、"门当户对",传统的世俗观往往把门的功能精神化了,家家户户刻意装饰。从功能角度看,门是实墙上的虚;从精神上的意象或标志来看,门又是实墙"虚"背景上的"实"。在乡村园林景观中,村口、寨口也往往设门,从少数民族中哈尼族"巢居"到侗家寨前第一道门——风雨桥,汉民族村落的入口牌坊到一组环境构成的"水口"门户,这些无异都是领域的标志,寄托着乡民的"聚合感"、"归宿感"、"安全感"。

门作为中国传统建筑中极其重要的组成部分,是沟通内外空间的关键所在,往往被人们认为是居民的颜面、咽喉,甚至是兴衰的标志。

园林中的门,有进出厅、堂、楼、阁等建筑物沟通室内外空间的门;也有作为沟通两个空间设置在隔墙上的门;还有一类属于象征性的门。但不管是什么门,也都是园林主人地位、等级和文化修养的展现,也是进出两个空间的标志,门上的匾额和题额更是内部空间特性的展示。例如,进颐和园之前,先要经过东宫门外的一系列门,即象征门的"涵虚"牌楼、东宫门、仁寿门、玉澜堂大门、宜芸馆垂花门、乐寿堂东跨院垂花门、长廊入口邀月门这七种形式不同的门,穿过气氛各异的院落,然后才能步入700多米的长廊。这一门一院形成不同的空间序列,既展现了不同的空间园林景观变化,又具有明显的节奏感,给人以步移景异的享受。

如南京瞻园的入口,虽仅小门一扇,但墙上藤萝攀绕,于街巷深处显得清幽雅静,游人涉足入门,空间则由"收"而"放"。一入门只见庭院一角,山石一块,树木几枝,经过曲廊,便可眺望到园的南部山石、池水建筑之景。这种欲露先藏的处理手法,达到了"景愈藏境界愈大"的空间效果,把景物的魅力蕴含在强烈的对比之中。

苏州留园的入口处理更是匠心独运。园门粉墙、青瓦、古树,构思极为简洁。入门后是一个小厅,过厅东行,先进一个过道,空间为之一收。在过道尽头是一横向长方厅,光线透过漏窗,厅内亮度较前厅稍明。从长方厅西行，又是一个过道，过道内左右交错布置了两个开敞小庭院，院中亮度又有增强。这种随着人的移动而光线由暗渐明、空间时收时放的布置，使游人产生了扑朔迷离的游兴。过了门厅继续西行，便见题额"长留天地间"的古木交柯门洞。门洞东侧开一月洞空窗，细竹摇翠，指示出眼前即为佳境。在这建筑空间的巧妙组合中，门起到了非常重要的作用。

在杭州"三潭印月"中心绿洲景区的竹径通幽处，通过圆洞门可看到竹影婆娑中微露的羊肠小径，这就是先藏后露、欲扬先抑的造园手法，这正如说书人说到紧要处来一个悬念，引人入胜，这都说明我国造园的艺趣。苏州拙政园的别有洞天门更是一处耐人寻味的景框。又如苏州沧浪亭，门外有木桥横架于河水之上，这里既可船来，又可步入，形成与众园不同的入口特点。

（2）窗。在园林建筑中，窗不仅是采光通风的重要部位，更是观赏和组织景观的重要位置。凭借窗观赏自然风光，可以陶冶情操，颐养身心。在中国古典园林的营造中也极为重视窗的设置和艺术塑造。

为了适应园林景观设计和组景的需要，景窗的形式多种多样，有空窗、花格窗、博古窗、玻璃花窗等，一般与墙连为一体。

粉墙漏窗是我国古典园林建筑的特点之一。在我国的古园林中，经常能观赏到精巧别致、形式多样的景墙。景墙既可用以划分空间，又兼有采景和造景的作用。在园林的平面布局和空间处理中，它能构成灵活多变的空间关系，既能化大为小，又能构成园中之园，也能以几个小园组合成大园。这也是"小中见大"的巧妙手法之一。景窗窗框的丰富多变，还为采景入画构成了情趣各异的画框。

作为景墙，就是在粉墙上开设玲珑剔透的景窗，使园内空间互相渗透。如杭州三潭印月绿洲景区"竹径通幽处"的景墙，既起到划分园林空间的作用，又通过漏窗起到园林景色互相渗透的作用。

上海豫园万花楼前庭院的南面有一粉墙，上装有不同花样的漏窗，分割空间的同时又起到空间相连的作用，即使空间分而不裂。而那水墙的作用则更为巧妙，既分割了庭院，丰富了万花楼前庭院的空间关系,粉墙横于水系之上,又使溪水隔而不断,意趣无穷。同时,粉墙横于水系之上,与其在水中的倒影一起,极大地丰富了水面景色。

北京颐和园中的灯窗墙,是在白粉墙上装饰以各式灯窗,窗面镶有玻璃。在明烛之夜,窗墙倒映在昆明湖上,水光、灯影以及灯影上生动的图案,令人叹为观止。

苏州拙政园中的枇杷园,园中园的景观就是用高低起伏的云墙分割形成;而苏州留园东部多变的园林空间,大部分是靠粉墙的分割来完成的。

4. 墙

墙是园林中分隔、围合空间的人工构筑物。在古典园林里的墙是很美的,园林里的墙却是被艺术化了,它的形体之美,足可以与廊争高下,人们美称它为花墙、粉墙、游墙。游墙依山就势,迂回曲折,犹如蛟龙盘山过水,蜿蜒不已。墙在平面上是呈现线形分布,相对简单,而立面上却自由生动,异常丰富。园林中的墙使空间变化多端,层次分明,起着控制立面景观、引导游览路线的作用,墙本身也是被观赏的景物,同时,还具有工程上的实际作用。

(1)园墙的分类。园墙在园林中起划分内外范围、分隔内部空间和遮挡的作用。精巧的园墙还可装饰园景构成景墙。

1)围墙。园林围墙有两种类型:一是作为园林周边、生活区的分隔围墙;二是园内为划分空间、组织景色、安排导游而布置的围墙。这种情况在中国传统园林中是经常见到的。

2)景墙。景墙主要功能是造景与装饰。

3)挡土墙。挡土墙的作用是防止土坡坍塌,承受侧向压力,还可以消减高差,应用广泛。

(2)墙体的设置。中国传统园林的墙,按材料和构造可分为板筑墙、乱石墙、磨砖墙、白粉墙等。分隔院落空间多用白粉墙,墙头配以青瓦。用白粉墙衬托山石、花木,犹如在白纸上绘制山水花卉,意境尤佳。园墙与假山之间可即可离,各有其妙之处。园墙与水面之间宜有道路、石峰、花木点缀,景物映于墙面和水中,可增加意趣。产竹地区常就地取材,用竹编园墙,既经济又富有地方色彩,但不够坚固耐久,不宜作为永久性园墙。

园墙的设置多与地形结合,平坦的地形多建成平墙,坡地或山地则就势建成阶梯形,为了避免单调,有的建成波浪形的云墙。划分内外范围的园墙,内侧常用土山、花台、山石、树丛、游廊等把墙隐蔽起来,使有限空间产生无限景观的效果。

国外常用木质的或金属的通透栅栏作园墙,园内景色能透出园外。英国自然风景园常用干沟式的"隐垣"作为边界,远处看不见园墙,园景与周围的田野连成一片。园内空间分隔常用高 2 m 以上的高绿篱。

新建园林绿地的园墙,在传统做法的基础上可广泛使用新材料、新技术。多采用较低矮和较通透的形式,普遍应用预制混凝土和金属的花格、栅栏。混凝土花格可以整体预制或用预制块拼砌,经久耐用;金属花格栏栅轻巧精致,遮挡最小,施工方便,小型园林绿地应用最多。

(3)围墙的材料。围墙使用的材料有竹木、砖、混凝土、金属材料几种。

1)竹木围墙。竹篱笆是过去最常见的围墙,现已很少用。有人设想过种一排竹子而加以编织,成为"活"的围墙(篱)。这可以说是最符合生态学要求的墙垣。

2)砖墙。墙柱间距 3～4 m,中开各式漏花窗,是既节约又易施工、易管养的办法;其缺点是较为闭塞。

3)混凝土围墙。一是以预制花格砖砌墙,花型富有变化但易爬越;二是混凝土预制成片状,可透绿也易管养。其优点是一劳永逸;缺点是不够通透。

4)金属材料围墙。

①以型钢为材,断面有几种,表面光洁,性韧易弯不易折断;其缺点是每 2～3 年要油漆一次。

②以铸铁为材,可做各种花型。其优点是不易锈蚀又经济实惠;缺点是性脆且光滑度不够。订货时要注意其所含成分不同。

③锻铁、铸铝材料。质优而价高,局部花饰中或室内使用。

④各种金属网材,如镀锌、镀塑铅丝网、铝板网、不锈钢网等。现在往往把几种材料结合起来,进行取长补短。混凝土往往用作墙柱、勒脚墙。以型钢为透空部分框架,用铸铁为花饰构件。局部、细微处用锻铁、铸铝。

(4)围墙的特点。

1)注重内涵:墙作为一种载体,反映设计者的立意与构思。由于可以在墙上方便地融入各类门类的艺术创作如雕刻、书法、绘画,甚至标牌说明,可以更直接地向人们传递信息。

2)注重装饰:墙越来越在线条、质感、色彩上力求精致与多变。墙的外形不再是简单的长方形,出现了各种几何形体。墙的材质有天然的、人工的,粗犷的石材传达着古朴的气息,植物材料(竹、树皮等)体现着自然,玻璃、金属、马赛克等又创造了现代氛围。就连光影也被用来创作立面效果,因为设计家认为"光影也是一种材料,活动的材料"。

3)注重整体:墙是独立的构筑物,但并不是孤立的,要与绿化、水景、园路、山石等紧密结合。

4)注重生态:生态不应只是空洞的修饰词,而要落实到具体的实际中。生态墙透气、透光、透水,为小型动植物提供了生长栖息地,特别适合于野生动物园、植物园、高速公路选用。

(5)园墙的装饰。园林墙体上,往往饰有花窗、景洞,有利于通风采光,更重要的是使墙体两面景物相互资借,增加景物层次,扩大园林空间,让游览的人们感到园内有园,景外有景。如无锡蠡园的千步长廊的廊壁上,精心构造了89座花窗,图案各异,蔚然壮观。苏浙一带还喜欢把墙粉白,这样以白色粉墙作"纸",墙前栽竹置石,构成一幅幅典雅小景,可见匠心独具。

1)洞门。中国园林的园墙常设洞门。洞门仅有门框而没有门扇,常见的是圆洞门,又称月亮门、月洞门;还可做成六角、八角、长方、葫芦、蕉叶等不同形状。其作用不仅引导游览、沟通空间,而且本身又成为园林中的装饰。通过洞门透视景物,可以形成焦点突出的框景。采取不同角度交错布置园墙、洞门,在强烈的阳光下会出现多样的光影变化。

2)洞窗。园墙设置的洞窗也是中国园林的一种装饰方法。洞窗不设窗扇,有六角、方形、扇面、梅花、石榴等形状,常在墙上连续开设,形状不同,称为"什锦窗"。洞窗与某一景物相对,形成框景;位于复廊隔墙上的,往往尺寸较大,多做成方形、矩形等,内外景色通透。中国北方园林有的在"什锦窗"内外安装玻璃的灯具,成为"灯窗",白天可以观景,夜间可以照明。

3)漏窗。又名花窗,是窗洞内有漏空图案的窗,也是中国园墙上的一种装饰。窗洞形状多样;花纹图案多用瓦片、薄砖、木竹材等制作,有套方、曲尺、回文、万字、冰纹等,清代更以铁片、铁丝做骨架,用灰塑创造出人物、花鸟、山水等美丽的图案,仅苏州一地花样就达千种以上。近代和现代园林漏窗图案有用钢筋混凝土或琉璃制的。漏窗高度一般在 1.5 m 左右,与人眼视线相平,透过漏窗可隐约看到窗外景物,取得似隔非隔的效果,用于面积小的园林,可以免除小空间的闭塞感,增加空间层次,做到小中见大。江南宅园中应用很多。

4)砖瓦花格。瓦花格在中国园林中有悠久历史,轻巧而细致,多砌在墙头;砖花格可砌筑在砖柱之间作为墙面,节省材料,造价低廉,但纹样图形受砖的模数制约,露孔面积不能过大,否则影响砌体的坚固性。

5)其他装饰。如砖雕等。

(6)围墙的设计。随着社会的进步,人民物质文化水平的提高,"破墙透绿"的例子比比皆是。这说明对围墙的要求正在变化,设计园林围墙时要尽量做到以下几点。

1)能不设围墙的地方,尽量不设,让人接近自然,爱护绿化。

2)尽量利用空间和自然的材料达到隔离的目的。高差的地面、水体的两侧、绿篱树丛,都可以达到隔而不分的目的。

3)要设置围墙的地方,能低尽量低,能透尽量透,只有少量须掩饰的隐私处才用封闭的围墙。

4)使围墙处于绿地之中,成为园景的一部分,减少与人接触机会,由围墙向景墙转化。善于把空间的分隔与景色的渗透联系统一起来，有而似无，有而生情，才是高超的设计。

(7)围墙的实例。围墙设计实例如图 3-15 和图 3-16 所示。

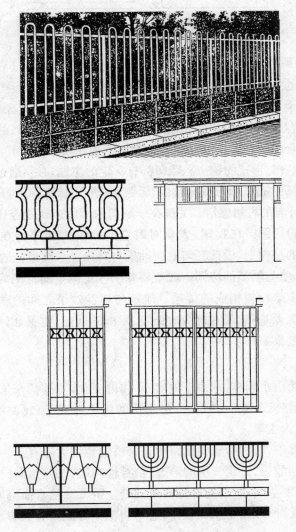

图 3-15　围墙设计实例(一)

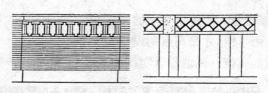

图 3-16   围墙设计实例(二)

5. 雕塑

雕塑的历史悠久,题材广泛,是视觉焦点。按艺术形式可以把雕塑分为两大类:一类是以写实和再现客观对象为主的具象雕塑;另一类是以对客观形体加以主观概括、简化或强化,或运用点、线、面、体块等进行组合的雕塑。设计雕塑要把握好下列几项原则。

(1)内容与形式的统一。雕塑都有一定的主题,必须通过视觉形象来体现、反映主题。即使是现代的"无题"雕塑,也像无标题音乐一样,还是表现设计者的思想感情。关键在于雕塑的形体表现能否让大众理解到设计者的意图。在我国,大众对雕塑的欣赏大多停留在"是什么""像什么"的层面上,设计者需要在抽象与具象上掌握最佳的结合点。

(2)环境与雕塑的协调。雕塑要置于一定的空间范围内,因此,雕塑与环境应是相辅相成的关系。雕塑与观赏效果之间的联系也很重要。雕塑有无基座、观赏视线的长短、距离的远近、质感如何都直接影响到雕塑效果。

6. 桥

在自然山水园林中,由于地形、水体的变化,需要桥来连接两端的道路,沟通景区。在一些景区,由于桥的优美身姿、流畅曲线、多变造型,使桥成为主景。

在园林中,桥的形象要比路明显。桥的作用大体有三:一是通行,物质性的功能;二是观赏桥的形态,精神性功能;三是组景。人在桥上行,由于水面空阔,所以此处是赏景佳处。桥可分割水面空间,使水面空间有层次,所以园中水面设桥,总是将池面分割得有大有小,使水面主次分明。

桥是人类跨越山河天堑的技术创造,给人带来生活的进步与交通的方便,自然能引起人的美好联想,固有人间彩虹的美称。在中国自然山水园林中,地形变化与水路相隔,非常需要用桥来联系交通,沟通景区,组织游览路线,而且造型优美、形式多样的桥也是园林中重要造景建筑之一。因此,小桥流水成为中国园林及风景绘画的典型景色。在规划设计桥时,桥应与园林道路系统配合,方便交通,联系游览路线与观景点。设计时,应注意水面的划分与水路的通行、通航,还应注意组织景区的分隔与联系。有管线通过的园桥,应同时考虑管道的隐蔽、安全、维修等问题。

(1)园桥的主要类型。园桥的主要类型分为平桥(板式桥、梁式桥)、拱桥、亭桥与廊桥、吊桥与浮桥、步石五大类型。桥由两部分组成:一是主题部分的上部结构,它和路面一样设面层、基层、防水层;二是桥台、桥墩部分,它是桥的支撑部分。

(2)园桥的设计要领。

1)安全。一些桥片面强调美观而埋下了安全隐患。一些楼盘的水上小桥,水体很深,桥体为了造型美观而不设栏杆,不时发生儿童落水的意外。因此,要把桥的安全性作为桥梁设计时考虑的第一要素。从这个角度来说,桥的牢固、安全比美观更为重要。

2)园桥的造型、体量与园林的环境相适应。在选址上,一般选水体最狭处或风景最佳处设桥;在形式上,根据水下深度及交通状况考虑是设拱桥还是平桥;在景观上,除本身桥体、栏杆的装饰外,要处理好桥岸交接处的山石、绿化。

(3)园桥的功能。现代景观设计中把桥作为造景的重要手段,赋予它更多的点景、赏景功能。例如,桥作为"线"运用到绿地的设计构成中,出现了超百米的长桥。在木质桥仍被人喜爱的同时,设计者开始大胆运用钢、铁、玻璃、不锈钢等现代材料建造新桥。在无水的地方也可根据需要造桥,只要点缀些卵石、水中湿生植物,桥下无水,但水自生。

7. 庭院灯

庭院灯是沿园路布置的重要服务设施,合理的庭院灯安排能够塑造独具特色的小城镇夜景,同时,能够提供居民夜晚的活动场所,激发小城镇公共空间的活力。按照不同的照明需求,选择富于特色、照明效果好的庭院灯,包括广场灯、草坪灯、局部射灯等。庭院灯的布局既要考虑小城镇夜晚的照明效果,也要考虑白天的园林景观,庭院灯在夜晚会有强烈的导向性。在喷水池、雕像、入口、广场、花坛、园林建筑等重要的场所要有重点的照明,并创造不同的环境气氛,形成夜景中的不同节奏。小城镇中心广场可用有足够高度和亮度,装饰性较强的柱灯。铺装地面可预埋地灯或 LED 灯,增加广场的趣味性。水池有专用的水下灯,强化水景的灯光效果。

沿园路布置照明设施时,应按照所在园林的特点、交通的要求,选择造型富于特色、照明效果好的柱子灯(庭院灯、道路灯)或草坪灯。定位时既要考虑夜晚的照明效果,也要考虑白天的园林景观,沿路连续布置。一般柱子灯的间距保持在 25～30 m,草坪灯的间距在 6～10 m,这样具有强烈的导向性。

园林广场空间常用有足够高度和照度、装饰性强的柱子灯,广场地面可预埋地灯,树下预埋小型聚光灯。入口、雕像、亭台楼阁除了"张灯结彩",还常以大型聚光灯照射。游乐场所、商场以霓虹灯招徕顾客。喷水池有专用的水下灯。古典园林用宫灯、走马灯、孔明灯、石灯笼等。各种照明设施中,一部分是固定设施,另一部分是节假日的临时设施,以达到五彩缤纷、灯红酒绿的效果。因此,园林供电管网设计时,要预留接线点,预留耗电量。

除"点"、"线"上的灯外,为了游人休憩和管理上的需要,绿地各处还要保持一定的照度,这是"面"上的照明。此类照明间距因地形的高低起伏、树丛的疏密开朗而有所不同。大致每亩地设一盏灯,其照度要求约为道路的 1/5。

在重要景观场所的灯,造型可稍复杂、堂皇,并以多个组合灯头提高亮度及气势;在"面"上的灯,造型宜简洁大方,配光曲线合理,以创造休憩环境并力求效率。一般园林柱子灯高为 3～5 m,正处于一般灌木之上、乔木之下的空间;广场、入口等处可稍高,为 7～11 m。足灯型(草坪灯、花坛灯)不耀眼、照射效果也好,但易损坏,多在宾馆、房地产开发等专用绿地和公共绿地的封闭空间中使用,其灯具设计有模仿自然的,也有简洁抽象的现代造型。

第四节　小城镇园林水景设计

一、水景设计基础知识

1. 水景的作用

(1)系带作用。水面具有将不同的园林空间和园林景点联系起来,而避免景观结构松散的作用,这种作用就叫做水面的系带作用,它有线型和面型两种表现形式。具体如下。

1)线型。将水作为一种关联因素,可以在散落的景点之间产生紧密结合的关系,互相呼应,共同成景。一些曲折而狭长的水面,在造景中能够将许多景点串联起来,形成一个线状分布的风景带。例如,扬州瘦西湖,其带状水面绵延数千米,一直达到平山堂;众多的景点或依水而建,或深入湖心,或跨水成桥,整个狭长水面和两侧的景点就好像一条翡翠项链。水体方向性较强的串联造景作用,就是线型系带作用。

2)面型。一些宽广坦荡的水面,如杭州西湖,则把环湖的山、树、塔、庙、亭、廊等众多景点景物,以及湖面上的苏堤、断桥、白堤、阮公墩等名胜古迹,紧紧地结合在一起,构成了一个丰富多彩、优美动人的巨大风景面。园林水体这种具有广泛联系特点的造景作用,称为面型系带作用。

(2)统一作用。许多零散的景点均以水面作为联系纽带时,水面的统一作用就成了造景最基本的作用。如苏州拙政园中,众多的景点均以水面为底景,使水面处于全园构图核心的地位,所有景物景点都围绕着水面布置,就使景观结构更加紧密,风景体系也就呈现出来,景观的整体性和统一性就大大加强了。从园林中许多建筑的题名来看,也都反映了对水景的依赖关系(如倒影楼、塔影楼等)。水体的这种作用,还能把水面自身统一起来。不同平面形状和不同大小的水面,只要相互连通或者相互邻近,就可统一成一个整体。

(3)基面作用。大面积的水面视域开阔坦荡,可作为岸畔景物和水中景观的基调、底面使用。当水面不大,但水面在整个空间中仍具有面的感觉时,水面仍可作为岸畔或水中景物的基面,产生倒影,扩大和丰富空间。如北京北海公园的琼华岛有被水面托起浮水之感。

(4)焦点作用。飞涌的喷泉、狂跌的瀑布等动态水景,其形态和声响很容易引起人们的注意,对人们的视线具有一种收聚的、吸引的作用。这类水景往往就能够成为园林某一空间中的视线焦点和主景。这就是水体的直接焦点作用。作为直接焦点布置的水景设计形式有:喷泉、瀑布、水帘、水墙、壁泉等。

2. 水景与人的关系

水是生命之源,在人的生命过程中发挥着积极的作用。在日常生活中除了满足人们生理机能需求外,在调节生态环境和满足人们视觉需求上也发挥着极其重要的作用,在这里所论述的水体环境主要是满足视觉需要。

(1)水与人的心理感受。由于水在人类生命力的重要作用,人们把水和他们的心理审美意识结合起来。孔子有"智者乐水,仁者乐山;智者动,仁者静"的话,把水比喻成"智者"。我国古代的风水术,对于水也特别重视,"有山无水休寻地",可见水对人的日常行为、心理有很大的影响。

(2)人与水体的视觉效应。人具有亲水性,人一般都喜爱水,与水保持着较近的距离。当距离较近时人可以接触到水,用身体的各个部位感受到水的亲切,水的气味,水雾、潮湿、水温都能让人感到兴奋。当人距离水面较近时,通过视觉感受到水面的存在,会吸引人们到达水边,实现近距离的接触。在有些小城镇环境中水体设置得较为隐蔽,可以通过水流声吸引人们到这里。

由于人具有亲水性,尤其是在小城镇的住宅环境中应缩短人和水面的距离,在较为安全的情况下,也可以让人融入水景中,如通过在水面上布置浮桥、浮萍以及置于水中的亭台,使人置身于水中。人们在观赏水体时,一般有仰视、平视、俯视和立于水中等角度。仰视主要应用于人们在观赏空中落水的时候;小型水池以喷泉为主,人们一般采用平视的姿态,会觉得和水体较为接近;俯视是指登高望水面,水面一般比较辽阔,可使人有心旷神怡之感。这三种观赏形式都能看到水面,但身体和水面接触较少。在实际生活中,人们最喜欢立于水中,直接接触到水面,尤其是儿童喜欢在浅水中嬉水,而有些建筑直接建在水中或水边,如一些亭、舫、桥等,人们从建筑上、桥上以及水中的小岛观水,会被周围的水面所包围,一方面人们和水面保持亲近性,同时又会产生畏惧感。

3. 水景设计的要素

水景的设计要素有水的尺度和比例、水的平面限定和视线。具体内容如下。

(1)水的尺度和比例。水面的大小与周围环境景观的比例关系是水景设计中需要慎重考虑的内容,除自然形成的或已具有规模的水面外,一般应加以控制。过大的水面散漫、不紧凑,难以组织,而且浪费用地;过小的水面局促,难以形成气氛。

(2)水的平面限定和视线。用水面限定空间、划分空间有一种自然形成的感觉,使得人们的行为和视线不知不觉地在一种较亲切的气氛中得到了控制,这无疑比过多地、简单地使用墙体、绿篱等手段生硬地分隔空间、阻挡穿行要略胜一筹。由于水面只是平面上的限定,故能保证视觉上的连续性和通透性。另外,也常利用水面的行为限制和视觉渗透来控制视距,获得相对完善的构图;或利用水面产生的强迫视距达到突出或渲染景物的艺术效果。利用强迫视距获得小中见大的手法,在空间范围有限的江南私家宅第园中是屡见不鲜的。

4. 水景设计的形式

(1)水景的表现形式。

1)幽深的水景。带状水体如河、渠、溪、涧等,当穿行在密林中、山谷中或建筑群中时,其风景的纵深感很强,水景表现出幽远、深邃的特点,环境显得平和、幽静,暗示着空间的流动和延伸。

2)动态的水景。园林水体中湍急的流水、狂泄的瀑布、奔腾的跌水和飞涌的喷泉就是动态感很强的水景。动态水景给园林带来了活跃的气氛和勃勃的生机。

3)小巧的水景。一些水景形式,如无锡寄畅园的八音涧、济南的趵突泉、昆明西山的珍珠泉,以及在我国古代园林中常见的流杯池、砚池、剑池、壁泉、滴泉、假山泉等,水体面积和水量都比较小。但正因为小,才显得精巧别致、生动活泼,能够小中见大,让人感到亲切多趣。

4)开朗的水景。水域辽阔坦荡,仿佛无边无际。水景空间开朗、宽敞,极目远望,天连着水、水连着天,天光水色,一派空明。这一类水景主要是指江、海、湖泊。公园建在江边,就可以向宽阔的江面借景,从而获得开朗的水景。将海滨地带开辟为公园、风景区或旅游景区,也可以向大海借景,使无边无际的海面成为园林旁的开朗水景。利用天然湖泊或挖建人工湖泊,更是直接获得开朗水景的一个主要方式。

5)闭合的水景。水面面积不大,但也算宽阔。水域周围景物较高,向外的透视线空间仰角大于 13°,常在 18°左右,空间的闭合度较大。由于空间闭合,排除了周围环境对水域的影响,因此,这类水体常有平静、亲切、柔和的水景表现。一般的庭园水景池、观鱼池、休闲泳池等水体都具有这种闭合的水景效果。

(2)水体的设计形式。水体的设计形式主要有规则式、自然式和混合式三种。

1)规则式水体。这样的水体都是由规则的直线岸边和有轨迹可循的曲线岸边围成的几何图形水体。根据水体平面设计上的特点,规则式水体可分为方形系列、斜边形系列、圆形系列和混合形系列等。

①方形系列水体。这类水体的平面形状,在面积较小时可设计为正方形和长方形;在面积较大时,则可在正方形和长方形基础上加以变化,设计为亚字形、凸角形、曲尺形、凹字形、凸字形和组合形等。应当指出,直线形的带状水渠,也应属于矩形系列的水体形状,如图 3-17 所示。

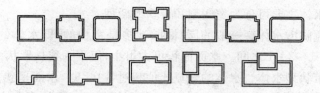

图 3-17 方形系列水体

②斜边形系列水体。水体平面形状设计为含有各种斜边的规则几何形，如图 3-18 所示，图中顺序列出的三角形、六边形、菱形、五角形和具有斜边的不对称、不规则的几何形。这类池形可用于不同面积大小的水体。

图 3-18 斜边形系列水体

③圆形系列水体。主要的平面设计形状有圆形、矩圆形、椭圆形、半圆形、月牙形等，如图 3-19 所示。这类池形主要适用于面积较小的水池。

图 3-19 圆形系列水体

④混合形系列水体。由圆形和方形、矩形相互组合变化出的一系列水体平面形状，如图 3-20 所示。

图 3-20 混合形系列水体

2)自然式水体。岸边的线型是自由曲线线型，由线围合成的水面形状是不规则的和有多种变异的形状，这样的水体就是自然式水体。

自然式水体主要可分为宽阔型和带状型两种。

①宽阔型水体。一般的园林湖、池多是宽型的,即水体的长宽比值在 1:1~3:1 之间。水面面积可大可小,但不为狭长形状。

②带状型水体。水体的长宽比值超过 3:1 时,水面呈狭长形状,这就是带状型水体。园林中的河渠、溪涧等都属于带状型水体。

3)混合式水体。这是规则式水体形状与自然式水体形状相结合的一类水体形式。在园林水体设计中,在以直线、直角为地块形状特征的建筑边线、围墙边线附近,为了与建筑环境相协调,常常将水体的岸线设计成局部的直线段和直角转折形式,水体在这一部分的形状就成了规则式的。而在距离建筑、围墙边线较远的地方,自由弯曲的岸线不再与环境相冲突,就可以完全按自然式来设计。

5. 水景设计的方法及效果

(1)水景设计的方法。

1)亲和。通过贴近水面的汀步、平曲桥,映入水中的亭、廊建筑,以及又低又平的水岸造景处理,把游人与水景的距离尽可能地缩短,水景与游人之间就体现出一种十分亲和的关系,使游人感到亲切、合意、有情调和风景宜人。

2)延伸。园林建筑一半在岸上,另一半延伸到水中;或岸边的树木采取树干向水面倾斜、树枝向水面垂落或向水中心伸展的态势,都使临水之意显然。前者是向水的表面延伸,而后者是向水上的空间延伸。

3)萦回。由蜿蜒曲折的溪流,在树林、水草地、岛屿、湖滨之间回旋盘绕,突出了风景流动感。这种效果反映了水景的萦回特点。

4)隐约。使配植着疏林的堤、岛和岸边景物相互组合与相互分隔,将水景时而遮掩、时而显露、时而透出,就可以获得隐隐约约、朦朦胧胧的水景效果。

5)暗示。池岸岸口向水面悬挑、延伸,让人感到水面似乎延伸到岸口下面,这是水景的暗示作用。将庭院水体引入建筑物室内,水声、光影的渲染使人仿佛置身于水底世界,这也是水景的暗示效果。

6)迷离。在水面空间处理中,利用水中的堤、岛、植物、建筑,与各种形态的水面相互包含与穿插,形成湖中有岛、岛中有湖、景观层次丰富的复合性水面空间。在这种空间中,水景、树景、堤景、岛景、建筑景等层层展开,不可穷尽。游人置身其中,顿觉境界相异、扑朔迷离。

7)藏幽。水体在建筑群、林地或其他环境中,都可以把源头和出水口隐藏起来。隐去源头的水面,反而可给人留下源远流长的感觉;把出水口藏起的水面,水的去向如何,也更能让人遐想。

8)渗透。水景空间和建筑空间相互渗透,水池、溪流在建筑群中流连、穿插,给建筑群带来自然鲜活的气息。有了渗透,水景空间的形态更加富于变化,建筑空间的形态则更加轩敞、灵秀。

9)收聚。大水面宜分,小水面宜聚。面积较小的几块水面相互聚拢,可以增强水景表现。特别是在坡地造园,由于地势所限,不能开辟很宽大的水面,就可以随着地势升降,安排几个水面高度不一样的较小水体,相互聚在一起,同样可以达到大水面的效果。

10)沟通。分散布置的若干水体,通过渠道、溪流顺序地串联起来,构成完整的水系,这就是沟通。

11)水幕。建筑被设置于水面之下,水流从屋顶均匀跌落,在窗前形成水幕。再配合音乐播放,则既有跌落的水幕,又有流动的音乐,室内水景别具一格。

12)开阔。水面广阔坦荡,天光水色,烟波浩渺,有空间无限之感。这种水景效果的形成,常见的是利用天然湖泊点缀人工景点。使水景完全融入环境之中。而水边景物如山、树、建筑等,看起来都比较遥远。

13)象征。以水面为陪衬景,对水面景物给予特殊的造型处理,利用景物象形、表意、传神的作用,来象征某一方面的主题意义,使水景的内涵更深,更有想象和回味的空间。

14)隔流。对水景空间进行视线上的分隔,使水流隔而不断,似断却连。

15)引出。庭园水池设计中,不管有无实际需要,都将池边留出一个水口,并通过一条小溪引水出园,到园外再截断。对水体的这种处理,其特点是在尽量扩大水体的空间感,向人暗示园内水池就是源泉,暗示其流水可以通到园外很远的地方。所谓"山要有限,水要有源"的古代画理,在今天的园林水景设计中也有应用。

　　16)引入。水的引入和水的引出方法相同,但效果相反。水的引入,暗示的是水池的源头在园外,而且源远流长。

　　(2)水景设计的效果。水景设计效果如图 3-21、图 3-22 所示。

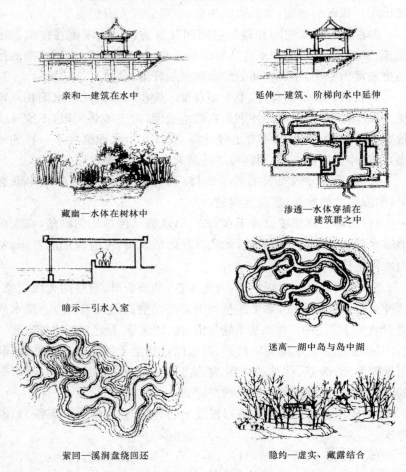

亲和—建筑在水中　　　　　　　延伸—建筑、阶梯向水中延伸

藏幽—水体在树林中　　　　　　渗透—水体穿插在
　　　　　　　　　　　　　　　　建筑群之中

暗示—引水入室

迷离—湖中岛与岛中湖

萦回—溪涧盘绕回还　　　　　　隐约—虚实、藏露结合

图 3-21　水景设计效果图(一)

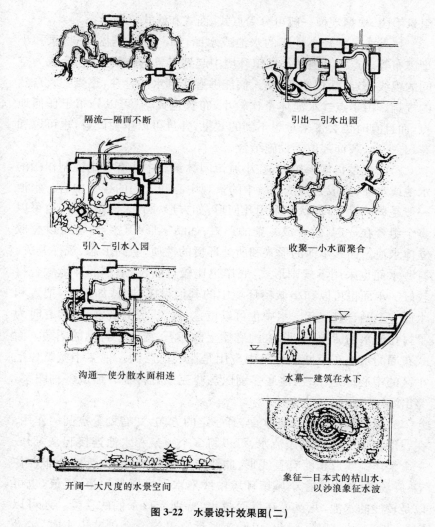

隔流—隔而不断

引出—引水出园

引入—引水入园

收聚—小水面聚合

沟通—使分散水面相连

水幕—建筑在水下

开阔—大尺度的水景空间

象征—日本式的枯山水，
以沙浪象征水波

图 3-22　水景设计效果图(二)

二、各类水景的设计

1. 水池设计

(1)水池的形式。水池是小城镇公园或者住宅环境中最为常见的组景手段,根据规模一般可分为点式、面式和线式三种形态。

1)点式是指较小规模的水池或水面,如一些承露盘、小喷泉和小型瀑布等。点式水池在小城镇环境中起到点景的作用,往往会成为空间的视线焦点,活化空间,使人们能够感受到水的存在,感受到大自然的气息。由于点式水池体量比较小,布置也灵活,可以分布于任何地点,而且有时也会带来意想不到的效果,并且可以单独设置,也可以和花坛、平台、装饰部位等设施结合。

2)面式是指规模较大,在小城镇园林景观中能有一定控制作用的水池或水面,会成为城镇环境中的景观中心和人们的视觉中心。水池一般是单一设置,形状多采用几何形,如方形、圆形、椭圆形等,也可以多个组合在一起,组合成复杂的形式,如品字形、万字形,也可以叠成立体水池。面式水池的形式和所处环境的性质、空间形态、规模有关。有些水面也采用不规则形式,底岸也比较自然,和周围的环境融合得较好。水面也可以和小城镇环境中的其他设施结合,如踏步,把人和水面完全融合在一起。水中也可以植莲、养鱼,成为观赏景观,有时为了衬托池水的清澈、透明,在池底摆上鹅卵石,或绘上鲜艳的图案。面式布局的水池在小城镇环境中应用是比较广泛的。很多小城镇住宅小区的中心绿地中,水池底多铺以马赛克或各种瓷砖形成多种图案,突出海洋主题富有动感。

3)线式是指较细长的水面,有一定的方向,并有划分空间的作用。在线形水面中一般采用流水,可以将多个喷泉和水池连接起来,形成一个整体。线形水面有直线形、曲线形和不规则形,广泛地分布在住宅、广场、庭院中。在小城镇环境中线形水面可以是河道、溪流,也可以是较浅的水池,儿童可在里面嬉水,特别受孩子们的喜爱。还可以和桥、板、石块、雕塑、绿化,以及各类休息设施结合创造出丰富、生动的室外空间,在我国南方的一些小城镇园林景观中浅水池这种水型应用较多。

(2)水池的平面设计。水池的平面设计首先应明确水池在地面以上的平面位置、尺寸和形状,这是水池设计的第一步。其中,水池形状设计最为关键,水池按池岸的线型种类分为自然式水池和规则式水池两类,见表 3-3。

表 3-3 水池平面设计的特点

类　型	特　点
自然式水池	这类水池池岸线为自然曲线。在公园的游乐区中以小水面点缀环境,水池常结合地形、花木种植设计成自然式;在水源不太丰富的风景区及生态植物园中,也需要在自然式的水池培养荷花鱼类等各种水生物
规则式水池	这类水池池岸线围成规则的几何图形,显得整齐大方,是现代园林建设中应用越来越多的水池类型

水池的大小要与园林空间及广场的面积相互协调,水池的轮廓与自然地貌及广场、建筑物的轮廓相统一。无论是规则式还是自然式水池都力求造型简洁大方。

在水池设计平面图上还可以标注各部分的高程,表示进水口、溢水口、泄水口、喷头、种植池的平面位置和所取剖面的位置。

(3)水池立面设计。立面设计主要是立面图的设计,立面图要反映水池主要朝向的池壁高度和线条变化。池壁顶部离地面的高度不宜过大,一般为 20 cm 左右。考虑到方便游人坐在池边休息,可以增高到 35~45 cm,立面图上还应反映出喷水的立面观。

(4)水池剖面设计。园林中的水池,一般深度不大。面积的大小差异也很大,大的有几百平方米,小的仅几十平方米。无论水池的大小深浅如何,都必须做好结构剖面设计。

1)水池结构。

①砖石墙池壁水池。水池深度小于 1 m、面积较小的池壁,防水要求不高时,可以采用图 3-23、图 3-24 的设计。

如果对水池的防水要求较高,一般采用砖墙,加二毡三油防水层(通常称为 Z 层),如图 3-25 所示。因为砖比毛石外形规整,浆砌后密实,容易达到防水效果,也可采用现代新型材料,如 SBS 等。

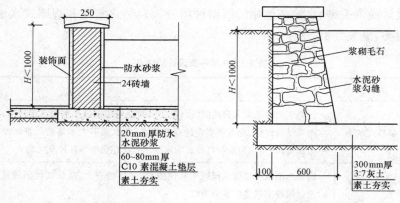

图 3-23　砖水池　　　　　　　　　　　图 3-24　简易毛石水池

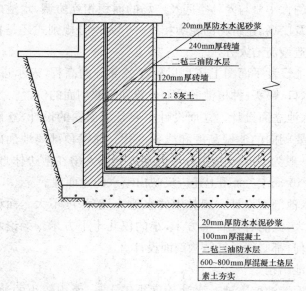

图 3-25　外包防水层水池

　　②钢筋混凝土池壁水池。这种结构的水池特点是自重轻,防渗漏性能好,同时,还可以防止各类因素所产生的变形而导致池底、池壁的裂缝。池底、池壁可以按构造钢筋配 $\phi 8 \sim \phi 12$ 钢筋,间距 $20 \sim 30$ cm。

水池深度为 600~1 000 mm 的钢筋混凝土水池的构造厚度配筋及防水处理可参考图 3-26、图 3-27 所示。

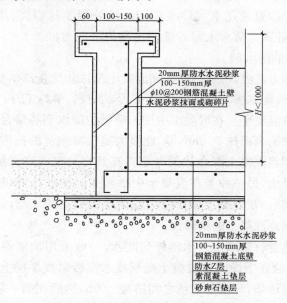

图 3-26　钢筋混凝土地上水池

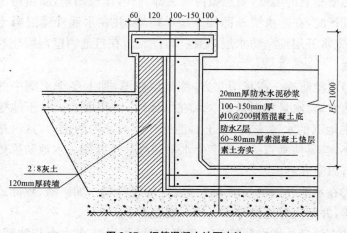

图 3-27　钢筋混凝土地下水池

2)水池防漏水。

①防水砂浆和防水油抹灰。在水池壁及底的表面,抹 20 mm 厚的防水水泥砂浆或用水泥砂浆和防水油分层涂抹(称五层防水油抹灰)做防水处理。防水水泥砂浆的比例为水泥∶砂＝1∶3,并加入水泥重约 3％的防水剂。

用上述方法处理,在砖砌体和混凝土及抹灰质量严格按操作规程施工时,一般能取得较好的防水效果,节约材料,节约工日。

②防水混凝土。在混凝土中加入适量的防水剂和掺合剂,用它在池底及池壁的表面抹 20 mm 厚,能极大地提高水池的抗渗性。其中,一种是以调整混凝土配合比的办法提高其自身密实度和抗渗性的级配防水混凝土;另一种是在混凝土中掺入少量的加气剂(松香酸钠或松香热聚物)。在混凝土中产生大量微小而均匀的气泡,以改变毛细管性质来提高混凝土的抗渗性。

③油毡卷材防水层。水池外包防水,一般采用油毡卷材防水层。方法是:在池底干燥的素混凝土垫层或水泥砂浆找平层上浇热沥青,随即铺一层油毡,油毡与油毡之间搭接 5 cm,然后在第一层油毡上浇热沥青,随即铺第二层油毡,最后浇一道热沥青即成。

池壁垂直的墙壁,要想做得与底部一样,比较困难,质量得不到保证。设计时,在防水层外面加一层单砖墙,并在水池外壁混凝土灌注之前,先将五层油毡防水层,贴在单砖墙上,在打池内壁混凝土时将油毡压紧。

3)水池防冻。在我国北方,冻土层较厚,加上冬季土壤中的水分不易蒸发,含水量相对较高。水在结冰时,体积增大。对于池壁在地下及半地下的水池来说,冻土对池壁产生向池内的推力,这种推力上大下小,容易使垂直的池壁产生水平裂缝甚至断裂。水池防冻处理法一般有以下几种。

①在水池外侧填入排水性能较好的轻骨料。如矿渣、焦砟或级配砂石等,并解决好地面排水。排水坡度不小于 3％。

②在池壁外增设防冻沟。这条沟,既可以防止冻土与池壁接触,

又可以排除地面雨水等,还可以用作水池排水,如图 3-28 所示。

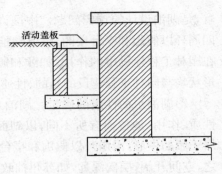

活动盖板

图 3-28　防冻沟图

4)水池的剖面图。水池的剖面图反映水池的结构和要求。剖面图从池壁顶部到池底基础标明各部分的材料、厚度及施工要求。剖面图要有足够的代表性。为了反映整个水池各部分的结构,可以用各种类型的剖面图。如比较简单的长方形水池,可以用一个剖切面,标明各部分的结构和材料。对于组合式水池,就要用两个或两个以上平行平面或相交平面剖切,才能够完全表达。如果一个剖面图不足以反映时,可增加剖面图的个数。

2. 湖泊设计

(1)湖泊。湖泊为大型开阔的静水面,但园林中的湖,一般比自然界的湖泊小得多,基本上只是一个自然式的水池,因其相对空间较大,常作为全园的构图中心。水面宜有聚有分,聚分得体。聚则水面辽阔,分则增加层次变化,并可组织不同的景区。小园的水面聚胜于分,如苏州网师园内池水集中,池岸廊榭都较低矮,给人以开朗的印象;大园的水面虽可以作为主景,仍宜留出较大水面使之主次分明,并配合岸上或岛屿中的主峰、主要建筑物构成主景,如颐和园的昆明湖与万寿山佛香阁,北海与琼岛白塔。园林中的湖池,应凭借地势,就低凿水,掘池堆山,以减少土方工程量。岸线模仿自然曲折,做成港汊、水湾、半岛,湖中设岛屿,用桥梁、汀步连接,也是划分空间的一种手法。岸线较长的,可多用土岸或散置矾石,小池亦可全用自然叠石驳岸。沿岸路面标高宜接近水面,使人有凌波之感。湖水常以溪涧、河流为源,其下泄之路宜隐蔽,尽量做成狭湾,逐渐消失,产生不尽之意。

(2)湖泊平面设计的内容。

1)湖泊平面的确定。根据造园者的意图确定湖在平面图上的位置,是湖泊设计的首要问题。中国许多著名的园林均以水体为中心,四周环以假山和亭台楼阁,环境幽雅,园林风格突出,充分发挥了湖泊在园林工程建设中的作用,如颐和园、拙政园等。湖泊的方位、大小、形状均与园林工程建设的目的、性质密切相关。

2)湖泊水面性质的确定。湖泊水面的性质依湖面在整个园林的性质、作用、地位而有所不同,以湖面为主景的园林,往往使大的水面居于园的中心,沿岸环以假山和亭台楼阁;或在湖中建小岛,与园桥连之,空间开阔,层次深远,如苏州拙政园。而以地形山体或假山建筑为主景,以湖为配景的园林,往往使水面小而多。即假山或建筑把整个湖面分成许多小块,绿水环绕着假山或建筑,其倒影映在水中,更显其秀丽和妩媚,而环境更加清幽,如承德避暑山庄烟雨楼景区,圆明园三园中的绮春园等。

(3)湖泊的平面图。确定了园林水面的性质后,就依据水面的性质构图。湖泊的构图主要是进行湖岸线的平面设计。我国的湖岸线型设计以自然曲线为主,湖岸线平面设计的几种基本形式,如图3-29所示。

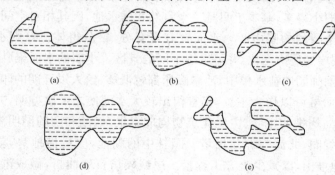

图3-29　湖岸线平面设计形式
(a)心字形;(b)云形;(c)流水形;(d)葫芦形;(e)水字形

(4)湖泊设计要点。

1)应注意水面的收、放、广、狭、曲、直等变化,达到自然并不留人工造作痕迹的效果。

2)不要单从造景上着眼,而要密切结合地形的变化进行设计。如果能充分考虑到实际地形,不但能极大地降低工程造价,而且能因地制宜。

3)现代园林中较大的湖泊设计最好能考虑到水上运动和赏景的要求。

4)湖面设计必须和岸上景观相结合。

(5)湖底防渗漏设计。湖底有灰土层湖底、聚乙烯薄膜防水层湖底和混凝土底等几种类型。

1)灰土层湖底。当湖的基土防水性能较好时,可在湖底做二步灰土,每 20 m 留一伸缩缝,灰土在水中硬化慢,抗水性差,但当灰土硬化后,具有一定的抗水性能。灰土早期抗冻性也较差,在冬季、雨季不宜施工。图 3-30 所示为灰土层湖底结构图。

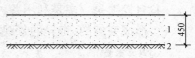

图 3-30　灰土层湖底结构图

1—二步灰土;2—素土夯实

2)聚乙烯薄膜防水层湖底。用塑料薄膜铺适合湖底渗漏情况等,这种方法不但造价低,而且防渗效果好。但铺膜前必须做好底层处理。图 3-31 所示为聚乙烯防水层结构图。

3)混凝土底。当水面不太大,防漏要求又很高时,可采用混凝土湖底设计。图 3-32 所示为溪底混凝土结构图。

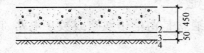

图 3-31　聚乙烯防水层结构图

1—450 黏土分层夯实;2—0.18～0.20 厚聚乙烯,
一层薄膜层搭建缝宽 300;3—平铺黏土厚 50;
4—基石碾压(12 吨震动)

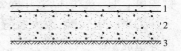

图 3-32　溪底混凝土结构图

1—100 厚混凝土;
2—300 厚 3∶7 灰土;
3—素土夯实

3. 喷泉设计

(1)喷泉。主要是以人工喷泉的形式应用于现代的小城镇中。喷泉是西方古典园林常见的景观。喷泉分布在小城镇的中心广场等处,起到饰景的作用,很好地满足了人们在视觉上的需求,特别以其立体而且动态的形象,在环境中起到引人注目的中心焦点作用。不同的人群对喷泉的速度、水形等都有不同的要求。在私家庭院中它常是一个小型的喷点,速度也不快,分布在角落中;在小城镇公园或者广场中,喷泉水景通常是规模较大的景观节点。

（2）喷泉类型。

1）普通装饰性喷泉。它由各种花形图案组成固定的喷水型。

2）与雕塑结合的喷泉。喷泉的喷水形与柱式、雕塑等共同组成景观。

3）水雕塑。即用人工或机械塑造出各种大型水柱的姿态。

4）自控喷泉。多是利用各种电子技术,按设计程序来控制水、光、音、色,形成变幻的、奇异的景观。

（3）喷泉控制。

喷泉的控制有手阀控制、继电器控制和音响控制。

1）手阀控制。手阀控制是最常见和最简单的控制方式,在喷泉的供水管上安装手控调节阀,用来调节各管段中水的压力和流量,形成固定的喷水姿。

2）继电器控制。通常利用时间继电器按照设计的时间程序控制水泵、电磁阀、彩色灯等的启闭,从而实现可以自动变换的喷水姿。

3）音响控制。声控喷泉是用声音来控制喷泉喷水形变化的一种自控泉。它一般由以下几部分组成。

①声—电转换、放大装置。通常是由电子线路或数字电路、计算机等组成。

②执行机构。通常使用电磁阀。

③动力及水泵。

④其他设备。主要由管路、过滤器、喷头等组成。

4. 瀑布设计

（1）瀑布的组成。设计完整的瀑布景观由背景、瀑布上游河流、瀑布口、布身、潭和下游河流等组成。

1）背景。高耸的群山,为瀑布提供了丰富的水源,与瀑布一起形成了深远、宏伟、壮丽的画面。

2）瀑布上游河流。瀑布上游河流是瀑布水的来源。

3)瀑布口。瀑布口山石的排列方式不同,形成的水幕形式就不同,也就形成不同风格的瀑布。

4)布身。布身是指瀑布落水的水幕,其形式变化、多种多样,主要有布落、披落、重落、乱落等。

5)潭。由于长期水力冲刷,在瀑布的下方形成较深盛水的大水坑称为潭。

6)下游河流。下游河流是指瀑布水流去向的通道。

(2)瀑布的形式。由于瀑布有一定的落差,要有一定的规模才能产生壮观的效果,一般是利用地形高差和砌石形成小型的人工瀑布,以改善景观环境。瀑布有多种形式,有关园林营造把瀑布分为向落、片落、传落、棱落、丝落、重落、左右落、横落等几种形式。

人工瀑布中水落石的形式和水流速度的设计决定了瀑布的形式,一般根据人们对瀑布形式的要求,选择水落石河流的速度,把其综合起来,使瀑布产生微小的变化,传达不同的感受。

(3)瀑身设计。瀑布水幕的形态也就是瀑身,是由堰口及堰口以下山石的堆叠形式确定的。例如,堰口处的整形石呈连续的直线,堰口以下的山石在侧面图上的水平长度不超出堰口,则这时形成的水幕整齐、平滑,非常壮丽。堰口处的山石虽然在一个水平面上,但水际线伸出、缩进有所变化。这样的瀑布形成的景观有层次感。如果堰口以下的山石,在水平方向上堰口突出较多,就形成了两重或多重瀑布,这样的瀑布就显出活泼而有节奏感。图 3-33 所示为瀑布水幕形式。

5. 驳岸设计

(1)驳岸。水面的处理和驳岸有着直接的关系。它们共同组成景观,以统一的形象展示在人们面前,影响着人们对水体的欣赏。这里所述的堤岸,一方面是人们的视觉对象;另一方面是人们的观赏点。

在小城镇景观环境中,池岸的形式根据水面的平面形式分为规则式和不规则式。规则几何式池岸的形式一般都处理成能让人们坐的平台,使人们能接近水面,它的高度应该以满足人们的坐姿为标准,池岸距离水面也不要太高,以人伸手可以触摸到水为好。规则式的池岸

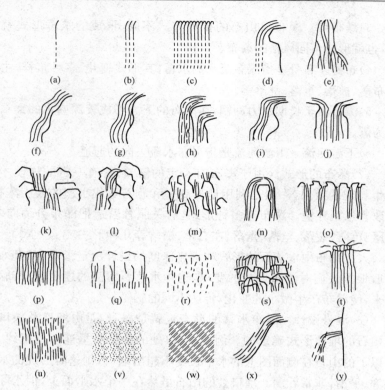

图3-33　瀑布水幕形式

(a)泪落;(b)线落;(c)布落;(d)离落;(e)丝落;(f)段落;(g)披落;(h)二层落;

(i)二段落;(j)对落;(k)片落;(l)傍落;(m)重落;(n)分落;(o)连续落;(p)帘落;

(q)模落;(r)滴落;(s)乱落;(t)圆筒落;(u)雨落;(v)雾落;(w)风雨落;(x)滑落;(y)壁落

构图比较严谨,限制了人和水面的关系,在一般情况下,人是不会跳入
池中嬉水的。相反不规则的池岸与人比较接近,高低随着地形起伏,
不受限制,而形式也比较自由。岸边的石头可以供人们乘坐,树木可
以供人们纳凉,人和水完全融合在一起,这时的岸只有阻隔水的作用,
却不能阻隔人和水的亲近,反而缩短了人和水的距离,有利于满足人
们的亲水性需求。

(2)驳岸组成。驳岸分成湖底以下基础部分、最低水位线以下部

分、最低水位与最高水位线之间的部分及最高的水位线以上部分，如图 3-34 所示。

图 3-34　驳岸的简易结构

（3）驳岸的平面位置。驳岸的平面位置可在平面图上以造景要求确定。技术设计图上，以常水位显示水面位置。整形驳岸，岸顶宽度一般为 30～50 cm。如果设计驳岸与地面夹一个小于 90°的角，那么可根据倾斜度和岸顶高程求出驳岸线平面位置。

（4）驳岸的高程。岸顶的高程应比最高水位高出一段距离，以保证水体不致因风浪冲涌而上岸，应高出的距离与当地风浪大小有关，一般高出 25～100 cm。水面上风大时，可高出 50～100 cm；反之，则低一些。从造景的角度讲，深潭边的驳岸要求高一些，显出假山石的外形之美；而水浅的地方，驳岸要低一些，以便水体回落后露了一些滩涂与之相协调。为了最大限度节约资金，在人迹罕至，但地下水位高，岸边地形较平坦的湖边，驳岸高程可以比常水位高得不多。

（5）驳岸的横断面。驳岸的横断面图是反映其材料、结构和尺寸的设计图。驳岸的基本结构从下到上依次为：基础、墙体、压顶。由于压顶的材料不同，驳岸又分为两种类型。

1）规划式驳岸。以条石或混凝土压顶的驳岸称为规划式驳岸。这类驳岸规整、简洁、明快，适宜于周围为规整的建筑物，或营造明快、严肃等氛围时应用。

2）自然式驳岸。以山石压顶的驳岸称为自然式驳岸。这类驳岸适宜于湖岸线曲折、迂回，周围是自然的山体等，或营造自然幽静、闲适的气氛时应用。

6. 溪流设计

溪流宜多弯曲以增长流程，显示出源远流长，绵延不尽。多用自然石岸,以砾石为底,溪水宜浅,可数游鱼,又可涉水。游览小径时须缘溪行,时踏汀步,两岸树木掩映,表现山水相依的景象。

(1)溪流平面设计。溪流是园林水景的重要表现形式,它不仅能使人有欢快、活跃的美感,而且能加深各景物间的层次,使景物丰富而多变。溪流在春天的园林中又多了一项优美的内涵,无锡寄畅园的八音涧等都是古今中外园林中巧夺天工的溪流佳作,如图 3-35 所示。

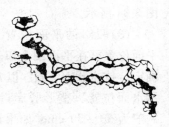

图 3-35　八音涧

在溪流平面设计时,应注意曲折、宽窄的变化,以及其水流的变化和所产生水力的变化引起的副作用,水面窄则水流急,水面宽则水流缓,从而造成水流的多种变化,如图 3-36 所示。水平流时对坡岸产生的冲刷力最小,随着弯半径的加大,则水对迫水面坡岸的冲刷力增大。因此,溪流设计中,对弯道的弯曲半径有一定的要求。当迎水面有铺砌时,$R>2.5a$;当迎水面无铺砌时,$R>5a$,如图 3-37 所示。

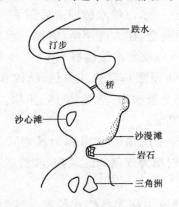

图 3-36　溪流平面设计示意图

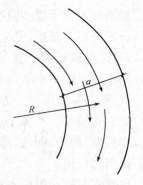

图 3-37　溪流迎水面图

设计时,可以结合具体的地形变化,与建筑结合,与植物种植池塘结合,与古树名木等结合。有时溪流在局部转入暗流形成特殊的声响,而使游人产生悬念。设计得当,能收到良好的效果。

（2）溪流剖面设计。

1）剖面设计要点。人工溪流必须进行剖面设计。科学、合理的剖面设计，不但是施工的依据，而且是保证溪岸坚固安全，使小溪景观丰富变化的必要措施。

①必须坚持科学性，符合水力学及相关工程的要求。

②符合溪流造景的需要，保证游人的安全。

③对转弯、跌水及其他重要处要重点设计。

2）溪流的护坡设计。园林中的人工溪流，为减少水的损失，增强坡岸对水体冲刷的抵抗力，更为持久地营造风景，可以对溪流底部和坡岸进行工程处理。下面是两种不同护坡的溪流，如图 3-38、图 3-39 所示。

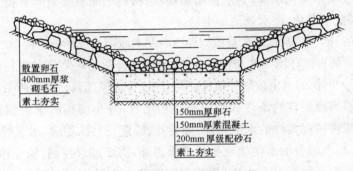

散置卵石
400mm厚浆砌毛石
素土夯实

150mm厚卵石
150mm厚素混凝土
200mm厚级配砂石
素土夯实

图 3-38　卵石护坡溪流剖面结构图

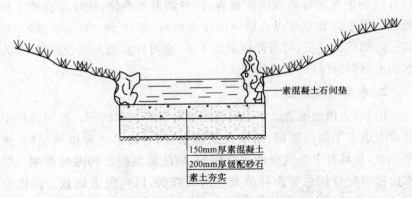

素混凝土石间垫

150mm厚素混凝土
200mm厚级配砂石
素土夯实

图 3-39　自然山石草护坡溪流剖面结构图

溪边的坡岸砌石较高时,溪流就显出谷的高深。工程设计时,只要比平常加宽基础即可,基础指级配砂石垫层和素混凝土层。

三、水生植物的种植设计

1. 水生植物种植的原则

(1)水生植物占水面的比例要适当。在河湖、池塘等水体中种植水生植物,切记不能将整个水面填满。一方面影响水面的倒影景观而失去水体特有的景观效果;另一方面会产生安全问题,人们在看不到水面的情况下极有可能不小心跌入水中。水体的植物种植设计的目的是进一步美化水体,为水面增加层次,植物的布置要有疏有密、有断有续,富于变化,使水景更加生动。

(2)因"水"制宜是水景植物种植的基本原则。选择植物种类时要根据水体的自然环境条件和特点,适宜地选择合适的植物品种进行种植。例如,大面积的水生植物种植可以结合生产,选择莲藕、芡实、芦苇等,与小城镇当地的自然条件和经济条件相结合;较小面积的水生植物,可以点缀种植观赏性的水生花卉,如荷花、睡莲、玉莲、香蒲、水葱等。

(3)大部分的水生植物生长都很迅速,需要加以控制,防止植物快速生长后蔓延至整个水面,影响景观效果。在种植设计时,可在水下设计植物生长的容器或植床设施,以控制挺水植物、浮叶植物的生长范围。漂浮植物也可以选用轻质浮水材料(如竹、木、泡沫草索等)制成一定形状的浮框,可将浮框固定下来,也可在水面上随处漂移,成为水面上漂浮的绿岛、花坛景观。

2. 水生植物配置

(1)水边植物配置。水边植物配置应讲究艺术构图。我国园林中自古水边主张植以垂柳,造成柔条拂水,同时在水边种植落羽松、池松、水杉及具有下垂气根的小叶榕等,均能起到线条构图的作用。但水边植物配置切忌等距种植及整形式修剪,以免失去画意。在构图上,注意应用探向水面的枝、干,尤其是似倒未倒的水边大乔木,以起到增加水面层次和富有野趣的作用。

（2）驳岸植物配置。土岸边的植物配置，应结合地形、道路、岸线布局，有近有远，有疏有密，有断有续，弯弯曲曲，自然有趣。石岸线条生硬、枯燥，植物配置原则是露美、遮丑，使之柔软多变，一般配置岸边的垂柳和迎春，让细长柔和的枝条下垂至水面，遮挡石岸，同时配以花灌木和藤本植物，如变色鸢尾、黄菖蒲、燕子花、地锦等来进行局部遮挡，增加活泼气氛。

（3）水面植物配置。水面景观低于人的视线，与水边景观呼应，加上水中倒影，最宜观赏。水中植物配置用荷花，以体现"接天莲叶无穷碧，映日荷花别样红"的意境。但若岸边有亭、台、楼、阁、榭、塔等园林建筑时，或者设计中有优美树姿、色彩艳丽的观花、观叶树种时，则水中植物配置切忌拥塞，留出足够空旷的水面来展示倒影。水生植物配置的面积以不超过水面的1/3为宜。在较大的水体旁种植高大乔木时，要注意林冠线的起伏和透景线的开辟。在有景可映的水面，不宜多配置水生植物，以扩大空间感，将远山、近树、建筑物等组成一幅"水中画"。

（4）堤、岛植物配置。堤、岛植物配置，不仅增添了水面空间的层次，而且丰富了水面空间的色彩，倒影成为主要景观。岛的类型很多，大小各异。环岛以柳为主，间植侧柏、合欢、紫藤、紫薇等乔木和灌木，疏密有致，高低有序，增加层次，具有良好的引导功能。

3. 水生植物种植的方法

水体中如果大面积地种植挺水植物或浮叶水生植物，一般需要使用耐水建筑材料，根据设计范围砌筑种植床壁，植物种植于床壁内侧，以形成固定位置和固定面积的植物景观。较小的水池可根据配置植物的习性，在池底用砖石或混凝土做成支撑物以调节种植深度，将盆栽的水生植物放置于不同高度的支撑物上。

4. 水生植物的养护管理

首先要采取适当措施保持水体的清洁，尤其是一些观赏性的水生花卉需要比较清澈的水资源才能健康生长。对于一些具有水体净化功能的水生植物可放宽管理,保持水生植物的自然性,例如,一些湿地景观的自发生长可以实现优胜劣汰,自发选择适宜环境生长的植物品种,最终形成符合自然规律的植物群落。

　　水生植物的冬季管理维护是至关重要的,水生植物对温度的要求较高,冬季结冰后会产生植物的冻伤、冻害。所以,在冬季来临时,要将一些放置在水中的植物钵移至室内。

第五节　小城镇园林假山设计

一、假山

1. 假山的概念

　　所谓"假山",彭一刚先生在《中国古典园林分析》中做了阐述,"园林中的山石是对自然山石的艺术摹写"。因此,常称为"假山",它不仅施法于自然,而且还凝聚着造园家的艺术创造。

　　假山虽然在小城镇中布设造价有点高,但是在有的地方布设假山可以起到画龙点睛之妙用,尤其在不缺少假山石的小城镇中,更能突出地方特色。比如南方的灵璧石、太湖石等,本地小城镇可以就地取材来建设有地方特色的小城镇。假山是中国古典园林中不可缺少的构成要素之一,也是中国古典园林最具民族特色的一部分,作为园林的专项工程之一,已成为中国园林的象征。

2. 假山的种类

　　常见假山的材料见表 3-4 和图 3-40 所示。

表 3-4　假山材料种类

山石种类		产　　地	特　　征	园林用途
湖石	太湖石	江苏太湖中	质坚石脆,纹理纵横,脉络显隐,沟、缝、穴、洞遍布,色彩较多,为石中精品	掇山、特置

山石种类		产　地	特　征	园林用途
湖石	房山石	北京房山	新石红黄,日久后变灰黑色、质韧,也有太湖石的一些特征,但不像太湖石那样脆	掇山、特置
	英石	广东英德市	质坚石脆,淡青灰色居多,扣之有声	岭南一带掇山及几案品石
	灵璧石	安徽灵璧县	灰色清润,石面坳坎变化,石形千变万化	山石小品,及盆品石之王
	宣石	宁国市	有积雪般的外貌	散置、群置
黄石		产地较多,常熟、常州、苏州等地皆产	呈茶黄色,体形顽劣,见棱见角,节理面近乎垂直,雄浑,沉实	掇山、置石
青石		北京西郊洪山	多呈片状,有交叉互织的斜纹理	掇山、筑岸
石笋石	慧剑	浙江与江西交界的常山、玉山一带	净面青灰色,水灰色,外形修长,形如竹笋	常作独立小景
钟乳石		我国南方和西南地区	质重,坚硬,形状千奇百怪	掇山、置石
黄蜡石		我国南方各地		石景小品
石蛋		产于河床之中	又称大卵石,石质坚硬,颜色各异	掇山、筑岸、铺路

3. 假山石的采运

(1)单块山石。单块山石是指以单体的形式存在于自然界的石头。它因存在的环境和状态不同又有许多类型。对于半埋在土中的山石,有经验的假山师傅只用手或铁器轻击山石,便可从声音中大致判断山石埋的深浅,以便决定取舍,并用适宜掘取的方法采集,这样既

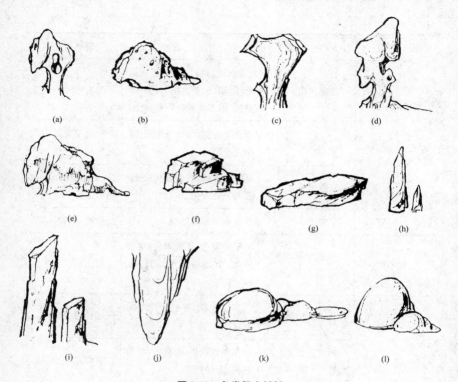

图 3-40 各类假山材料

(a)太湖石;(b)房山石;(c)英石;(d)灵璧石;(e)宣石;(f)黄石;

(g)青石;(h)石笋石;(i)慧剑;(j)钟乳石;(k)黄蜡石;(l)石蛋

可以保持山石的完整,又可以节省工力。如果是现在在绿地置石中用得越来越多的卵石,则直接用人工搬运或用吊车装载。

(2)整体的连山石或黄石、青石。这类山石一般质地较硬,采集起来不容易,在实际中最好采取凿掘的方法,把它从整体中分离出来,也可以采取爆破的方法,这种方法不仅可以起到事半功倍的效果,而且可以得到理想的石形。一般凿眼时,上孔直径 5 cm,孔深 25 cm。可以炸成每块 0.5~1 t,有少量更大一些;不可炸得太碎,否则观赏价值降低,不便于施工。

（3）湖石、水秀石。湖石、水秀石为质脆或质地松软的石料，在采掘过程中则把需要的部分开槽先分割出来，并尽可能缩小分离的剖面。在运输中应尽量减少大的撞击、震动，以免损伤需要的部分。对于较脆的石料，特别是形态特别的湖石在运输的过程中，需要对重点部分，或全部用柔软的材料填塞、衬垫，最后用木箱包装。

二、置石设计

1. 特置

特置也叫孤置、孤赏，有的也称峰石，大多由单块山石布置成为独立性的石景。特置要求石材体量大，有较突出的特点，或有许多折皱，或有许多或大或少的窝洞，或石质半透明，扣之有声，或奇形怪状，形似某物，如图 3-41 所示。特置的设计有以下几种。

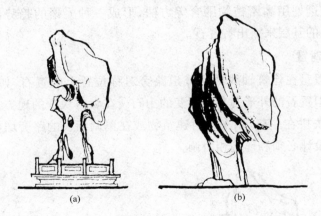

图 3-41　特置

(a)有基座的特置；(b)坐落在自然山石上的特置

（1）平面布置设计。特置石应作为局部的构图中心，一般观赏性较强，可观赏的面较多，所以，设计时可以将它放在多个视线的交点上。例如，大门入口处，多条道路交汇处，或有道路环绕的一个小空间等。特置石，一般以其石质、纹理轮廓等适宜于中近距离观赏的特征吸引人,应有恰当的视距。在主要观赏面前必须给游人留出停留的空间视距,一般应在 25～30 m;如果以石质取胜者可近些;而轮廓线突出,优美者,或象形者,视距应适当远些。设计时视距要限制在要求范围以内,视距 L 与石高 H,符合 $H/L=2/8～3/7$ 数量关系时,观赏效果好。为了将视距限制在要求范围以内,在主要观赏面之前,可作局部扩大的路面,或植可供活动的草皮、建平台、设水面等,也可在适当的位置设少量的坐凳等。特置石也可安置大型建筑物前的绿地中。

(2)立面布置。一般特置石应放在平视的高度上,可以建台来抬高山石。选出主要的观赏立面,要求变化丰富,特征突出。如果山石有某处缺陷,可用植物或其他办法来弥补。为了强调其观赏效果,可用粉墙等背景来衬托特置石,也可构框作框景。在空间处理上,利用园路环绕,或天井中间,廊之转折处,或近周为低矮草皮或有地面铺设,而较远处用高密植物围合等方法,形成一种凝聚的趋势,并选沉重、厚实的基层来突出特置石。

2. 对置

对置是在建筑轴线两侧或道路旁对称位置上的置石,如图 3-42 所示。但置石的外形为自然多变的山石。在大石块少的地方,可用三五小石块拼在一起,用来陪衬建筑物或在单调绵长的路旁增添景观,对置石设计必须和环境相协调。

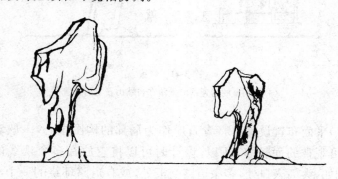

图 3-42　对置

3. 散置

散置即"散漫置之",常"攒三聚五",有常理而无定势,只要组合得好就行。常有高有低,有聚有散,有主有次,有断有续,曲折迂回,有顾盼呼应,疏密有致,层次分明,如图 3-43 所示。用于自然式山石驳岸的岸上部分,草坪上,园门两侧、廊间、粉墙前,山坡上、小岛上,水池中或与其他景物结合造景。散置石需要寥寥数石就能勾画出意境来。

图 3-43 散置

4. 山石器设

山石器设在园林中比较常见,其有以下特点:不怕日晒雨淋,结实耐用;既是景观,又是具有实用价值的器具;摆设位置较灵活,可以在室内,也可以在室外,如图 3-44 所示。如果在疏林中设一组自然山石的桌凳,人们坐在树荫下休息、赏景,就会感到非常惬意,而从远处看,又是一组生动的画面。

图 3-44 山石器设

5. 群置

群置,也称"大散点",在较大的空间内散置石,如果还采用单个石头与几个石头组景,就显得很不起眼,而达不到造景的目的。为了与环境空间上取得协调,需要增大体量,增加数量。但其布局特征与散置相同,而堆叠石材比前者较为复杂,需要按照山石结合的基本形式灵活运用,以求有丰富的变化,如图 3-45 所示。

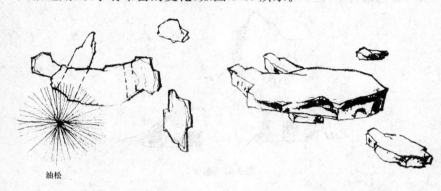

油松

图 3-45　群置

三、山石设计

1. 山石与园林建筑结合

(1)山石与园林建筑结合的种类。在园林中,特别是自然山水园林和写意园林中,经常通过用山石对人工的整体性建筑作局部处理,造成一些建筑物就建在自然的山上、崖边或山隅,借用这一错觉来满足人们亲近自然的愿望。山石与建筑结合的设计种类见表 3-5。

表 3-5　山石与建筑结合的设计种类

名　　称	图　例	一般的设计前提
斜坡式		台基不太高时

续表

名　　称	图例	一般的设计前提
错落式		台基较高,入口有一个
平面式		入口较宽
分阶式		人流量较大
偏径式		一边视线不能穿透或有意遮挡一边等
镶壁式		道路与建筑方向一致等

（2）山石与园林建筑结合的形式。

1）山石踏跺。山石踏跺是用扁平的山石台阶形式连接地面,强调建筑出入口的山石堆叠体。园林踏跺,不仅作为台阶出入建筑,而且有助于处理由人工建筑到自然环境之间的过渡。石材选择扁平状的,不一定都要求为长方形。其中,以各种角度的梯形,甚至是不等边的三角形,更富于自然的外观。每级高度为 10～30 cm,或更高一些,各阶的高度不一定完全相等,每级山石向下坡方向有 2% 的倾斜坡度,以便排水。石阶断面要求上挑下收,以免人们上台阶时脚尖碰到石阶上沿。用小石块拼合的石阶,要注意"压茬",即上面的石头压住下面的石缝。

蹲配常和踏跺配合使用,来装饰建筑的入口,与垂带、石狮、石鼓等装饰品作用相当,但外形不像前者呆板,反而富于变化。它一方面作为石块两端支撑的梯形基座;另一方面用来遮挡踏跺层叠后的最后茬口。蹲配,以体量大、高、轮廓有特征者为"蹲";体量小、低、轮廓简单者为"配"。蹲配在构图时需对比鲜明,相互呼应,联系紧密,务必在建筑轴线两旁保持均衡。

2）抱角和镶隅。建筑物相邻的墙面相交成直角,围合成一定空间的直角叫内拐角;而直角外面的空间向外发散,这样的直角称为外拐角。外拐角之外以山石环抱之势紧抱基角墙面,称为抱角,如图 3-46 所示。内拐角以山石填其内,称为镶隅,如图 3-47 所示。本来是用山石抱外角和镶内角,反而像建筑坐落在自然的山岩上,效果非常微妙。抱角和镶隅的体量均须与墙体所在的空间取得协调。一般情况下,大体量的建筑抱角和镶隅的体量需较大;反之,宜较小。抱角和镶隅的石材及施工,必须使山石与墙体,特别是可见部位能密切吻合。

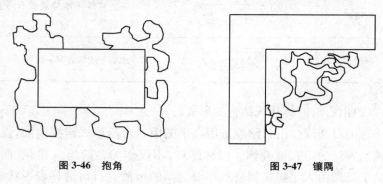

图 3-46　抱角　　　　　　　　　　　图 3-47　镶隅

镶隅的山石常结合植物,一部分山石紧砌墙壁,另一部分与其自然围成一个空间,内部填土,栽植潇洒、轻盈的观赏植物。植物、山石的影子投放到墙壁上,植物在风中摇曳,使本来呆板、僵硬的直角线条和墙面显得柔和,“壁山”也显得更加生动。与镶隅相似,沿墙建的折廊,与墙形成零碎的空间,在其间缀以山石、植物,既可补白,又可丰富沿途景观。

3）粉壁置石。粉壁置石是以墙为背景,在建筑出口对面的墙面,或建筑的山墙,在相当于建筑基础种植的部位,作为山石布置,也称“壁山”。这是传统的园林手法,即“以粉壁为纸,以石为绘也”。山石多选湖石、剑石,仿古山石画的意境,主次分明,有起有伏,错落有致。常配以松柏、古梅、修竹或以框收之,好似美妙的画卷。山石布置时,不能全部靠墙,应限定距离,以便石景有一定的景深,做好层次变化,山石与墙之间做好排水,以免长期泡胀墙体。

4)云梯。用山石扒砌的室外楼梯,山石凸凹起伏,梯阶时隐时现,故称云梯。设计云梯时,应注意以下几点。

①云梯必须与环境协调,不能孤立使用。周围环境必须有置石、假山或真实的山体,云梯是假山或真山体的延续和必要组成部分。从云梯上楼,仿佛有上山的感受,设计时每一石阶可适当提高,从而使人爬云梯感觉费力,创造高的意境。离开了山石环境,云梯就会显出做作和突然。

②最忌楼梯暴露无遗。完全显露出来的楼梯,缺乏含蓄的意味,丧失了"云"形态多变、隐现不定的意境,做云梯也就没有价值。设计时,云梯的一面沿墙或绕壁山,而另一面堆叠的山石,大多应高出台阶的高程,有时甚至可以与人同高,使阶梯大多隐蔽。在一定视距范围内仰视看云梯,梯阶上的人如同在云山中出没的仙人。

③起步向里缩。开始时在梯阶之外,用立石、大石、叠石等遮挡大部分视线。也可与花池、花台、山洞等过渡到环境中,使起步比较隐蔽。

④云梯要求占地空间小,视距短。因云梯是以山石蹬道代楼梯或于梯旁点缀山石,故要求满足功能上的需要,体量无须过大,为了减少云梯基部的山石工程量,往往采用大石悬、挑等做法;作为景观观赏视距应该尽量小,以增加高入云端的感觉。

2. 山石与植物结合

山石与植物主要以花台的形式结合。即用山石堆叠花台的边台,内填土,栽植植物;或在规则的花台中,用植物和山石组景。

山石花台,提高了栽植土壤的高度,使一部分不耐水渍的花木,如牡丹、芍药、兰花等花大、香浓、色正的花木,使之能够健康生长。山石花台也可与自然式的游园道取得协调,还可以增大视角,使花木山石,在正常观赏视角范围内,不至于使游客蹲下观花、闻香,所以,山石花台被南方园林广泛采用。

(1)花台的平面设计。包括花台在总平面或局部平面上的位置设计和花台的细部设计两部分。

花台可以作为局部的主景、配景、对景等。花台的造景功能不同，设计的位置也就不同。作为主景的花台，一段居于平面的中部，不一定在几何中心，但须在均衡的重心上，为多个视线的交汇处。作为配景的花台，一般设于局部靠边的部分，作为陪衬建筑物或作为建筑物到自然环境的过渡，也可作为局部空间补白。作为对景的花台，必须在对景视线上的视距适当。

多个花台组合，要求大小相同，主次分明，疏密有致，若断若续，层次深厚。在轮廓整齐的庭院中布置山石花台，布局的结构，可以借鉴我国传统书法、篆刻艺术，如"知白守黑"、"宽可走马，密不容针"。用花台的大小，来调节园路的收放；用花台的疏密，造成空间的变化。在轮廓自然的环境中，则花台的设计就更加自如，只要遵循形式美法即可。

就花台的轮廓而言，应有曲折、进出、断续等的变化，而且曲折弯曲的大小、频度不能简单一致。即有时大弯，有时小弯，山石进出多少不一，大小弯不同，频度相间，有时可以自然断开，这样花台平面才能比较丰富。

(2)花台的立面设计。花台的立面，应高低错落有致。大小山石协调地相间布置，高低的变化主要用立峰来处理，孔、洞等主要用不同形态的山石来组合，避免"一码平"的无立面变化的山石堆砌法。除台沿外，也可在种植池的土上点缀小的山石，或在花台沿外的平地上埋置漏山土的山石，花台的环境自然，更顺理成章。

(3)花台的断面设计。自然式的山石花台其断面应该丰富多变，其中，最主要的是虚实、明暗的变化，层次变化和藏露的变化。画断面图，往往一个是不够的，必须有多个断面图，才能表达出多处不同的做法。更多的细部变化，则是园林工程施工师傅根据具体情况自行掌握的，如图 3-48 所示。

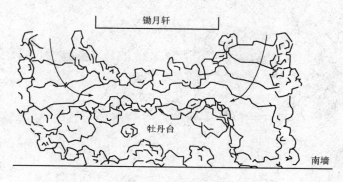

图 3-48　花台的断面设计

3. 山石与水域结合

山水是自然景观的基础,"山因水而润,水因山而活",园林工程建设中将山水结合得好,就可造出优美的景观。例如,用条石作湖泊、水池的驳岸,坚固、耐用,能够经受住大的风吹浪打;同时,在周围平面线条规整的环境中应用,不但比较统一,而且可使这个园林空间更显得规整、有条理、严谨、肃穆而有气势。颐和园的南湖一带就使用花岗石条石驳岸。

由于山石轮廓线条比较丰富,有曲折变化、凹凸变化,石体不规则,有透、漏、皱、窝等特征,这些石体用在溪流、水池、湖泊等最低水位线以上部分堆叠、点缀,可使水域总体上有很自然、丰富的景观效果,非常富有情趣和诗情画意。江南园林的驳岸及颐和园知春亭、后湖、谐趣园等部分应用了这种假山石驳岸,景观效果非常突出。

山石也常用来点缀湖面,作小岛或礁石,使水域的水平变化更为丰富。

四、假山堆叠

假山山石堆叠的方法有多种,如图 3-49 所示。

1. 安

安是安置山石的总称。特别强调山石放下去要安稳。安可分为

图 3-49　山石堆叠的方法

(a)安；(b)连；(c)接；(d)斗；(e)拷；(f)拼；(g)悬；(h)剑；(i)卡；(j)垂；(k)挑；(l)撑

单安、双安和三安。双安是指在两块不相连的山石上面安一块山石，下断上连，构成洞、岫等变化；三安则是指在三块山石上面安一块山石，使之成为一体。安石要"巧"。形状普通的山石，经过巧妙的组合，可以明显提高观赏性。

2. 连

　　山石之间水平方向的连接，称为"连"。按照假山的要求，高低参差，错落相连。连石时，一定要按照假山的皴纹分布规律，沿其方向依次进行,注意山石的呼应、顺次、对比等关系。

3. 接

山石之间竖向衔接,称为"接"。天然山石的茬口,在相接时,即使之有较大面积的吻合,又保证相接后山石组合有丰富的形态。茬口不够吻合,可以用小山石填补上。一方面使之更加完美;另一方面使之上下石都受小石的牵制。相接山石要根据山体部位的主次依照皴纹结合。一般情况下,竖纹和竖纹相接,横纹和横纹相接。但也有例外,可以用横纹与竖纹相接,突出对比的效果。

4. 斗

将带拱形的山石,拱向上,弯向下,与下面的一块或两块山石相连接的方法称为"斗"。斗的山石结体,形成与自然山洞一样的景观,或如同山体的下部分的塌陷,而上部与之分离形成的自然洞岫景象。

5. 挎

为使山石的某一侧面呈现出比较丰富曲折的线条,可以在其旁挎山石。挎山石可利用茬口咬住或上层镇压来稳定。必要时,可用钢丝捆绑固定。当然,钢丝要隐藏于石头的凹缝中或用其他方法来掩饰。

6. 拼

将许多块小山石,拼合在一起,形成一块完整的大山石的方法称为"拼"。在缺少大块山石,但要用山石的空间又很大的情况下,用许多小石块来造景显得很零碎,就需要用拼来完成一个整体大山石,与环境协调。事实上,拼出一大块形状美的山石,还要用到其他的方法,总称为"拼"。

7. 悬

下层山石向相对的方向倾斜或环拱,中间形成竖长如钟乳的山石的方法称为"悬"。用黄石和青石做"悬",模拟的对象是竖纹分布的岩层,经风化后,部分沿节理面脱落所剩下的倒悬石。

8. 剑

把以纵长纹理取胜的石头,尖头向上,竖直而立的一种做法,称为

"剑"。山石峭拔挺立，有刺破青天之势。多用于立石笋以及其他竖长之石。特置的剑石，其下部分必须有足够长度来固定，以求稳定。立剑做成的景观单元应与周围其他的内容明显区别开来，以成为独立的画面。立剑要避免整排队列，忌立成"山、川、小"字形的阵势。

9. 卡

两块山石对峙形成上大下小的楔口，在楔口中插入上大下小的山石，山石被窄口卡住，受到两边山石斜向上的力而与重力平衡。卡的着力点在中间山石的两侧，而不是在其下部，这就与悬相区别。况且，悬的山石其两侧大多受到正向上的支持力。卡接的山石能营造出岌岌可危的气氛。

10. 垂

从一块山石顶部偏侧部位的茬口处，用另一山石倒垂下来的做法，称为"垂"。"垂"与"挎"的受力基本一致，都要以茬口相咬，下石通过水平面向上支撑"挎"或"垂"的山石。所不同之处在于，"垂"与咬合面以下山石有一定的长度，而"挎"则完全在其之上。"垂"与"悬"也比较容易相混，但它们在结构上的受力关系不同。

11. 挑

"挑"即"出挑"，是上层的山石在下层山石的支持下，伸出支承面以外一段长度，用一定量的山石压在出挑的反方向，使力矩达到平衡。假山中之环、洞、岫、飞梁，特别是悬崖都基于这种基本做法，镇压在出挑后面的山石，其重量要求足够大，保证挑出山石的安稳。

12. 撑

"撑"即用山石支撑洞顶或支撑相当于梁的结构，其作用与柱子相似。往往把单个山石相接或相叠形成一个柱形的构件，并与洞壁或另外的柱形构件一起形成孔、洞等景观。"撑"的巧妙运用不仅能解决"支持"这一结构问题，而且可以组成景观或洞内采光。"撑"必须正确选择着力点。"撑"后的结构要与原先的景观融为一体。

第四章　小城镇园林景观设计方式

第一节　小城镇园林景观意境设计

一、小城镇园林的特性

1. 适应性

在当今小城镇园林景观发展中拓展其适应性，并使之成为维系景观空间与文化传承之间的重要纽带，也是避免因小城镇空间的物质性与文化性各自游离，甚至相悖而造成园林景观文化失谐现象的有效措施。提高小城镇文化抵御全球化冲击的能力，使之融于小城镇现代化进程中得以传承并发展的必要保证。

通过梳理小城镇的文化传承脉络，重拾传统文化中"有容乃大"的精神内涵，创造博大的文化底蕴空间以减轻来自物质基础的震荡，建立柔性文化适应性体系，进而催化出新的小城镇文化，是从根本上消融小城镇园林景观文化失谐现象的有效途径。

小城镇园林景观设计及管理中缺少对文化的传承，应该重新审视设计中对于不同的气候、土壤等外界条件的适应性考虑，加大对人的行为、心理因素等内在需求的适应性探索，最为重要的是对小城镇园林景观设计中"空"的本质理念的回归。传统文化中"海纳百川"的包容性、适应性精神也构成了中国传统小城镇园林景观设计理念的重要核心，以"空"的哲学思辨作为营建空间的指导思想是最具有价值的观念。"空"是产生小城镇园林景观功能性的基础，是赋予景观空间生活意义的舞台，更是激发人们在小城镇中进行人文景观再创作热情的行动宣言。

在观念上可以用平常心来看待当前城镇文化转型过程中节律的

错乱、面对全球化时的手足无措，以及在小城镇园林景观发展中出现的各种混乱现象。但这不代表要消极地等待小城镇景观建设与城镇文化合拍发展的到来，寻找有效的方法、运用积极的手段来减少二者的错位差距，对于当今小城镇园林景观建设具有重要的现实意义。小城镇园林景观与城镇文化二者平行发展的时间并不多，更多时候表现为文化进步引发景观空间的变革，或是城镇建设促进文化发展的螺旋交替上升的过程。

2. 自然性

小城镇景观中的自然景观元素以其自然的形态特征产生审美作用。与人造景观相比较，自然景观受人类实践活动的影响少，主要是保持自然的本来面貌。当然，要成为人的审美对象，自然景观必定会与人类的实践发生联系。在小城镇景观中，自然和人工组合而成的景观比单纯的自然美更重要。因此，在小城镇景观中的自然景观元素应被积极保护与合理利用，而非消极地保留。

（1）植物。在小城镇园林景观设计过程中，可以把这些防护林网保留并纳入城镇绿地系统规划中。对于沿河林带，在河道两侧留出足够宽的用地，保护原有河谷绿地走廊，将防洪堤向两侧退后或设两道堤，使之在正常年份河谷走廊可以成为市民休闲的沿河绿地；对于沿路林带，当要解决交通问题时，可将原有较窄的道路改为步行道和自行车专用道，而在两林带之间的地带另外开辟城镇交通性道路。此外由于小城镇中建设用地相对宽余，在当地居民的门前屋后还经常种植经济作物，到了一定季节，花开满院、挂果满枝，带来了具有生活气息的独特景观。与植物相对应，为自家院落里养殖的牛、羊牲畜等也点缀了风景。很多小城镇或毗邻树林，或有良好的绿带环绕，这些绿色生命给人们带来的不仅仅是气候的改善，还有心理上的满足。从大的方面来讲，带状的防护林网是中国大地景观的一大特色。

（2）江河湖泊。不论是江河湖泊，还是潭池溪涧，在小城镇中都可以被用作创造小城镇景观的自然资源。小城镇中有水则顿增开阔、舒畅之感。当利用水面进行借景时，要注意城镇与水体之间的关系作用。自然水面的大小决定了周围建筑物的尺度；反之，建筑物的尺度影响到水体的环境。当借助水体造景时，须慎重考虑选用。水面造景要与城镇的水系相通，最好的办法是利用自然水体来造景而不是选择非自然水来造景。当水作为城镇的自然边界时，需要十分小心地利用它来塑造城镇的形象。精心控制界面建筑群的天际轮廓线，协调建筑物的体量、造型、形式和色彩，将其作为显示城镇面貌的"橱窗"。例如，我国江南的许多城镇，河与街道两旁的房屋相互依偎，有的紧靠河边的过街门楼似乎伸进水中，人们穿过一个又一个的拱形门洞时，步移景异，妙趣横生。此外，也可以充分利用城镇中水流，在沿岸种植花卉苗木，营造"花红柳绿"的自然景观。

（3）山谷平川。在小城镇整体景观形象的营造中，充分考虑山与建筑群构成的空间关系，构筑"你中有我，我中有你"的相依相偎关系。当山为主体时，就要把城镇放在从属的地位。在这种情况下，城镇的空间布局必须把山峦作为主体，把人工的环境融合在自然环境之中。那里的建筑必须严格地保持低矮的尺度，绝不能同山峰去比高低。使人在远观城镇时，能够看到山的美妙姿态和千般韵味。当山城相依时，城镇建筑就应很好地结合地形变化，利用地形的高差变化创造出别具特色的景观。这就要求建筑物的体量和高度与山体相协调，使之与山地的自然面貌浑然一体。地壳的变化造成地形的起伏，千变万化的起伏现象赋予地球以千姿百态的面貌。在城镇景观的创作中，利用好山势和地形是很有意思的。

3. 文化传承

中国改革开放以来，在阵痛中迎来了小城镇园林景观发展的今生。将西方工业革命几次变革压缩在短期内完成的中国，跃进式的发展并不能在短期内将积淀了几千年的、以农业文明为基石的传统文化冲淡。灼刻在小城镇园林景观之中的地域景观特征根植于城镇的文化当中，融合在日常的生活里，并表现在小城镇景观环境的方方面面。

由于乡村生活的文化基因没有断链，在许多的小城镇中，具有明显乡村特征的景观空间并没有在城市化的进程中消亡，而以另一种斑块的形式间杂在小城镇当中，成为另一种城镇景观文化失谐的现象。因为没有了相适应的小城镇空间作为依托，一些传统文化成为飘浮在当代城镇上空的浮云，只有当它们遮住了现代文明的光芒，在小城镇景观空间上投下阴影时，人们才意识到这样的文化遗物的存在。

快速的城镇化脚步已将城镇的灵魂——城镇文化远远地甩在了奔跑身影之后。在这个景观空间已经由生产资料转化为生产力的时代，又有哪个城镇会为传统文化中的"七夕乞巧"、"鬼节祭祖"、"中秋赏月"、"重阳登高"等人文活动留下一点点空间。创造新的小城镇景观空间成了一种追求，为了更快、更高、更炫，可以毫不犹豫地遗弃过去。但城镇的过去不应只是记忆，更应该成为今日生存的基础、明日发展的价值所在。无疑，传统文化符合这样的判断，它是历史，值得关注，但更应该依托于今天的小城镇园林景观，并不断发展并传承下去。

二、中国的造园艺术

1. 理想的居住环境

理想的居住环境是指能够满足安全安宁、空气清新、环境安静、交通与交往便利，较高的绿化院景及街景美观等要求。

（1）内适外和，温馨有情。这是诗意的居住者精神层面的需求。人是社会的人，同时又是个体的人，有空间的公共性、私密性和领域性需求。很显然，如果两幢房子相距太近，对面楼上的人能把房间里的活动看得一清二楚，就侵犯了人们的私密性和领域感，会倍感不适，难以"诗意地居住"。但如果居住环境周围很难看到一个人，也同样会有不适感。鉴于人的这种需求特点，除楼间距要适宜外，居所周围也应有足够的、相对封闭的公共空间供住户散步、小憩、驻足、游戏和社交。公共空间尺度要适宜，适当点缀雕塑、凉亭、观赏石、小石几等小品，使交往空间更富有人情味，体现出温馨的集聚力。

（2）背坡临水，负阴抱阳。这是诗意栖居者基本的生态需求。背坡而居，有利于阻挡北来的寒流，便于采光和取暖。临水而居，在过去便于取水、浇灌和交通，现在更重要的是风景美的重要组成。当代都市由于有集中供暖和使用自来水,似乎不背坡临水也无大碍。但从景观美学上考察,无山不秀、无水不灵,理想的居住环境还是要有坡有水。从生态学意义上看,背坡临水、负阴抱阳处,应有良好的自然景观、生态景观、适宜的照度、大气温度、相对湿度、气流速度、安静的声学环境以及充足的氧气等。在山水相依处居住,透过窗户可引风景进屋。

(3)除祸纳福,趋吉避凶。由于中国传统文化根深蒂固的影响,今天这二者依然是人们选择居所时的基本心理需求。住宅几乎关系到人的一生,至少与人们的日常生活密切相关。因此,住宅所处的地势、方位朝向、建筑格局、周边环境应能满足"吉祥如意"的心理需求。

(4)景观和谐,内涵丰富。这是诗意的居住者基本的文化需求。良好的居所周围环境应富有浓郁的人文气息。周边有民风淳朴的村落、精美的雕塑、碧绿的草坪、生机盎然的小树林是居住的佳地。极端不和谐的例子是别墅区内很精美,周围却是垃圾填埋场,或者一边是洋房,一边是冒着黑烟的大工厂。只有环境安宁、景观和谐、文化内涵丰厚的环境,才能给人以和谐感、秩序感、韵律感和归宿感、亲切感,才能真正找到"山随宴座图画出,水作夜窗风雨来"的诗情画意。

2. 诗情画意的意境

"意"是人们心目中的自然环境和社会环境的综合,包含了人的社会心理和文化因素;"境"是形成上述主观感受的城镇形象的客观存在。创造好的小城镇景观与营建舒适的居住环境并不是等价的。因为有了好的环境,人们往往希望能拥有美好的心理感受,这就要求在景观设计中考虑到意境的创造。意境是强调景象关系的概念,它对小城镇景观的理解通过"意"与"境"两者的结合来实现。

中国传统山水城市潜在的朴素生态思想至今值得探究、学习和借鉴。它的构筑不仅注重对自然山水的保护利用,而且还将历史中经典的诗词歌赋、散文游记和民间的神话传说、历史事件附着在山水之上,借山水之形,构山水之意,使山水形神兼备,成为人类文明的一种载体。并使自然山水融于文明之中,使之具有更大的景观价值。

（1）"情理"与"情景"结合。在小城镇园林景观中，"情"是指城镇意境创造的主体——人的主观构思和精神追求；"理"是指城镇发展的人文因素，如小城镇发展的历史过程，社会特征、文化脉络、民族特色等规律性因素。在中国传统城市意境创造过程中，"效天法地"一直是意境创造的主旨。但同时也有"天道必赖人成"的观念，其意是指：自然天道必须与人道合意，意境才能生成。"人道"可用"情"和"理"来概括。

在小城镇园林景观设计中，其主要途径是将"情理"与"情景"结合，将小城镇发展的规律性因素领悟透彻，融会贯通，通过人的主观构思，将景观空间情理体现于具体的山水环境及小城镇空间环境之中。

（2）对环境要素的提炼与升华。在小城镇园林景观的总体构思中，应对城镇自然和人文生态环境要素细致深入地分析，不仅要借助于具体的山、水、绿化、建筑、空间等要素及其组合作为表现手法，而且要在深刻理解城镇特定背景条件的基础上，深化景观艺术的内涵，对环境要素加以提炼、升华和再创造，营造蕴含丰富的意境，建立景观的独特性，使之反映出应有的文化内涵、民族风格，以及岁月的积淀、地域的分解，使其成为城镇环境美的核心内容，使美的道德风尚、美的历史传统、美的文化教育、美的风土人情与美的小城镇园林景观环境融为一体。

（3）景观美学意境的解读与意会。小城镇景观的人文含义与意境的解读和意会，不仅需要全民文化水准和审美情趣的提高，还需要设计师深刻理解地域景观的特质和内涵，提高自身的艺术修养和设计水平，把握小城镇景观的审美心理，把握从"形"的欣赏到"意"的寄托层次性和差异性，并与专门的审美经验和文化素养相结合，创造出反映大多数人心理意向的小城镇景观，以沟通不同文化阶层的审美情趣，成为积聚艺术感染力的景观文化。

3. 建设花园式的小城镇

如何适应现代人的居住景观需求，建设富有特色的小城镇景观，开发人与环境和谐统一的住宅社区是摆在设计师面前的重要课题。

(1)将建设"花园城市"、"山水城市"、"生态城市"作为小城镇建设和社区开发的重要目标。在建设实践中要高度重视建筑与自然环境的协调,使之在形式上、色彩运用上,既统一,又有差别。在小城镇开发建设中不能单纯地追求用地范围大,建设标准高,不能忽视城镇绿地、林荫道的建设,至于挤占原有的广场、绿化用地的做法更应力避之。注意城镇景观道路的建设,如道路景观、建筑景观、绿化景观、交通景观、户外广告景观、夜景灯光景观等。景观道路虽是静态景观,但若以审美对象而言,随着欣赏角度的变化,人坐在车上像看电影一样。

(2)在小城镇建设或住宅开发中注意对原有自然景观的保护和新景观的营建。有人误以为自然景观都是石头、树木,没什么好看的,只有多搞一些人工建筑才能增加环境美。有很多城市内本不乏溪流,甚至本身就是建在江畔、湖滨、海边,可走遍城市却难以找到一处可供停下来观赏水景的地方。在建设中不注意对原有山水和自然环境的保护,放炮开山,大兴土木,撕掉了青山绿衣,抽去了绿水之液,弄得原有的青山千疮百孔。

(3)建设富有人情味的园林型居住社区。所谓建设园林型社区,就是要吸收中国古典园林的设计思想,在楼宇的基址选择、排列组合、建筑布局、体形效果、空间分隔、入口处理、回廊安排、内庭设计、小品点缀等方面做到有机统一,或在住宅社区规划中预留足够的空间建设园林景观,使居住者走入小区就可见园中有景,景中有人,人与景合,景因人异。在符合现状条件的情况下,可在山际安亭,水边留矶,使人亭中迎风待月,槛前细数游鱼,使小区内花影、树影、云影、水影、风声、水声、无形之景、有形之景交织成趣。在社区中心应有足够的社区公共交往空间,可以建绿地花园,也可以设富有乡土气息的井台、戏台、鼓楼,或以自然景观为主题的空间。小区内的道路除供车辆出行所必需外,应尽可能铺一些鹅卵石,形成"曲径通幽"的效果。住宅底层的庭园或入口花园也可以考虑用栅栏篱笆、勾藤满架来美化环境,使居住环境更加别致典雅。

(4)充分运用景观学和生态学的思想,建设宜人的家居环境。现代的住宅环境全部要求居所依山临水不大现实,但住宅新区开发中应吸收景观生态学的基本思想,建设景观型住宅或生态型住宅。可在建房时注意形式美和视觉上的和谐,注意风景给予人心理上和精神上的感受,并使自然美与人工美结合起来。应充分运用生态学原理和方法,尽量使建筑风格多样化,富有人情味,使整个居住环境生机盎然。

第二节 小城镇园林景观的形式

一、小城镇园林景观的表现形式

1. 点

点是景观中被认定的可见点,它在特定环境的烘托下,背景环境的高度、坡度及其构成关系的变化使点的特性产生不同的情态。点是构成万事万物的基本单位,是一切形态的基础。景观点通过不同的位置组合变化,形成聚与散的空间,起到界定领域的作用,成为独立的景点。小城镇园林景观规划设计中重要的景点,包括标志性、识别性、生活性和历史性的小城镇入口绿地、道路节点、街头绿地及历史文化古迹等。

2. 线

线有直线、曲线、折线、自由线,各种线拥有各种不同的性格。如直线给人以静止、安定、严肃、上升、下落之感;斜线给人以不稳定、飞跃、反秩序、排斥性之感;曲线具有节奏、跳跃、速度、流畅、个性之感;折线给人以转折、变幻的导向感;自由线给人以不安、焦虑、波动、柔软、舒畅之感。景观中存在着大量的、不同类型和性质的线形形态要素。线有长、短、粗、细之分,它是点不断延伸组合而成的。线在空间环境中是非常活跃的因素。

景观中充满着错综复杂的线系统,这需要在规划设计中对景观带的功能和要求及其在景观体系中的作用进行多方位多角度的研究分析,使其在统一中求变化,组织开合有序的带状景观体系,使其达到步移景换、引人入胜的景观效果。景观环境中对线的运用需要根据空间环境的功能特点与空间意图加以选择,避免视觉的混乱。

3. 面

面有平面和曲面之分。平面能给人以空旷、延伸、平和的感受;曲面在景观的地面铺装及墙面的造型,台阶、路灯、设施的排列等广泛运用。景观造型中常见的平面图形有矩形、三角形、圆形和螺旋线等。

(1)矩形。在园林景观环境中,方形和矩形是较常见的组织形式。这种模式最易与中轴对称搭配,经常被用在要表现正统思想的基础性设计。矩形的形式尽管简单,它也能设计出一些不寻常的有趣空间,特别是把垂直因素引入其中,把二维空间变为三维空间以后。由台阶和墙体处理成的下陷和抬高的水平空间的变化,丰富了空间特性。

(2)三角形。三角形带有运动的趋势能给空间带来某处动感,随着水平方向的变化和三角形垂直元素的加入,这种动感会愈加强烈。

(3)圆形。圆是几何学中堪称最完美的图形。圆的魅力在于其简洁性、统一感和整体感。圆被赋予了众多哲学思想,同时也象征着运动和静止双重特性,单个圆形设计出的空间将突出简洁性和力量感,多个圆在一起所达到的效果就不止这些了。

(4)螺旋线。精确的对数式螺旋线可以从黄金分割矩形中按数学方法绘制,尽管用数学方法绘出的矩形有令人羡慕的精确性,但在园林设计中广泛应用的还是徒手画的螺旋线,即自由螺线。有两类主要的螺旋体对于螺旋形的自由发展是很重要的,一类是三维的螺旋体或双螺旋的结构。它以旋转楼梯为典型,其空间形体围绕中轴旋转,并与中轴保持相同的距离。另一类是二维的螺旋体,形如鹦鹉螺的壳。旋转体是由螺旋线围绕一个中心点逐渐向远端旋转而成。两类螺旋体都存在于自然界的生物之中。

4. 型体

型体属于三维空间,表现出一定的体量感,随着角度的不同变化而表现出不同的形态,给人以不同的感受。型体能体现其重量感和力度感,因此,它的方向性又赋予本身不同的情态,如庄重、严肃、厚重、实力等。另外,型体还常与点、线、面组合构成形态空间。对于景观点、线、面上有形景观的尺度、造型、竖向、标高等进行组织和设计。在尺度上,大到一个广场、一块公共绿地,小到一个花坛或景观小品,都应结合周围整体环境从三维空间的角度来确定其长、宽、高。如座凳要以人的行为尺度来确定,而雕塑、喷泉、假山等则应以整个周围的空间,以及功能、视觉艺术的需要来确定其尺度。

二、小城镇园林景观的分区设计

1. 景观形式的组织

小城镇的园林景观具有很强的地域表象,如起伏的山峦、开阔的湖面、纵横密布的河流和一望无际的麦田等,这些独特的元素形成的肌理是重要的形式设计来源。在这些当地传统的自然与人文景观肌理、形态基础上,小城镇园林景观设计以抽象或隐喻的手法实现形式的拓展。

2. 景观元素的提取

小城镇园林景观设计从乡村文化中寻找某些元素,以非物质性空间为设计的切入点,再将它结合到园林规划设计中,创造新的生命力与活力。景观元素可以是一种抽象符号的表达,也可以是一种意境的塑造,它是对现代多元文化的一种全新理解。在现代景观需求的基础上,强化传统地域文化,以继承求创新。

小城镇园林景观应充分展现其不同于城市景观的特征,从小城镇的乡村园林景观、自然景观中提取设计元素。小城镇独具特色的景观资源是园林景观设计的源泉所在。

小城镇园林景观的形式与空间设计恰恰是从当地的景观中提取元素,以现代的设计手段创造出符合人们使用需求的景观空间,来承载小城镇人群的生活与生产活动。小城镇园林景观元素的来源既包括自然景观,又包括生活景观、生产景观,这些传统的、当地的生活方式与民俗风情是园林景观文化内涵展现的关键要素。

3. 景观空间的塑造

小城镇园林景观的空间设计以景观形式的表达为依托,将提取的景观元素恰当地组织,形成符合当地人使用的景观空间,承载不同的使用需求与生活方式。空间的塑造多种多样,小城镇的人口密度与城市相比通常较低,活动空间的使用频率也并不高,园林景观通常依托于现有的自然景观或历史景观资源存在。

在小城镇园林景观设计的过程中要充分把握这些空间特征,以田野与树丛围合开敞的空间,以地域的构筑物遮挡休息的空间,以植物与水系围合活动空间,创造符合小城镇地域要求的特色景观。这就要求小城镇园林景观空间的塑造过程中需要充分地考虑现有的资源情况,并以此为基础进行适当的改造,满足现代人的使用需求。小城镇园林景观空间具有尺度小、分布广的特点,同时,因拥有较好的自然资源而形成多样丰富的空间体验。

三、小城镇园林景观的布局形态

1. 轴线

轴线通常用来控制区域整体景观的设计与规划,轴线的交叉处通常有着较为重要的景观点。轴线体现严整和庄严感,皇家园林的宫殿建筑周边多采用这种布局形式。北京故宫的整体规划严格地遵循一条自南向北的中轴线,在东西两侧分布的各殿宇分别对称于东西轴线两侧。

2. 中心

单一、清晰、明确的中心布局具有古典主义的特征,重点突出、等级明确、均衡稳定。在当代建筑景观与城市景观中,以中心的布局形式已经越发常见。

3. 群

建筑单体的聚集在景观中形成"群",体现的是建筑与景观的结合。基本形态要素直接影响"群"的范围、布局形态、边界形式以及空间特性。

4. 自然的布局形态

景观环境与自然联系的强弱程度取决于设计的方法和场地固有的条件。小城镇园林景观设计是重新认识自然的基本过程，也是人类最低程度地影响生态环境的行为。人工的控制物，如水泵、循环水闸和灌溉系统，也能在城镇环境中创造出自然的景观。这需要设计时更多地关注自然材料，如植物、水、岩石等的使用，并以自然界的存在方式进行布置。在人造的环境里，设计形状和布局方式要遵循自然界的规律。这些形式可能是对自然界的模仿、抽象或类比。抽象是对自然界的精髓加以抽提，再被设计者重新解释并应用于特定的场地之中。平滑的流线型曲线看似自然界之物，但却不能看作蜿蜒的小溪。类比是来自基本的自然现象，但又超出外形的限制，通常是在两者之间进行功能上的类比，人行道旁明沟排水道是小溪的类比物，但看起来和小溪又完全不同。

就像正方形是建筑中最常见的组织形式一样，蜿蜒的曲线是景观设计中应用最广泛的自然形式。它的特征是由一些逐渐改变方向的曲线组成，没有直线。从功能上说，这种蜿蜒的形状是设计一些景观元素的理想选择，如某些机动车和人行道适用于这种平滑流动的形式。在空间表达中，蜿蜒的曲线常带有某种神秘感。蜿蜒曲线似乎时隐时现，看不到尽头。

一条按完全随机的形式改变方向的曲线能够刻画出自然气息浓郁的空间环境。

第五章 小城镇公园景观设计

第一节 小城镇公园设计概况

一、小城镇公园设计原则

小城镇公园一般面积较大,内容丰富,服务项目多。小城镇公园设计原则如下。

(1)保护自然景观,绿地设施融化于自然环境之中。

(2)尽可能避免使用规则形式。

(3)保持公园中心区一定面积的草坪和草地。

(4)道路呈流畅曲线形,并形成循环系统。

(5)全园靠道路划分为不同区域。

(6)选用当地的乔木和灌木。

二、小城镇公园分区设计

1. 分区的目的

公园规划工作中,分区规划的目的是满足不同年龄、不同爱好的游人游憩和娱乐要求,合理有机地组织游人在公园内开展各项游乐活动。

2. 分区的依据

公园内分区规划的依据是根据公园所在地的自然条件,如地形、土壤状况、水体、原有植物、已存在并要保留的建筑物或历史古迹、文物情况,尽可能地"因地、因时、因物"而"制宜",结合各功能分区本身的特殊要求,以及各区之间的相互关系、公园与周围环境之间的关系进行分区规划。除了上述公园所在地的自然条件、物质条件外，还要依据公园规划中所要开展的活动项目的服务对象，即游人的不同年龄特征，儿童、老人、年轻人等各自游园的目的、需求和不同游人的兴趣、爱好、习惯等游园活动规律进行规划。

3. 分区的内容及要点

(1)分区的内容。

1)观赏游览。游人在小城镇公园中，观赏山水风景，奇花异草，浏览名胜古迹、欣赏建筑雕刻、鱼虫鸟兽以及盆景假山等内容。

2)文化娱乐。露天剧场、展览厅、游艺室、音乐厅、画廊、棋艺、阅览室、演说讲座厅等。

3)儿童活动。我国公园的游人中儿童占 1/3 左右。可开辟学龄前儿童和学龄儿童的游戏娱乐、少年宫、迷宫、障碍游戏、小型趣味动物角、植物观赏角、少年体育运动场、少年阅览室、科普园地等。

4)老年人活动。随着老龄化加剧，大多数退休老人身体健康、精力充沛，在公园中规划老年人活动区是十分必要的。

5)安静休息。垂钓、品茗、博弈、书法绘画、划船、散步、气功等在环境优美、僻静处开展。

6)体育活动。不同季节开展游泳、溜冰、旱冰活动，条件好的体育活动区设有体育馆、游泳馆、足球场、篮、排球场、乒乓球室，羽毛球、网球、武术、太极拳场地等。

7)公园管理。办公、花圃、苗圃、温室、荫棚、仓库、车库、变电站、水泵以及食堂、宿舍、浴室等。

8)综合性公园应配备以下服务设施：餐厅、茶室、小卖部、公用电话、园椅、园灯、厕所、卫生箱等。

(2)分区的要点。

1)观赏游览区。公园中观赏游览区，往往选择山水景观优美的地域，结合历史文物、名胜古迹、建造盆景园、展览温室，或布置观赏树木、花卉的专类园，配置假山、石品，点以摩崖石刻、匾额、对联创造出情趣浓郁、典雅清幽的景区。配合盆景园、假山园，同时，展出花、鸟、鱼、虫等中国传统观赏园艺品等。

2）文化娱乐区。文化娱乐区是公园的"动"区。主要设施有：俱乐部、电影院、音乐厅、展览室等。其主要绿地建筑要构成全园布局的重点。文化娱乐区的规划，应尽可能巧妙地利用地形特点，创造出景观优美、环境舒适、投资少、效果好的景点和活动区域。如利用较大水面设置水上活动；利用坡地设置露天剧场，或利用下沉谷地开辟露天演出、表演场地。为避免该区内各项目之间的相互干扰，各建筑物、活动设施之间要保持一定距离，通过树木、建筑、山石等加以隔离。大容量的群众娱乐项目，如露天剧场、电影院、溜冰场等，由于集散时间集中，所以要妥善组织交通，尽可能在规划条件允许的情况下接近公园的出入口，或单独设专用出入口，以便快速集散游人。由于该区建（构）筑物相对集中，可以集中供水、供电、供暖以及地下管网布置。

3）儿童活动区。在儿童活动区规划过程中，不同年龄的儿童要分开考虑。活动内容主要有：游戏场、戏水池、运动场、障碍游戏区、少年宫、少年阅览室等。近年来，儿童活动内容增加了许多电动设备，如森林小火车、单轨高空电车、电瓶车等。儿童活动区的规划要点如下。

①一般靠近公园主入口，便于儿童进园后，能尽快到达园地，开展自己喜爱的活动。也避免入园后，儿童穿越园路过程，影响其他区游人活动的开展。

②儿童区的建筑、设施宜选择造型新颖、色彩鲜艳的作品，以引起儿童对活动内容的兴趣，同时，也符合儿童天真烂漫、好动活泼的特征。

③植物种植，应选择无毒、无刺、无异味的树木、花草；儿童区不宜用铁丝网或其他具有伤害性的物品，以保证活动区内儿童的安全。

④有条件的公园，在儿童区内要设小卖部、盥洗室、厕所等服务设施。

⑤儿童区活动场地周围应考虑遮阴树林、草坪、密林，并能提供缓坡林地、小溪流、宽阔的草坪，以便开展集体活动及夏季的遮阴。

⑥应考虑成人休息场所，为家长、成年人提供休息、等候的休息性建筑。

4)安静休息区。安静休息区一般选择具有一定起伏形(山地、谷地)或溪旁、河边、湖泊、河流、深潭、瀑布等环境最为理想,并且要求原有树木茂盛、绿草如茵的地方。公园内安静休息区并不一定集中于一处,只要条件合适,可选择多处,一方面保证公园有足够比例的绿地;另一方面也可满足游人回归大自然的愿望。该区的建筑设置宜散落不宜聚集,宜素雅不宜华丽。结合自然风景,设立亭、榭、花架、曲廊、茶室、阅览室等绿地建筑。

5)老人活动。老人活动区在公园规划中应当考虑在安静休息区内,或安静休息区附近。同时,要求环境幽雅、风景宜人。供老人活动的主要内容包括:老人活动中心;开办书画班、盆景班、花鸟鱼虫班;组织老人交际舞、老人门球队、舞蹈队。

6)体育活动区。如果公园周围已有大型的体育场、体育馆,就不必在公园内开辟体育活动区。体育活动区除了有条件在公园举行专业体育竞赛外,应做好广大群众在公园开展体育活动的规划安排,如夏日游泳,北方冬天滑冰,或提供旱冰场等。

7)公园管理区。公园管理区工作内容主要包括:管理办公、生活服务、生产组织等方面。一般该区设置在既便于公园管理,又便于与小城镇联系的地方。由于管理区属公园内部专用地区,规划时要考虑适当隐蔽,不宜过于突出,影响风景游览。公园管理区内,可设置办公楼、车库、食堂、宿舍、仓库、浴室等办公、服务建筑设施;在该区视规模大小,安排花圃、苗圃、生产温室、冷窖、荫棚等生产性建(构)筑物。为维持公园内部管理、生产管理,同时,公园还要妥善安排游人的生活、游览、通信、急救等。在总体规划过程中,要根据游人的活动规律,选择好适当地点,安排餐厅、茶室、小卖部、公用电话亭、摄影部等对外服务性建筑。

上述建(构)筑物力求与周围环境协调,造型美观,整洁卫生,管理方便。公园管理区或大型餐厅、服务中心等都要设专用出入口,以便园务生产与游览道路分开,既方便于公园的管理与生产,又不影响公园游览服务。

三、小城镇公园出入口设计

1. 出入口的确定

公园的出入口一般分主要出入口、次要出入口和专用出入口三种。

主要出入口位置的确定，取决于以下因素：公园与小城镇规划的关系、园内分区的要求、地形的特点等，需全面衡量综合确定。一般主要出入口应与城市主要干道、游人主要来源方向以及公园用地的自然条件等诸因素协调后确定。合理的公园出入口，将使小城镇居民便捷地进出公园内外。

为了完善服务，方便管理和生产，多选择公园较偏僻处，或公园管理处附近设置专用出入口。为了满足大量游人在短时间内集散的功能要求，公园内的文娱设施如剧院、展览馆、体育运动场等多分布在主要出入口附近；或在上述地点附设专用出入口，以达到方便使用的目的。

为了方便游人，一般在公园四周不同方位选定不同出入口。如公园附近的小巷或胡同，可设立小门，以免周围居民绕圈才能入园。

2. 出入口的设计

公园主要出入口的设计，首先应考虑它在小城镇景观中所起到装饰小城镇的作用。也就是说，主要出入口的设计，一方面要满足功能上游人进、出公园在此交汇、等候的需求；另一方面要求公园主要出入口美丽的外观，成为小城镇绿化的橱窗。

公园主要出入口设计内容包括公园内、外集散广场、园门，还有停车场、存车处、售票处、围墙等。公园出入口的内、外广场，有时也设置一些纯装饰性的花坛、水池、喷泉、雕像、宣传性广告牌、公园导游图等。有的大型公园入口旁设有小卖部、邮电所、治安保卫部、车辆存放处、婴儿车出租处。国外公园大门附近还有残疾人游园车出租处。

公园主要入口前广场应退后到马路街道以内，形式要多种多样。

广场大小取决于游人量,或因绿地艺术构图的需要而定。综合性公园主要大门,内、外广场的设计是总体规划设计中重要组成部分之一。

第二节　小城镇综合性公园设计

一、小城镇综合性公园设计原则

(1)符合国家在园林绿化方面的方针政策。

(2)继承和革新我国造园艺术的传统,创造我国特有的园林风格与特色。

(3)按照小城镇园林绿地系统规划的原则,分别设置不同的内容,满足游览活动的需要。

(4)充分利用地形,有机地组织公园各个部分。体现地方的特点和风格。

(5)规划设计要切合实际,制定切实可行的分期建设计划及经营管理措施。

二、小城镇综合性公园设计布局形式

1. 规则式布局

规则式布局,在全园构图形式上强调轴线对称,多用几何形体,比较整齐、庄严、雄伟、开朗。公园布局中有的需要形成这种效果。但一般来说,公园要有规则式地形和地势平坦的条件。

2. 自然式布局

自然式布局,是完全要结合自然地形、建筑、树木的现状、环境条件或根据美观与功能的需要灵活布置。可有主体与重点,无一定的几何图形。在公园用地中有较多的不规则形状条件下,采用自然式布局比较适合,可形成富有变化的风景视线,布局上感觉自由、活泼。

3. 混合式布局

混合式布局,即公园在部分地段为规则式布局,而另一部分地段为自然式的布局,根据不同地段的情况可分别处理。在公园的主要出入口处及主要的园林建筑地段采用规则的布局,安静游览区则采用自然的布局,以取得不同的园景效果。

三、小城镇综合性公园设计程序

(1)了解公园用地的情况,征收用地及建园投资额的审批文件,施工的条件、技术力量、人力、施工机械和建筑材料供应情况等,进行调查分析。

(2)了解公园用地在小城镇规划中的地位,与其他用地的关系。

(3)收集公园用地的历史、现状及自然资料。

(4)分析公园用地范围内外景观的利用。

(5)依据设计任务的要求,考虑各种影响因素,拟定公园内应设置的项目、内容与设施,并确定其规模大小。

(6)进行公园的总体规划及布局(一般采用的比例1∶1 000 为总体规划阶段),计算工程量、造价概算、分期建设的安排。

(7)经审批后,进行全园各分区的详细设计,包括种植设计(一般采用1∶500 的比例)。

(8)局部详图包括园林工程的技术设计、建筑设计、施工图预算及文字说明。

四、小城镇综合性公园设计要点

1. 出入口的规划设计要点

公园出入口的位置选择,是公园规划设计中一项重要的工作。游人能方便地出入,对城市交通、市容及园内功能分区均会有直接的影响。

公园可有一个主要出入口,一个或几个次要出入口及专用出入口。主要出入口的位置应设在小城镇主要道路和公共交通方便的地方,但不要受外界环境交通的干扰。另外,还应考虑公园内用地情况,配合公园的规划设计要求,在出入口前后应留有足够的人流集散广场,入口附近设停车场及自行车存放处。设置入口时,也要考虑与园内道路联系方便,符合游览路线。次要出入口是辅助性的,为附近局部地区居民服务的;专用出入口是为公园管理工作的需要而设置的,由园管区及花圃、苗圃等直接通向街道,不供游人使用。

2. 分区规划设计要点

(1)文化娱乐区。文化娱乐区是人流集中的地方。设置有俱乐部、游戏场、技艺表演场、露天剧场、舞池、旱冰场。北方地区冬季可利用自然水面及人工制成溜冰场、电影院、剧院、音乐厅、展览馆等。园内的主要建筑往往较多地设在这个区,成为全园布局的构图中心。群众性的娱乐活动通常人流量较高、集中,要合理地组织空间,应注意要有足够的道路、广场和生活服务设施。文娱活动建筑的周围要有较好的绿化条件,与自然景观融为一体。游人在这个区的用地以 30 m²/人为宜。

(2)安静休息区。安静休息区是公园中占地面积最大,专供游人安静休息如散步、游览、欣赏自然风景之处,故需要选择有大片的风景林地,有较复杂的地形变化,为景色最优美的地段,如能结合天然、人工的水面、泉水、瀑布等。其建筑物及植物配置要有较高的艺术性。此区应与闹区有一个自然的隔离,以免受干扰,可布置在远离出入口处。游人的密度要小,用地以 100 m²/人为宜。

(3)儿童活动区。儿童活动区应规划有主、次要出入口及广场,靠近居住街坊,供附近居民使用。儿童活动区应靠近出入口,并与其他区用地有分隔,尤其不可与成人活动区混在一起。严防穿行此区,保持有一定的独立性。为了布置不同的活动内容,最好有平地、土丘等小地形变化及水面,并要求有充足的日照和良好的排水。树木花草品种有丰富的季相变化。

在儿童活动区内有不同的功能分区:按不同年龄的儿童分成体育活动区、游戏活动区、文化娱乐区、科学普及教育区等。如果没有严格的分区,可设置不同的游戏场地及集体活动的小型广场。同时,也应设有必要的服务性设施,例如小卖部、洗手池、厕所等。儿童活动区的用地面积希望能达到 50 m²/人。区内的设备、建筑物等要考虑少年儿童的尺度;建筑小品的形式要适合少年儿童的兴趣,富有教育意义和丰富的想象力,可有童话、寓言的色彩,使少年儿童心理上有新奇、亲切的感觉。道路的布置要简捷明确,容易辨认,主要路面要能通行童车。

植物种植,在活动场地多种庇荫乔木,在重点绿化区可植花灌木,不要种有毒、有刺、有恶臭的浆果植物。地面除铺装以外,最好均铺上草地,以防尘土飞扬,影响卫生与健康。活动区周围不要用铁丝网。

(4)园务管理区。园务管理区是因公园经营管理的需要而设置的内部专用地区。此区内可包括管理办公、仓库、花圃苗木、生活服务部分等,与小城镇街道有方便的联系,设有专用出入口,不应与游人混杂。本区四周要与游人有隔离。到管理区内要有车道相通,以便于运输和消防。本区要隐蔽,不要暴露在风景游览的主要视线上。

(5)服务设施。公园中的服务设施内容,因公园用地面积的大小及游人量而定。在较大的公园里,可设有 1～2 个服务中心,或按服务半径设服务点,结合公园活动项目的分布,在游人集中或停留时间较长、地点适中的地方设置。服务中心点的设施有:饮食、休息、电话、询问、摄影、寄存、租借和购买物品等项。服务点是为园内局部地区的游人服务的,应按服务半径的要求和在游人较多的地方设服务点,设施可有饮食小卖部、休息、电话等项。并且还需要根据各区活动项目的需要设置服务的设施,如钓鱼区设租借渔具,购买鱼饵的服务设施;滑冰场设租借冰鞋等项目。

五、小城镇综合性公园设计内容

1. 现状分析

(1)公园在小城镇中的位置,周围的环境条件,游人的主要人流方向、数量、公共交通的情况及园内外的范围内现有道路、广场的情况,例如性质、走向、标高、宽度、路面材料等。

(2)当地历年来所积累的气象资料:每月最低、最高及平均气温、水温、湿度、降雨量及历年来最大暴雨量、每月阴天日数、风向和风力等。

(3)公园用地的历史和现在的使用情况。

(4)公园规划范围界线与小城镇红线的关系及周围的标高,园外景观的分析、评定。

(5)现有园林植物、古树、大树的品种、数量、分布、高度、覆盖范围、地面标高、质量、生长情况及观赏价值。

(6)现有建筑物及构筑物的位置、面积、质量、形式及使用情况。

(7)园内外现有地上、地下管线的位置、种类、管径、埋置深度等具体情况。

(8)现有水面及水系的范围,最低、最高及常水位,历史上最高洪水位的高度,地下水位及水质的情况等。

(9)现有山峦的形状、位置、面积、高度、坡度及土石情况。

(10)地质、地貌及土壤状况的分析。

(11)地形标高、坡度的分析。

(12)风景资源及风景视线的分析。

2. 整体设计规划

综合性公园的整体规划设计。确定公园的总体布局,对公园各部分做全面安排。常用的图纸比例为 1：1 000 或 1：2 000。其内容包括以下几项。

(1)公园范围的确定及园内外景观的分析与利用。

(2)根据小城镇园林绿地系统规划的要求,计算用地面积和游人量,公园的内容、应设置的项目及规模、建筑面积及设备等。

(3)确定公园出入口位置、停车场的安排。

(4)公园的功能分区、活动项目和设施的布局,确定园林建筑的位置和建筑空间的组织。

(5)景区的划分,是按不同风景造型的艺术境界来进行分区。

(6)公园河湖水系的规划,水底、水面的标高确定,水工构筑物的设置。

(7)公园中的道路系统、广场的布局及导游线的确定。

　　(8)规划设计公园的艺术布局,安排平面及立面的构图中心和景点,组织风景视线和景观空间。

　　(9)地形处理、竖向规划,估计填挖土方的数量、运土方向和距离,进行土方平衡。

　　(10)园林工程规划:公园中所有工程项目的规划与实施,如护坡、驳岸、围墙、水塔、变电、消防、给排水、照明等。

　　(11)植物群落的分布、树木种植规划,制订苗木计划,估算树种规格与数量。

　　(12)说明书:规划意图、用地平衡、工程量的计算、造价概算、分期建园计划等。

3. 详细设计

　　综合性公园的详细设计。在总体规划的基础上,对公园的各个地段及各项工程设施进行详细的设计。常用的图纸比例为 1∶500 或 1∶1 000。其内容如下。

　　(1)主、次要出入口及专用出入口的设计。包括园门建筑、内外广场、绿化种植、市政管线、室外照明、停车场等设计。

　　(2)各功能区的设计。各功能区内的建筑物、室外场地、活动设施、绿地、道路广场、园林小品、植物种植、山石水体、园林工程及设施的设计。

　　(3)园内各种道路的走向、纵横断面、宽度、路面用料及做法、道路长度、坡度,以及中心坐标与标高、曲线及转弯半径、道路的透景线及行道树的配置。

　　(4)各种园林建筑初步设计方案。建筑的平、立、剖面图、主要尺寸、标高、坐标、结构形式、建筑材料、主要设备等。

　　(5)各种管线的规格、尺寸、埋置深度、标高、坐标、长度、坡度或电杆灯柱的位置、形式和照明点的位置、消防栓位置。

　　(6)地面排水的设计,分水线、汇水线、汇水面积,明沟或暗管的大小、线路走向、进水口、出水口和窨井位置。

　　(7)土山、石山的设计。平面范围、面积、等高线、标高、立面、立体轮廓、叠石的艺术造型。

(8)水体设计。河湖的范围、形状,水底的土质处理,标高、水面控制标高,岸线处理。

(9)园林植物的品种、位置和配置形式。

4. 植物种植设计

综合性公园植物种植设计。根据公园植物规划,对公园各地段进行植物配置。常采用图纸比例为 1∶500 或 1∶200。其内容如下。

(1)树木种植的位置、品种、规格及数量,配置形式及树种组合。

(2)蔓生、水生、花卉布置的位置、范围、规格、数量及与木本花卉的组合。

(3)草地的位置、范围、坡度、品种。

(4)园林植物修剪的要求,整形与自然式。

(5)园林植物的生长期,速生与慢生的组合,近期与远期的结合,疏伐与调整的方案。

(6)植物种植材料表:品种、规格、数量、种植日期等。

5. 施工图设计

综合性公园施工图设计。按详细设计的意图,对其中部分内容和较复杂工程结构设计,绘制施工图纸及说明。一般常用图纸比例为 1∶100、1∶50 或 1∶20。其内容如下。

(1)给水工程:水池、水闸、泵房、水塔、水表、消防栓、灌溉用水的水龙头等施工详图。

(2)排水工程:雨水进水口,明沟、窨井及出水口的铺饰,厕所及化粪池的施工图。

(3)供电及照明:电表、变电或配电室、电杆、灯柱、照明灯等施工详图。

(4)护坡、驳岸、挡土墙、围墙、台阶等工程的施工图。

(5)叠石、雕塑、栏杆、踏步、说明牌、指路牌等小品的施工图。

(6)道路广场地面的铺饰及回车道、停车场的施工图。

（7）园林建筑、庭院、活动设施及场地的施工图；广播室及广播喇叭的设计与装饰图。

（8）其他：垃圾收集处及果皮箱的施工图；煤气管线等设计施工图。

6. 规划设计说明书

（1）公园概况，在小城镇园林绿地系统中的地位及周围环境等说明。

（2）公园规则设计的原则、特点及设计意图的说明。

（3）公园各功能分区及景色分区的设计说明。

（4）公园的经济技术指标：游人量及其分布、每人用地面积及土地使用平衡表。

（5）公园施工建设程序，以及在规划中的说明。

（6）公园各项建设项目、活动设施及场地的说明。

（7）公园分期建设及分期使用的计划。

（8）建园的人力配备及具体工作情况的安排。

第三节　小城镇专题公园设计

一、儿童公园

1. 儿童公园的分类

儿童公园是为幼儿和学龄儿童创造以户外活动为主的良好环境，供其进行游戏、娱乐、体育活动，并从中得到文化科普知识的城市专题公园。

建设儿童公园的目的是让儿童在活动中接触大自然、熟悉大自然，接触科学、热爱科学，从而锻炼身体，增长知识，培养优良的道德风尚。其规划设计的分类如下。

（1）综合性儿童公园：有市属和区属两种。如杭州儿童公园是市属；西安建国儿童公园是区属。综合性儿童公园内容比较全面，能满足多样活动的要求,如可设各种球场、游戏场、小游泳池、耍水池、电动游戏器械、障碍活动场、露天剧场、少年科技站、阅览室、小卖部等。

(2)特色性儿童公园:突出某一活动内容,且比较系统完整。如哈尔滨儿童公园总面积 16 hm^2,布置了 2 km 长儿童小火车,铁轨沿着公园周围。其他如儿童交通公园,可系统地布置各种象征性的小城镇交通设施,使儿童通过活动了解小城镇交通的一般特点和规则,培养儿童遵守交通制度等的良好习惯。

(3)小型儿童乐园:其作用与儿童公园相似,但一般设施简易,数量较少,占地也较小。通常设在小城镇综合性公园内。

2. 儿童公园规划设计布置

(1)要按照不同年龄儿童使用比例划分用地,并注意用地日照、通风等条件。

(2)为创造良好的自然环境,绿化用地面积宜占全园的 50%左右,绿化覆盖率宜占全园的 70%以上。

(3)园路网宜简单明确,便于儿童辨别方向,寻找活动场所。路面宜平整,避免儿童摔跤,且可推行童车和供儿童骑小三轮车等。因此,在主要园路上不宜设踏步台阶。

(4)幼儿活动区最好靠近大门出入口,以便幼儿行走和童车的推行。

(5)儿童公园的建筑小品、雕塑要形象生动,有一定的象征性,并可运用易为儿童接受的民间传说故事、童话寓言主题,供作宣传教育和儿童活动之用。

(6)儿童公园的建筑与设施,造型要形象生动,色彩应鲜明丰富,如动画式的小屋、电动海陆空游戏器具、长颈鹿滑梯等。

(7)儿童天性喜爱水,戏水池、小游泳池及观赏水景可给儿童公园带来极其生动的景象和活动的内容。同时,要考虑全园的排水,特别是活动场地的排水,以提高场地的使用率。

(8)各活动场地附近应设置座椅(凳)、休息亭廊等,供带领陪同儿童来园的成人、老人使用。

（9）儿童玩具、游戏器具是儿童公园活动的重要内容，必须组合和布置好这些活动场所。

3. 儿童公园规划设计分区

功能分区要根据不同儿童对象的生理、心理特点和活动要求，一般可分以下几项。

（1）幼儿区：属学龄前儿童活动的地方。

（2）学龄儿童区：属学龄儿童游戏活动的地方。

（3）体育活动区：是进行体育运动的场地，也可设障碍活动区。

（4）娱乐和少年科学活动区：可设各种娱乐活动项目和少年科学爱好者活动设备及科普教育设施等。

（5）办公管理区。

4. 儿童公园绿化配置

儿童公园一般都位于城市生活居住区内，为了创造良好自然环境，周围需栽植浓密乔、灌木或设置假山以屏障之。公园内各区也应以绿化等适当分隔，尤其是幼儿活动区要保证安全。要注意园内的庇荫，适当种植行道树和庭荫树。在植物选择方面要忌用下列植物。

（1）有毒植物：凡花、叶、果等有毒植物均不宜选用，如凌霄、夹竹桃等。

（2）有刺植物：易刺伤儿童皮肤和刺破儿童衣服，如枸橘、刺槐、蔷薇等。

（3）有刺激性和有奇臭的植物：会引起儿童的过敏性反应，如漆树等。

（4）易招致病虫害及易结浆果植物：如桷树、柿树等。

5. 儿童公园设施设置

（1）学龄前儿童使用。

1）供游戏用的小屋，如休息亭廊、荫篷、凉亭等。

2）供游戏用的室外场地，如草地、沙池、假山、硬地等。

3）供游戏用的设备玩具，包括学步用的栏杆、攀缘用的梯架、跳跃用的跳台等。

（2）学龄儿童使用。

1）供室外活动、如体操、舞蹈、集体游戏、障碍活动的场地及水上活动的设施，如戏水池等。

2）供室内活动的少年之家，内可设供科普游戏活动用的如"漫游世界"、"哈哈镜"、"称体重"、"看温度"、"打气枪"及"电动游戏"等，同时，还可酌情设置供少年兴趣小组活动、表演晚会、阅览、展览的地方。

3）供业余动植物爱好者小组活动的小植物园、小动物园和农艺园地。

（3）其他服务设施。

因为儿童常有父母亲、祖父母等陪同带领，故尚需考虑成人，老年人的休息亭廊、坐凳（椅）等服务设施。

儿童公园还要设置儿童使用的洗手间、童车出租处，有的还可以有露天电影场、小剧场等。

二、植物园

1. 植物园规划设计任务

植物园是以植物科学研究为主，以引种驯化、栽培实验为中心，培育和引进国内外优良品种，不断发掘扩大野生植物资源在农业、园艺、林业、医药、环保、园林等方面应用的综合研究机构。同时，植物园还担负着向人民普及植物科学知识的任务。在这个植物世界的博物馆里，既可作中小学生植物学的教学基地，又是有关团体参观实习的场所。除此之外，还应为广大人民群众提供游览休息的地方。配置的植物要丰富多彩，风景要像公园一样优美。

2. 植物园规划设计分区

（1）科普展览区。科普展览区的目的在于把植物世界的客观自然规律，以及人类利用植物、改造植物的知识陈列和展览出来，供人们参观学习。其主要内容见表5-1。

表 5-1　科普展览区的主要内容

名　称	主　要　内　容
植物进化系统展览区	该区是按照植物进化系统分目、分科布置,反映植物由低级到高级的进化过程,使参观者不仅能得到植物进化系统的概念,而且对植物的分类、各科属特征也有概括了解
经济植物展览区	该区是展示经过搜集以后认为大有前途,经过栽培试验确属有用的经济植物,才栽入本区展览。为农业、医药、林业以及园林结合生产提供参考资料,并加以推广。一般按照用途分区布置,如药用植物、纤维植物、芳香植物、油料植物、淀粉植物、橡胶植物、含糖植物等,并以绿篱或园路为界
抗性植物展览区	随着工业高速度的发展,也引起环境污染问题,不仅危害人民的身体健康,就是对农作物、渔业等也有很大的损害。植物能吸收氟化氢、二氧化硫、二氧化氮和溴、氯等有害气体,早已被人们所了解,但是其抗有毒物质的强弱、吸收有毒气体的能力大小,常因树种的不同而不同
水生植物区	根据植物有水生、湿生、沼泽生等不同特点,喜静水或动水的不同要求,在不同深浅的水体里,或山石洞溪之中,布置成独具一格的水景,既可普及水生植物方面的知识,又可为游人提供良好的休息环境
岩石区	岩石区多设在地形起伏的山坡地上,利用自然裸露岩石造成岩石园,或人工布置山石,配以色彩丰富的岩石植物和高山植物进行展出,并可适量修建一些体形轻巧活泼的休息建筑,构成园内一个风景点。用地面积不大,却能给人留下深刻的印象
树木区	该区是展览本地区和引进国内外一些在当地能够露地生长的主要乔灌木树种。一般占地面积较大,用地的地形、小气候条件、土壤类型厚度都要求丰富些,以适应各种类型植物的生态要求。植物的布置,按地理分布栽植,以了解世界植物分布的大体轮廓。按分类系统布置,便于了解植物的科属特性和进化线索,以何种形式为宜酌情而定
专类区	把一些具有一定特色、栽培历史悠久,品种变种丰富,具有广泛用途和很高观赏价值的植物,加以搜集,辟为专区集中栽植,如山茶、杜鹃、月季、玫瑰、牡丹、芍药、荷花、棕榈、槭树等任一种都可形成专类园。也可以由几种植物根据生态习性要求、观赏效果等加以综合配置,能够收到更好的艺术效果

名　称	主　要　内　容
温室区	温室是展出不能在本地区露地越冬,必须有温室设备才能正常生长发育的植物。为了适应体形较大的植物生长和游人观赏的需要,温室的高度和宽度,都远远超过一般繁殖温室。体形庞大,外观雄伟,是植物园中的重要建筑

(2)苗圃试验区。苗圃试验区是专供科学研究和结合生产用地,为了避免干扰,减少人为破坏,一般不对群众开放,仅供专业人员参观学习,其主要内容见表 5-2。

表 5-2　苗圃试验区的主要内容

名　称	主　要　内　容
温室区	温室区主要用于引种驯化、杂交育种、植物繁殖、贮藏不能越冬的植物以及其他科学实验
苗圃区	苗圃区植物园的苗圃包括实验苗圃、繁殖苗圃、移植苗圃、原始材料圃等。用途广泛,内容较多。苗圃用地要求地势平坦、土壤深厚、水源充足、排灌方便、地点应靠近实验室、研究室、温室等。用地要集中,还要有一些附属设施如荫棚、种子、球根贮藏室、土壤肥料制作室、工具房等

(3)职工生活区。植物园多数位于郊区,路途较远,为了方便职工上下班,减少小城镇交通压力,植物园应修建职工生活区,包括宿舍、饭堂、托儿所、理发室、浴室、锅炉房、综合服务商店、车库等。其布置同一般生活区。

3. 植物园规划设计要求

(1)明确建园目的、性质与任务。

(2)决定植物园的分区与用地面积,一般展览区用地如面积较大可占全园总面积的 40%～60%,苗圃及实验区用地占 25%～35%,其他用地占 25%～35%。

(3)展览区,一种是面向群众开放,宜选用地形富于变化、交通联系方便、游人易于到达的地方；另一种偏重科研或游人量较少的展览区，宜布置在稍远的地点。

（4）苗圃试验区，是进行科研和生产的场所，不向群众开放，应与展览区隔离。但是要与小城镇交通线有方便联系，并设有专用出入口。

（5）确定建筑数量及位置。植物园建筑有展览建筑、科学研究用建筑及服务性建筑三类。具体如下。

1）展览建筑包括展览温室、大型植物博物馆、展览荫棚、科普宣传廊等。展览温室和植物博物馆是植物园的主要建筑、游人比较集中，应位于重要的展览区内，靠近主要入口或次要入口，常构成全园的构图中心。科普宣传廊应根据需要，分散布置在各区内。

2）科学研究用建筑包括图书资料室、标本室、试验室、工作间、气象站等。苗圃的附属建筑还有繁殖温室、繁殖荫棚、车库等，并布置在苗圃试验区内。

3）服务性建筑包括植物园办公室、招待所、接待室、茶室、小卖部、食堂、休息亭廊、花架、厕所、停车场等，这类建筑的布局与公园情况类似。

（6）道路系统。道路的布局与公园有许多相似之处，一般分为以下三级。

1）主干道主要是方便园内交通运输，引导游人进入各主要展览区与主要建筑物。并可作为整个展览区与苗圃试验区，或几个主要展览区之间的分界线和联系纽带。

2）次干道是各展览区内的主要道路，不通汽车，必要时可供小汽车通行。它把各区中的小区或专类园联系起来，多数又是这些小区或专类园的界线。

3）游步道是深入到各小区内的路线，一般交通量不大，方便参观者细致观赏各种植物，也方便日常养护管理工作，有时也起分界线作用。

（7）植物园的排灌工程。植物园的植物品种丰富，要求生长健壮良好,养护条件要求较高,因此在做总体规划的同时,必须做出排灌系统规划,保证旱可浇、涝可排。一般利用地势起伏的自然坡度或暗沟,将雨水排入附近的水体中为主,但是在距离水体较远或者排水不顺的地段,必须铺设雨水管,辅助排出,一切灌溉系统(除利用附近自然水体外)均以埋设暗管为宜,避免明沟破坏园林景观。

4. 植物园规划设计用地选择

(1)要有方便的交通,使游人易于到达,才有利于科普工作。但是应该远离工厂区,或水源污染区,以免植物遭到污染引起大量死亡。

(2)为了满足植物对不同生态环境、生活因子的要求,园址应该具有较为复杂的地形、地貌和不同的气候条件。

(3)要有充足的水源,最好具有高低不同的地下水位,既方便灌溉,又能解决引种驯化栽培的需要。对丰富园内景观来说,水体也是不可缺少的因素。

(4)要有不同的土壤条件、不同的土壤结构和不同的酸碱度。同时,要求土层深厚,含腐殖质高、排水良好。

(5)园址最好具有丰富的天然植被,供建园时利用,这对加速实现植物园的建设创造了有利条件。

三、森林公园

森林公园是以森林及其组成要素所构成的各类景观、各种环境、气候为主,可供人们进行旅游观赏、避暑疗养、科学考察和研究、文化娱乐、美育、军事体育等活动,对改善人类环境、促进生产、科研、文化、教育、卫生等事业的发展起着重要作用的大型旅游区和室外空间。其也是一种以森林景观为主体,融其他自然景观和人文景观的生态型郊野公园。

森林公园功能分区可分为管理区、娱乐区、自然景观区、宿营区、保护区和服务区等。

1. 管理区

管理区主要为旅游者提供各项服务,保护资源,进行物质生产等。

管理区的位置选择应从管理的范围和内容考虑。管理区都有一定的服务半径，从而形成中心管理与分区管理。中心管理布置在公园入口比较合理。当公园面积较大而地形又复杂时，应根据人流量的多少，并与旅游接待相结合。管理部分的位置选择应不会对公园生态环境及自然景观造成影响。

2. 娱乐区

娱乐区可分为两类：人工设置的娱乐内容与以自然资源为对象的娱乐内容。

（1）规划中人工设置的娱乐内容，应是在不破坏自然景观和环境基础上进行的。在内容选择上要利用自然界提供的场地和资源。如开展以民俗风情为内容的文化活动、水上活动、马术、高尔夫球、模拟野战军事演习、射击场等游乐设施。但这些设施的体量、色彩及影响环境噪声方面都要慎重而细致地安排，要有一定间隔距离。

（2）以自然资源及自然景观为娱乐对象的内容较多。由于与自然景观相结合，不必强调集中布置，如高山攀岩、漂流、探险、爬山、滑雪、钓鱼、游泳、划艇等独特的娱乐项目形成森林旅游的特色。

3. 自然景观区

自然景观区是指以自然风光为对象的观赏和娱乐场所。因此，从广泛的意义上说，整个森林公园均为自然观景区。但从旅游活动的角度，除了森林公园内的保护区及管理区外，均可开展自然观景活动。在自然景观区中，尽可能少建体量大的建筑物，

因此，根据具体情况来确定休息设施。一般宜选在山坡凹处或山麓，而不能采用小城镇公园中，以建筑点景的设计手法。

4. 宿营区

（1）宿营地的选择。主要考虑具有良好的环境和景观的场所。如背风向阳的地形、有开阔的视野、有良好的森林植被环境、流水、瀑布等。位置布置宜靠近管理区，以方便交通及上、下水等卫生设施的供应。地形坡度宜在 10% 以下，超过此坡度，人们活动就会感到困难。

从森林生态学角度考虑,向阳坡植被较少,且一般土壤条件较差;北坡植被及土壤条件均好,但光照强度小,空气湿度较大,不适合人们宿营。比较之下,南、东、西坡比较适合营地设置。林地郁闭度在 0.6～0.8 为佳,其林型特征是疏密相间,既便于宿营,又适合开展各类活动。

(2)宿营地的组成。宿营地的组成包括营盘(地段)、公路、小径、停车场、卫生设备和供水系统。营地内尽可能减少车行道,以免破坏植被及景观。卫生设施要尽可能妥善处理地下水、垃圾,以免污染森林环境。营地内还设有方便的上水系统及烧烤、野餐区需要的能源。因此,营地靠近管理区是十分必要的。

(3)宿营地的道路系统。宿营地的道路可分为进入道路和内部小径。进入道路是从主干公路到营地必经之路,是营地的重要组成部分,进入道路主要达到快速通行的目的;内部道路规划原则是单元之间不能互相影响。在可能情况下,营区内部道路应形成单向环路,在环路上设小路通向各营区,环路直径至少在 60 m 以上,要有足够的间隔为好。如考虑汽车进入营地,则可以规划几个单元共用的集中式停车场。

(4)宿营地的布置。营地的布置要考虑方便及私密性。营地内卫生设施是必须首要考虑的。如排水的良好,厕所的数量等。既要考虑游人使用方便,又要从景观及环境两方面考虑。从国外的资料及经验,即在营地设计中每个营盘在 100 m 半径内有 1 个厕所,1 个厕所可供 10 个营盘中的男女性使用,营盘和厕所距离不能小于 15 m。营地的污水应采取统一排放,同时,每一个单元设一个垃圾箱,以保证营区的良好卫生条件。

5. 保护区

设置保护区的目的是保护濒危的物种、自然和人文的历史遗迹。在制定保护规划时分为人文景观的保护与自然景观的保护。保护人文景观是使人们了解当地的历史和文化,并且形成森林公园的特色之一。

森林公园规划中,应考虑科普考察区与保护区相结合,以保证其科学价值的永久性。自然景观的保护应尽可能地扩大其保护范围,将边际破坏效应考虑在内。

6. 服务区

旅游服务区是为游人提供服务的,包括食宿、交通、通信、医疗、娱乐、购物等。目前,森林公园旅游服务设施建设和区域规划时,主要借鉴风景名胜区规划管理办法。两者在为旅游服务方面是相似的。

在公园内尽量避免过分集中及大型服务设施的出现,以免造成对自然环境的破坏,只在宿营区、娱乐区、管理区等地提供必要的服务。在举行森林公园总体规划时,应尽量与附近城市总体规划相协调,在园外利用集镇或城市服务设施,为游人提供旅游服务区,这样既方便游人,又便于集中管理,而且还不会对自然环境产生不利的影响。

四、风景区

1. 风景区规划设计要求

(1)风景区规划要充分突出自然美,要有鲜明的个性。在风景区中,大自然已经谱写了主体乐章,规划设计的基本任务是做好配乐。我们应善于从大千世界中,从浩瀚的自然景观中,提取出"美景"来,特别是具有个性的奇异景观和自然现象,通常是风景区青春常在的基本要素,风景区规划只不过是通过衬托、渲染、组织游览程序等手法,使其特点更加突出,以便引起游人的注意。

(2)要注意旅游环境设计。一般旅游者多带着猎奇的心理,出来寻找和自己原来生活环境不相同的环境空间。来自建筑密集,喧闹繁华城市的旅游者,喜欢幽静、奇特、大体量的自然空间。如林中空地,大片的林海,绿茵茵的草地,落英缤纷的小溪,以及幽谷深涧,奇树怪石,都是一般城市旅游者向往的地方。

(3)功能是风景区规划的重要内容。风景区的功能,主要在游和休两方面。游主要是游览功能;休主要是休息、服务功能。特别是休息、服务的物质功能方面,如果条件太差,即使是绝佳的风景区,也不可能吸引大量游人。

（4）风景游览和生产的关系。目前，我国的风景区，占地面积很大，其中有大量农业人口，主要从事农副业生产。划为风景区后，性质发生变化，农田部分被占用作为旅游基地，林业也不允许继续伐木，这些都直接影响当地农民的收入，这一矛盾处理不好，当地农民不支持，风景区不但难以建成，甚至造成新的破坏。

一般来讲，在全国性重点风景区的主要景区，以及风景资源价值高的风景地段，应以满足风景要求为主，农民的损失由国家给予补贴，并妥善解决当地人民的就业问题。而风景区内的其他地段，以原有的农林业生产为主，可逐步改造为供旅游需要的农副产品基地和食品、手工艺加工工厂等。

2. 风景区导游线路的组织

（1）主要功能。

1）将各景区、景点、景物等相互串联成完整的风景游览体系。

2）引导游人至最佳观赏点和观景面。

3）组织游览程序——入景、展开、酝酿、高潮、尾声。

4）构成景象的时空艺术。

（2）分类。游览路线分为景内与景外两部分。具体如下。

1）景内游览路线主要指景点、景物集中的景区内导游线，游览以慢游和停止细观为主。除景区内主要线路考虑到风景建设、维修、服务等专用车进入外，均应按步行游览道设计，但这部分道路应安全方便，不然游客老是为了"走路不看景，看景不走路"的安全问题而担心。景内游览小径，受地形限制不大，以达到组织最佳视角为目的。

2）景外游览路线主要是联系景区之间或是旅游村、居住区和风景区之间的外环道路，以车行动观为主。为了丰富其景观效果，可组织对景、借景，亦可利用树丛组织视线，有景则开，无景则封，忌用行道树挡景。整个游览路线以大分散、小集中的集锦式闭合路线为宜，继承我国以景为单元的造园手法。

3. 风景区规划设计的方法

(1)规划的内容。主要有保护和功能分区规划、景点和导游线规划、食宿和服务设施规划、交通规划、供电规划、给排水规划以及园林规划等。在规划工作进行之前,应做充分的资料准备,主要有地形图(1/25 000～1/10 000)、土壤、水文、地质、气象、植被、动物资源、文史资料、对外交通、行政区划等有关方面材料。

(2)分区要点。

1)游览区。游览区风景的主要组成部分。游览区是风景点比较集中,具有较高的风景价值和特点的地段,是游人主要的活动场所。为了便于游人休息,可布置一些小型的休息和服务性建筑,如亭、廊、台、榭等。游览区又可依其风景特色不同而划分成几个景区。

2)体育活动区。结合游览,在有条件的地段可开展有益于身心健康的体育运动。如大的水面,可开展划船、游泳、垂钓等活动;高山可开展登山、狩猎等活动;如有大面积的草原可开展骑马、摩托车和各种球类活动等。

3)野营区。在国外,常在风景区中专门开辟一些林中空地、草坪等,供家庭或集体露营,这种方式特别受到游人欢迎。在野营区可设置简单的水电接头,供人们随时接用。这里也可建一些小型简便的住宿设施,供人们租用。

4)旅游村。要求有较好的食宿条件,有完善的商业服务,邮电设施以及在休息时,特别是晚上的文化娱乐场所,以丰富旅游活动内容。

旅游村是集中住宿场所,建筑设施多,为了不影响风景区的自然景观,应将旅游村放在风景区外。同时,旅游村的排污,直接影响风景区,应放在风景区水源的下游地段。旅游村要和游览区有方便的交通联系。

5)居住管理区。风景区中的工作人员和家属应有相对集中的居住场所,常常和管理机构结合在一起,为了本身的安定,不宜和旅游者混杂,以免相互干扰。

6)农村副食品供应基地。风景区中每年高峰期时有大量游人涌入,需要消耗大量的农副产品,特别是对新鲜果蔬的供应,靠外地运入既不经济,损耗也很大,常常主要依靠本地解决。在风景区规划的初期,就要考虑在高峰期不但可供应必需的新鲜蔬果,还要具有地方特色,形成特产。

第六章 小城镇园林景观设计

第一节 小城镇设计

一、小城镇设计步骤

(1)对现状深入调查和踏勘,对总体规划进行深入的分析研究,针对小城镇的特点确定主题立意和整体构思。主题立意应特别强调必须注重对传统文化和民情风俗的研究,切应避开民间的禁忌。

(2)对已确定的主题和整体构思,依据布点均衡的规划原则,在总体功能需要的前提下对景观设计的规模和功能进行系统的规划。

(3)根据景观规划的布局和主题,确定详细规划的原则和特色定位。既要确定整个小城镇景观建设的统一性,又要具有鲜明的特色。

(4)制定设计方案、实施办法和管理方案。

二、小城镇设计图

1. 总体规划设计图

总体规划设计图主要表现规划用地范围内总体综合设计,反映组成园林各部分的长、宽尺寸和平面关系,以及各种造园要素(如地形、山石、水体、建筑及植物等)布置的水平投影图,它是反映园林工程总体设计意图的主要图纸,同时,也是绘制其他图样、施工放线、土方工程及编制施工方案的依据。

(1)总体规划设计图内容。

1)规划用地的现状和范围。

2)对原有地形、地貌的改造和新的规划。注意在总体规划设计图上出现的等高线均表示设计地形,对原有地形不作表示。

3)依照比例表示出规划用地范围内各园林组成要素的位置和外轮廓线。

4)反映出规划用地范围内园林植物的种植位置。在总体规划设计图纸中园林植物只要求分清常绿、落叶、乔木、灌木即可,不要求表示出具体的种类。

5)绘制图例、比例尺、指北针或风玫瑰图。

6)注标题栏、会签栏,书写设计说明。

(2)园林组成要素的绘制。

1)地形。表现设计地形的等高线用细实线绘制,表现原地形等高线用细虚线绘制。在总体规划设计图中,一般只标注设计地形且等高线可以不注高程。

2)水体。水体一般用两条线表示,外面的线用特粗实线绘制,表示水体边界线(即驳岸线);里面的线用细实线绘制,表示水体的常水位线。

3)园路。在总体规划设计图纸中,园路一般情况下只需用细实线画出路缘即可,但在一些大比例图纸中为了更清楚地表现设计意图,或者对于园中的一些重点景区,可以按照设计意图对路面的铺装形式、图案作以简略的表示。

4)植物。园林植物由于种类繁多、姿态各异,平面图中无法详尽地表达,一般采用"图例"作概括地表示。一般情况下,在总体规划设计图纸中不要求具体到植物的品种,但是在目前实践中,有一些规划面积较小的简单设计,通常将总体规划设计图纸与种植设计图纸合二为一。因此,在总体规划中要求具体到植物的品种。但对于比较正规的设计而言,总体规划设计图纸不用具体到植物的品种,但所绘图例必须区分出针叶树、阔叶树、常绿树、落叶树、乔木、灌木、绿篱、花卉、草坪、水生植物等,而且对常绿植物在图例中必须画出间距相等的 45°细斜线。

5)山石。山石的画法均采用其水平投影轮廓线概括表示,以粗实线绘出边缘轮廓,以细实线概括性地绘制出皴纹。

6)园林建筑。在图纸绘制过程中,对于建筑的表现方法,一般规定为:在大比例图纸中,对有门窗的建筑,可采用通过窗台以上部位的水平剖面图来表示,对没有门窗的建筑,采用通过支撑柱部位的水平剖面图来表示;在小比例图纸中(1:1 000 以上),只需用粗实线画出水平投影外轮廓线,建筑小品可不画。

在线型运用方面的规定:用粗实线画出断面轮廓,用中实线画出其他可见轮廓。此外,也可采用屋顶平面图来表示(仅适用于坡屋顶和曲面屋顶),用粗实线画出外轮廓,用细实线画出屋面。对花坛、花架等建筑小品用细实线画出投影轮廓。

2. 园林竖向设计图

园林竖向设计图主要反映规划用地范围内的地形设计情况,山石、水体、道路和建筑的标高,以及它们之间的高度差别,并为土方工程和土方调配及预算、地形改造的施工提供依据。

(1)园林竖向设计图的内容。竖向设计是园林总体规划设计的一项重要内容。竖向设计图是表示园林中各个景点、各种设施及地貌等在高程上的高低变化和协调统一的一种图样,主要表现地形、地貌、建筑物、植物和园林道路系统等各种造园要素的高程等内容,如地形现状及设计高程,建筑物室内控制标高,山石、道路、水体及出入口的设计高程,园路主要转折点、交叉点、变坡点的标高和纵坡坡度,以及各景点的控制标高等。它是在原有地形的基础上,绘制的一种工程技术图样。

竖向设计图是造园工程土方调配预算和地形改造施工的主要依据。它是从园林的实用功能出发,对园林地形、地貌、建筑、绿地、道路、广场、管线等进行综合竖向设计,统筹安排园内各种景点、设施、地貌以及景观之间的关系,使地上设施和地下设施之间、山水之间、园内与园外之间在高程上有合理的关系,从而创造出技术经济合理、景观优美和谐、富有生机的园林作品。

(2)园林竖向设计图的绘制。

1)根据用地范围的大小和图样复杂程度,选择适宜的绘图比例。

对同一个工程而言,一般常采用与总体规划设计图相同的比例。

2)确定合适的图幅,合理布置图面。

3)确定定位轴线或绘制直角坐标网。

4)根据地形设计选择合适的等高距,并绘制等高线。

①等高距。等高距可根据地形的变化而确定,可为整数,也可为小数。现代园林不提倡大面积的挖湖堆山。因此,所做的地形设计一般都为微地形,所以,在不说明的情况下等高距均默认为1 m。

②等高线。在竖向设计中等高线用细实线绘制;原地形等高线用虚实线绘制。

5)绘制出其他造园要素的平面位置。

①园林建筑及小品。按比例采用中实线绘制,并且只绘制其外轮廓线。

②水体。驳岸线用特粗线绘制。湖底为缓坡时,用细实线绘出湖底等高线;湖底为平底时,应在水面上将湖底的高程标出。

③山石、道路、广场。山石外轮廓线用粗实线绘制;道路、广场用细实线绘制。对于假山要求标注出最高点的高程。

④为使图面清晰可见,在竖向设计图中通常不绘制园林植物。

6)标注排水方向、尺寸,注写标高。

①排水方向的标注。排水方向用单箭头表示。雨水的排除一般采取就近排入园中水体,或排出园外的方法。

②等高线的标注。等高线上应注写高程,高程数字处等高线应断开,高程数字的字头应朝向山头,数字应排列整齐。一般以平整地面高程定为±0.000,高于地面为正,数字前"+"可省略;低于地面为负,数字前应注写"-"号。高程的单位为"米",小数点后保留两位有效数字。

③建筑物、山石、道路、水体等的高程标注。

a. 建筑物。应标注室内地坪标高,并用箭头指向所在位置。

b. 山石。用标高符号标注最高部位的标高。

c. 道路。道路的高程一般标注于交汇、转向、变坡处。标注位置以圆点表示，圆点上方标注高程数字。

　　d. 水体。当湖底为缓坡时，标注于湖底等高线的断开处；当湖底为平面时，用标高符号标注湖底高程，标高符号下面应加画短横线和45°斜线表示湖底。

　　7)注写设计说明。用简明扼要的语言，注写设计意图、说明施工的技术要求及做法等，或附设计说明书。

　　8)画指北针或风玫瑰图，注写标题栏。

3. 园林植物种植设计图

　　园林植物种植设计图主要反映规划用地范围内所设计植物的种类、数量、规格、种植位置、配置方式、种植形式及种植要求的图纸，为绿化种植工程施工提供依据。

　　(1)园林植物种植设计图的内容。园林植物种植设计图是表示设计植物的种类、数量、规格、种植位置及类型和要求的平面图样。

　　园林植物种植设计图是用相应的平面图例在图纸上表示设计植物的种类、数量、规格以及园林植物的种植位置。通常还在图面上适当的位置，用列表的方式绘制苗木统计表，具体统计并详细说明设计植物的编号、图例、种类、规格（包括树干直径、高度或冠幅）和数量等。

　　园林植物种植设计图是组织种植施工、进行养护管理和编制预算的重要依据。

　　(2)园林植物种植设计图的绘制。

　　1)选择绘图比例，确定图幅。园林植物种植设计图的比例不宜过小，一般不小于 1：500，否则无法表现植物种类及特点。

　　2)确定定位轴线或绘制直角坐标网。

　　3)绘制出其他造园要素的平面位置。将园林设计平面图中的建筑、道路、广场、山石、水体及其他园林设施和市政管线等的平面位置按绘图比例绘在图上。

　　4)先标明需保留的现有树木，再绘出种植设计内容。

　　5)编制苗木统计表。在图中适当位置，列表说明所设计的植物编号、植物名称(必要时注明拉丁文名称)、单位、数量、规格及备注等内容。如果图上没有空间,可在设计说明书中附表说明。

6)编写设计施工说明,绘制植物种植详图。必要时按苗木统计表中的编号,绘制植物种植详图,说明种植某一植物时挖坑、施肥、覆土、支撑等种植施工要求,如图 6-1 所示。

7)画指北针或风玫瑰图,注写比例和标题栏。

8)检查并完成全图。

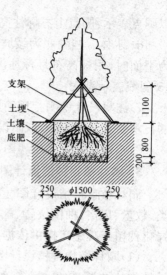

图 6-1　植物种植详图

4. 园林建筑小品设计图

(1)园林建筑小品总平面图。园林建筑小品总平面图主要反映的是拟建园林建筑物的形状、所在位置、朝向及拟建建筑周围道路、地形、绿化等情况,以及该建筑与周围环境的关系和相对位置等。

1)绘制方法。

①选择合适的比例。园林建筑小品总平面图要求表明拟建园林建筑小品与周围环境的关系,所以涉及的区域一般都比较大,因此,常选用较小的比例绘制,如 1：500、1：1 000 等。

②绘制图例。园林建筑小品总平面图用园林建筑小品总平面图例表达,其内容包括地形现状、建筑物和构筑物、道路和绿化等,并按其所在位置画出它们的水平投影图。

③用尺寸标注或坐标网进行拟建园林建筑小品的定位。用尺寸标注的形式应标明与其相邻的原有建筑或道路中心线的距离。如图中无原有建筑或道路作参照物,可用坐标网绘出坐标网格,进行建筑定位。

④标注标高。园林建筑小品总平面图应标注园林建筑首层地面

的标高、室外地坪及道路的标高及地形等高线的高程数字，单位均为米。

⑤绘制指北针、风玫瑰图、图例等。

⑥注写比例、图名、标题栏。

⑦编写设计说明。

2）表现手法。

①抽象轮廓法。抽象轮廓法适用于小比例总体规划图，主要是将园林建筑小品按照比例缩小后，绘制出其轮廓，或者以统一的抽象符号表现出建筑的位置，其优点在于能够很清晰地反映出建筑的布局及其相互之间的关系。常用于导游示意图。

②涂实法。涂实法表现园林建筑小品，主要是将规划用地中的建筑物涂黑，涂实法的特点是能够清晰地反映出建筑的形状、所在位置以及建筑物之间的相对位置关系，并可用来分析建筑空间的组织情况。但对个体建筑的结构反映得不清楚。常用于功能分析图。

③平顶法。平顶法表现园林建筑的特点在于能够清楚地表现出园林建筑的屋顶形式以及坡向等，而且具有较强的装饰效果，特别适合表现古建筑较多的建筑总平面图。常用于总平面图。

④剖平法。剖平法比较适合于表现个体建筑，它不仅能表现出建筑的形状、位置、周围环境，还能表现出建筑内部的简单结构。常用于建筑单体设计。

（2）园林建筑小品平面图。

1）内容。园林建筑小品平面图可以反映出园林建筑的平面形状、大小、建筑内部的分隔和使用功能，以及墙、柱、门、窗、楼梯等的位置。多层建筑若各层的平面布置不同，应画出各层平面图。如图 6-2 所示为园林建筑小品平面图。

2）绘制方法。

①选择合适的比例。在绘制园林建筑小品平面图之前，首先要根据园林建筑物形体的大小选择合适的绘图比例，通常可选 1∶50、1∶100、1∶200 的比例，如果要绘制局部放大图样，可选 1∶10、1∶20、

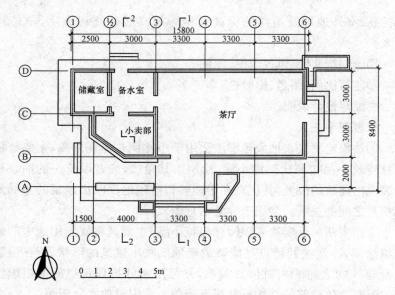

图 6-2　园林建筑小品平面图

1：50 的比例。

　　②画定位轴线并进行编号。轴线是设计和施工的定位线。定位轴线是用来确定建筑基础、墙、柱和梁等承重构件的相对位置,并带有编号的轴线。定位轴线用细点画线绘制,端部画上直径为 8 mm 的细实线圆,并在圆内写上编号。定位轴线的编号宜标注在图样的下方与左侧。横向编号应用阿拉伯数字,从左至右顺序编写;竖向编号应用大写拉丁字母,从下至上顺序编号。拉丁字母中的 I、O、Z 不得用为轴线编号。对于非承重构件,可画附加轴线,附加轴线的编号,应以分数表示,分母表示前一轴线的编号,分子表示附加轴线的编号。

　　③线型要求。在园林建筑小品平面图中凡是被剖切到的主要构造(如墙、柱等),断面轮廓线均用粗实线绘制,墙、柱轮廓都不包括粉刷层厚度,粉刷层在 1：100 的平面图中不必画出。在 1：50 或更大比例的平面图中,用粗实线画出粉刷层厚度。

　　被剖切到的次要构造的轮廓线及未被剖切平面剖切的可见轮廓线用中实线绘制(如窗台、台阶、楼梯、阳台等)。尺寸线、图例线、索引符号等用细实线绘制。

　　④门、窗的画法。门、窗的平面图画法应按图例绘制。

　　⑤尺寸标注。园林建筑小品平面图应标注外部的轴线尺寸及总尺寸,细部分段尺寸及内部尺寸可不标注。平面图中还应注明室内外地面、楼台阶顶面的标高,均为相对标高,一般底层室内地面为标高零点,标注为±0.000。

　　⑥绘制指北针、剖切符号、注写图名、比例等。

　　⑦编制设计说明。

　　(3)园林建筑小品立面图。

　　1)表现内容。园林建筑小品立面图应反映建筑物的外形及主要部位的标高。其中,反映主要外貌特征的立面图称为正立面图,其余的立面图相应地称为背立面图、侧立面图。也可按建筑物的朝向命名,如南立面图、北立面图、东立面图及西立面图,也可根据园林建筑两端的定位轴线编导命名,如图 6-3 所示。

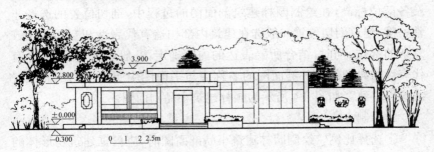

图 6-3　园林建筑立面图

　　2)绘制方法。

　　①选择比例。在绘制园林建筑小品立面图之前,首先要根据园林建筑物形体的大小选择合适的绘图比例,通常情况所选用的比例应与平面图相同。

②线型要求。建筑立面图的外轮廓线应用粗实线绘制。

a. 主要部位轮廓线（如门窗洞口、台阶、花台、阳台、雨篷、檐口等）用中实线绘制。

b. 次要部位的轮廓线（如门窗的分格线、栏杆、装饰脚线、墙面分格线等）用细实线绘制。

c. 地平线用特粗实线绘制。

③尺寸标注。在立面图中应标注外墙各主要部位的标高，如室外地面、台阶、窗台、门窗上口、阳台、檐口、屋顶等处的标高。应标注上述各部位相互之间的尺寸。要求标注排列整齐，力求图面清晰。

④绘制配景。为了衬托园林建筑的艺术效果，根据总平面的环境条件，通常在建筑物的两侧和后部绘出一定的配景，如花草、树木、山石等。绘制时可采用概括画法，力求比例协调，层次分明。

⑤注写比例、图名及文字说明等。建筑立面图上的文字说明一般可包括：建筑外墙的装饰材料说明，构造做法说明等。

（4）园林建筑小品剖面图。

1）表现内容。园林建筑小品剖面图主要表现园林建筑内部结构及各部位标高，在绘制园林建筑剖面图的过程中，剖切位置的选择非常关键，建筑剖切位置一般选在建筑内部构造有代表性和空间变化较复杂的部位，同时，结合所要表达的内容确定，一般应通过门、窗等有代表性的典型部位。剖面图的名称应与平面图中所标注的剖面位置线编号一致。如图 6-4 所示为园林建筑小品剖面图。

2）绘制方法。

①选择比例。绘制园林建筑小品剖面图时，应根据建筑物形体的大小选择合适的绘图比例，建筑剖面图所选用的比例一般应与平面图及立面图相同。

②绘制定位轴线。在剖面图中凡是被剖切到的承重墙、柱等都要画出定位轴线，并注写与平面图相同的编号。

③剖切符号。为了方便看图，要求必须在平面图中明确地表示出剖切符号，并在剖面图下方标注与其相应的图名。

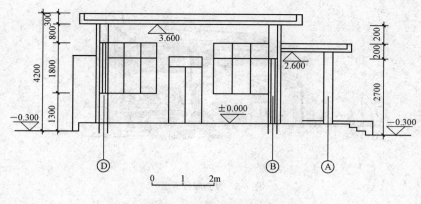

图 6-4 园林建筑小品剖面图

④线型要求。被剖切到的地面线要求用特粗实线绘制,其他被剖切到的主要可见轮廓线用粗实线绘制(如墙身、楼地面、圈梁、过梁、阳台、雨篷等),没有被剖切到的主要可见轮廓线的投影用中实线绘制,其他次要部位的投影等可用细实线绘制(如栏杆、门窗分格线、图例线等)。

⑤尺寸标注。水平方向上剖面图应标注承重墙或柱的定位轴线间的距离尺寸;垂直方向应标注外墙身各部位的分段尺寸,如门窗洞口、勒脚、窗下墙的高度(檐口高度、建筑主体的高度等)。

⑥标高标注。应标注室内外地面、各层楼面、阳台、檐口、顶棚、门窗、台阶等主要部位的标高。

⑦注写图名、比例及有关说明等。

(5)园林建筑小品透视图。有时为了更形象、直观地表达建筑形体的外貌特征及设计效果,常在园林建筑单体设计中配以建筑透视图作为辅助用图。

园林建筑小品透视图的绘制应以园林建筑小品平面图及立面图为依据进行绘制,并应绘制园林建筑周围的环境配景加以衬托,如图 6-5 所示。

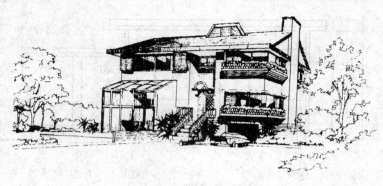

图 6-5　某别墅效果图

三、小城镇设计内容

1. 文化环境设计

在文化环境设计中,小城镇的历史、传统、风俗、民俗是基本要素。小城镇园林景观的文化环境建设也可以说是城镇的精神空间环境的塑造,直接影响小城镇的特色风貌以及正确定位。很多小城镇的历史文化遗迹不仅是当地千百年的城镇中心,是居民们的精神依托,也是外来游人体会城镇丰富的文化底蕴的重要途径。在很多欧洲的小镇,古老建筑物前的文化广场通常是居民聚集最多的地方,广场布置着古典的喷泉,铺设着被磨得斑驳透亮的石材,简单的咖啡座、报刊亭等场所是生活的空间,更是历史洪流淹没后沉淀下来的空间,独具味道和别样的气氛。

除了城镇中居民的日常活动空间,历史文化保护区也是展现城镇独特历史文脉和文化环境的重要途径。

特色文化活动是小城镇文化环境的活力来源,民间艺术的发扬不仅有利于丰富中国古老的文化传统,也有利于突出小城镇的民俗特色。很多珍贵的民俗风情不应该在小城镇园林景观建设的过程中丢失,相反,是要积极地利用与保护。通过鼓励居民参与和开展民俗活动,适当地吸引外来的游人,并传承古老的文化特色,使园林景观环境更加具有底蕴。很多欧洲的小镇每年都会有不同的节日庆典或特色集市,不仅成功吸引了外来游人,为城镇增加经济收入,也延续了城镇特殊的精神信仰和历史传统。例如,意大利南部的旅游城镇陶尔米纳,在每年的 6～9 月都会举办陶尔米纳电影节,是除威尼斯国际电影节之外,意大利最古老的电影节。世界著名的演员、导演、编剧、包括好莱坞著名的作曲家都会来参加这个盛大的庆典。除了颁奖仪式外,还会有其他特定的主题活动。这些文化艺术节通常在夏季举行,所以,在每年的这一时期陶尔米纳的酒店都要提前预订,这大大提升了城镇的经济收入。希拉的守护神庆典活动非常有名,很多来自意大利其他城市和欧洲的旅游者都会专程来参加城镇的这个节日庆典。

2. 空间环境设计

小城镇园林景观的空间环境设计主要指小城镇的山体、水系、植被、农田等的自然要素的规划设计,以及小城镇的街道、广场、构筑物、园林小品等的规划设计。小城镇的园林景观要素以自然要素为主,也包含着重要的人文景观要素,共同构成了小城镇园林景观的体系,并通过周密、恰当的组合形成了小城镇的景观空间体系。

小城镇园林景观的空间环境体系与小城镇的总体规划有十分密切的联系,通常可以形成多个景观区、景观点和景观轴,具体的布局形式则由总体规划的体系限定。小城镇的景观区通常有古镇历史保护区、特色风貌展示区、工业景观区,商业景观区、中心广场区等,根据不同的城镇现实情况,会有所不同。每一个景观区域都以不同的功能和不同的景观特色展现出小城镇特有的景观特质。园林景观轴线通常是指小城镇的道路绿化系统、滨河绿带系统或带状景观等,景观轴线通常是小城镇园林景观的基本骨架,是线形的空间系统。园林景观节点在小城镇的景观空间中分布最广,具有集聚人气的功能。景观节点通常表现为市民活动中心、交通绿化节点、城镇出入口景观、中心标志性景观或历史文化遗迹点等。小城镇园林景观点是空间环境设计的关键,直接影响空间体系的合理性,同时,也是居民利用自然空间的基础保障。

第二节　小城镇居住小区园林景观设计

一、小城镇居住小区园林景观设计原则

1. 满足邻里之间的交往需求

在小城镇,由于人口规模较小,信息交流和现代化程度比城市要弱,所以,居住小区内的邻里之间交往会更加频繁,居民们对交流的迫切程度也会更高。居住小区园林景观的宗旨即是满足居住小区居民的日常活动娱乐,要求在尺度上和设计风格上符合使用者的活动需求和审美需求,为他们创造适宜交往、聚会的场所。优秀的小城镇居住小区园林景观会促进人们对环境设施的使用,从而使居住小区的交往活动增加,带动整个居住小区的活力,甚至整个小城镇的活力。在很多新建的小城镇中,也不乏有一些居住小区内的绿地无人使用,甚至演变成为废弃场所,这与住宅居住小区的园林景观设计是否合理有着重要的关系。不合理的选址、不恰当的尺度和不舒适的环境都会影响人们对空间的使用频率和喜爱程度,从而影响整个居住小区的邻里交往关系。

居住小区园林景观设计的目的是为人们创造一个舒适、健康、生态绿色的居住地。作为居住小区的主体——人,对居住小区环境有着物质和精神两方面的要求。具体来说有着生理、安全、交往、休闲和审美的要求。环境景观设计首先要了解住户的各种需求,在此基础上进行设计。在设计过程中,要注重对人的尊重和理解,强调对人的关怀,体现在活动场地的分布、交往空间的设置、户外家具及景观小品的尺度等方面,使他们在交往、休闲、活动、赏景时更加舒适、便捷,创造一个更加健康生态、更具亲和力的居住环境。

中心绿地景观是所有居住小区绿地景观中使用最集中的,所以,它的使用率在设计时要得到更多的重视。首先,绿地空间的组织与划分不仅要考虑不同层次人群的需要,还要考虑不同人群使用的概率、

时间和规模。以便能更科学地划分不同面积、不同位置的活动空间；其次，设施小品的设置要以符合和方便居民使用为前提。在规划布局时，要考虑设施的便利性、安全性、尺度比例等问题，尽量做到可以物尽其用。

小城镇的居住小区园林景观应首先考虑方便居民使用，同时，最好与居住小区公共活动中心相结合，形成一个完整的居民生活中心。如果原有绿化较好，要充分利用其原有绿化，这是符合小城镇建设的现实状况。同时，要满足户外活动及邻里间交往的需要。住宅组群及绿地要贴近住户，方便居民使用。其中，主要活动人群是老人、孩子及携带儿童的家长，所以，在进行景观设计时，要根据不同的年龄层次安排活动项目和设施，重点针对老年人及儿童活动，要设置老年人休息场地和儿童游戏场，整体创造一个舒适宜人的景观环境。

2. 以绿色植物为主，少使用建筑小品

小城镇的突出特色是自然环境良好，自然要素丰富。设计过程中一定要在尊重、保护自然生态资源的前提下，根据景观生态学原理和方法，充分利用基地的原生态山水地形、花草树木、动物、土壤及大自然中的阳光、空气、气候因素等，合理布局、精心设计，创造出接近自然的绿色景观环境。

根据小城镇的地理、气候条件，选用生长健壮、管理粗放、少病虫害的乡土树种和适应性较强的外来优良乡土树种，减少后期管理投资和确保植物的最佳生长状态和景观表现。为了人们的健康和安全，绿地中要忌用有毒、带刺、多飞絮以及易引起过敏的植物。要充分利用具有生态保健功能的植物来提高环境质量，杀菌和净化空气等，以利于人们的身心健康。通常杀菌的有松、柏类植物、丁香等，它们都能分泌出植物杀菌素，杀灭有害细菌，为空气消毒；吸收有害气体的有山茶花、海桐、棕榈、桂花等，它们能有效吸收大量的二氧化硫、氯化氢、氟化氢等有害气体；另外，还有一大批吸滞烟尘和粉尘的保健植物，如樟树、广玉兰等，这些保健植物如能在小区绿地中得到合理应用，会给人们带来健康和增加居住环境效益等好处。

在植物景观的组合上,应以生态理论作为指导,以常绿树为主基调,适当穿插四季花卉,力求树木高低错落有致、疏密有序,形成优良的植物总体和局部效果。绿地的规划尽量减少草坪的应用,因为草坪的生态效益比起乔木和下层灌木相对较差。据科学分析,10 m^2 的乔木所能提供的碳氧平衡需要 25 m^2 的草坪才能达到相应效果;至于其他的如吸烟、滞尘等功效,草坪更是无法比拟的。因而多采用乔、灌木,创造植物群落景观,既能增加单位面积上的绿量,又有利于人与自然的和谐,这是非常符合可持续发展原则的。此外,在设计中不仅要考虑植物配置与建筑构图的均衡,还要考虑其对建筑的衬托作用。

在做好平面绿化的同时,相应也要注意设计垂直的绿化层次。例如墙面绿化,即在一些装饰性不强,而又朝西的墙面适当应用爬墙虎、常春藤等攀爬性的植物来绿化美化;墙头绿化,在居住小区的围墙和其他用来分隔空间的墙体,也可用攀爬植物绿化;构筑物绿化,在绿地规划设计时,应设计一些可以垂直绿化的园林建筑或建筑小品,如花架、棚架、凉亭等。由此,不但扩大了绿化面积,还可借此创造立体景观,增强花架设施小品等的实用功能,并有助于缓和其生硬的线条。

小城镇住宅居住小区园林景观的建设,必须考虑到小城镇人力、财力的现实情况,不可过于铺张浪费。在园林景观的建设过程中,尽量充分利用小城镇特有的自然山水条件,对于基地原有的自然地形、植物及水体等要予以保留并能充分利用,设计结合原有环境,创造出丰富的景观效果。利用植物、建筑小品合理组织空间,选择合适的灌木、常绿和落叶乔木树种,地面除硬地外都应铺草种花,以美化环境。根据群组的规模、布置形式、空间特征来配置绿化环境;以不同的树木花草,强化组群的特征。铺设一定面积的硬质地面,设置富有特色的儿童游戏设施;布置花坛等环境小品,使不同组群具有各自的特色。由于居住小区园林景观通常用地面积不大,投资少,因此,一般不宜建许多园林建筑小品。

3. 与周围环境相协调

小城镇居住小区内各组群的绿地和环境应注意整体的统一和协

调,在宏观构思、立意的基础上,采用系列、对比等手法,加强居住小区园林景观的整体性,增加特色。在小城镇居住小区园林景观设计中,要以小城镇的整体环境风格为基础,从整体出发进行设计。作为居住小区环境的一部分,园林景观的设计形式和材料、质感等,都直接影响到居住小区整体环境的统一性和协调性。园林景观的整体构图和布局一定要参考居住小区的整体景观设计。同时,在细节的处理上可以有一些变化和不同,要处理好主与次、统一与变化的关系。

中心绿地景观作为居住小区整体规划的重要部分。要保持一种"绿地不作为建筑附属品"的设计观念,在保证绿地的生态模式与绿地率的条件下,尽量做到不破碎和不狭小。

二、小城镇居住小区园林景观设计要素

1. 道路

(1)居住小区道路规划原则。

1)居住小区的道路规划布局应以整个居住小区的交通组织状况为基础,在满足居民出行安全和通行顺畅的前提下,充分考虑其对整个居住小区的空间景观、空间层次等影响。

2)居住小区道路的布局应遵循分级布置的原则。使整个居住小区的道路系统分级明显,构架清楚,通而不畅,顺而不穿,并与居住小区的空间层次相吻合。

3)居住小区道路布局结构应考虑城镇的路网格局形式,使其能很好地融入城镇整体的街道和空间结构中。

4)居住小区的道路布局应有利于往居住小区引进夏季的主导风和屏蔽冬季的寒风,并与周围环境有机结合,为住宅组群的组织创造有利条件。

5)居住小区道路按功能可划分为车行道和人行道,在进行规划布局时,应将两者进行合理分流,尽量减少车对居住环境的干扰。

6)居住小区道路不仅要方便居民的出入和迁居,还要根据规范要求满足消防、救护的需要,使其达到方便性、安全性、一体性、通达性、

多层次性的要求。

7)居住小区道路的规划布置还应有利于各项设施的合理安排,满足地下工程管线的埋设要求,并为住宅建筑和绿地的布置提供有利条件。

(2)居住小区道路布局。居住小区道路通常的布局结构形式有环通式、半环式、尽端式、混合式等。

1)环通式的道路布局形式是目前大城市和小城镇都普遍运用的一种形式。这种布局形式在交通上是采用人车混行的方式,方便交通出入,具有浓郁的生活气息。

2)半环式的道路布局形式在交通上采用的是人车部分分流的组织形式,这样可以组织一条相对完整的步行交通系统。

3)尽端式的道路布局形式在交通上一般为人车分行的组织形式,这样可以组织一条完整的、独立的步行交通体系。

4)混合式的道路布局形式是根据具体情况,把环通式、半环式和尽端式进行有机结合。

(3)居住小区道路分级。

1)居住小区级道路。居住小区级道路是联系住区内外的主要道路。除人行外,主要还有车辆交通。因此,居住小区级道路一般采用人车混行方式,其中车行道宽度为 6~8 m,道路红线宽度一般为 14~18 m。道路绿化的设计着重考虑交通安全与遮阴的要求,绿化种植具有明确的导向性。

2)组团级道路。组团级道路是住宅团内的主要道路。道路的设计重点考虑消防车、救护车、私人小汽车、搬家车及行人通行。道路红线宽度一般为 10~14 m,其中车行道宽度为 4~6 m,可不专设人行道。

3)宅前道路。宅前道路是进入住宅楼或独院式各住户的道路,以人行为主,考虑少量住户的私人机动车辆的进入。宅前道路的路面宽度一般为 2~4 m。

2. 植物

　　植物具有生命,不同的园林植物具有不同的生态和形态特征。由于它们的干、叶、花、果的姿态,大小、形状、质地、色彩和物候期均不相同,以至于它们在幼年、壮年、老年以及一年四季的景观也颇有差异。所以,植物自然的生长,能表现出独特的观赏价值。如彩叶植物与绿篱组成的具有巴洛克风格的花园;荷兰花园中,以古典风格营造的绿篱模纹花坛;郁金香与勿忘我等形成的花坛景观;草坪的布置与分割也是造景的重要手段。

　　小城镇的乡土植物往往品种较城市更多,加之较少的污染、与自然的贴近,使得植物的生长更加茂密,植物品种也相对较多。在居住小区的园林景观设计中,在完成基本的植物绿化基础上,适当考虑植物的色彩规划,色彩是住宅绿地中视觉观赏内容的重要组成部分。为了丰富其色彩,除运用观花植物外,还可以充分利用色叶地被植物,使绿地五彩缤纷。例如,可用矮小的灌木来组成各种颜色的色块,常见的有组成红色块的红花继木,绿色块的福建茶,黄色块的黄叶榕,黄绿色块的假连翘。同时,通过植物的物候期变化,合理组织季相构图,根据绿地的环境特点采用色彩的对比、协调、渐变等手法对植物进行复层结构的色彩搭配,使植物色彩随四季的更替而发生变化。中心绿地应注重生态效益,植物配置除考虑植物在形、色、闻、听上的效果外,还要采用多层次立体绿化,创造群落景观,注意乔、灌木,花卉、草坪等的合理搭配。这样,既丰富植物品种,又能使三维绿量达到最大化,减少空旷大草坪及花坛群的应用。

　　植物配置要根据小城镇居住小区内居民的活动内容来进行,实现小城镇居住小区以植物自然环境为主的绿地空间的营造,并使居住区内每块绿地环境都具有个性,并丰富多彩。为了方便人们的活动要求,在获得较高的覆盖率同时,还要确保一定面积的活动场地,绿化可采用铺装地面保留种植池栽种大乔木的方法。绿地边缘种植观叶、观花灌木,园路旁配置体量较小但又高低错落的花灌木及草花地被植物,使其起到装饰和软化硬质铺装的作用。这样,既组织了空间,又满足了活动和观赏的要求。

最后，要根据不同城镇的具体环境选择合适树种。因为居住小区房屋建设时，对原有土壤的破坏极大，建筑垃圾就地掩埋，土壤状况进一步恶化。中心绿地景观由于面积大，后期管理的难度也随之增加，一旦出现问题对美化效果的影响极大，因此，应选择耐贫瘠、抗性强、管理粗放的树种为主，以保证种植成活率和尽快达到预期的环境效果。还应做到四季有景，普遍绿化。中心绿地景观设计应采用重点与一般相结合，不同季相、不同树形、不同色彩的树种配置，并使乔、灌、花、篱、草相映成景，增加植物的景观层次。再次要种类适宜，避免单调植物材料的选用，应彰显出中心绿地的特色，主体植物要烘托绿地设计主题，配景植物则应在空间分隔，立面变化，色彩表现等方面丰富其景观内容。

总之，小城镇的居住小区植物绿化应充分发挥小城镇植物品种丰富的优势，以植物绿化作为主要造景手段，为小城镇的居民提供舒适的自然居住环境。

3. 水景

小城镇居住小区园林景观的水景设计基本原则之一是充分利用现有资源，充分认识现状条件。在现状有水系存在的居住区内，可适当改造，形成符合人们观赏和休闲娱乐的水景。

当然，有很多小城镇，尤其是我国的南方地区，山水自然条件优越，可作为城镇的特色景观。在这样的小城镇之中，居住小区可适当设计水景，增加居住区的居住舒适度。从我国的传统文化来看，山泉、池水也是传统造园的重要手法之一。水是自然界中与人关系最密切的物质之一，水可以引起人们美好的情感，也可以"净心"，水声可以悦耳，水又具有流动不定的形态，并可形成倒影，与实物虚实并存，扣人心弦，这些特有的美感要素，使古今中外很多庭院空间都以水为中心，并取得了完美的观赏效果。如果是缺水的城镇，或现状没有水资源的城镇，尽量不要设计喷泉、水池等水景，这种做法既浪费资金，又与小城镇质朴的自然环境不符。

　　我国是水资源缺乏的国家,故宜设置以浅水为主要模式的水景,还要注意地方气候,如北方,冬天池岸底面的艺术图案处理应满足视觉审美的需要。居住小区的水景设计可调节局部环境的气候,也可营造可观、可玩的亲水空间。在设计时,要注意根据不同的规模和现状,采用不同的水体景观形态,如池、潭、渠、溪、泉等。

　　一般的水景设计必须服从原有自然生态景观、自然水景线与局部环境水体的空间关系,正确利用借景、对景等手法,充分发挥自然条件,形成纵向景观、横向景观和鸟瞰景观。融和水景的中心绿地景观,一方面能更好地改善局部气候;另一方面由于光和水的相互作用,绿地环境产生倒影,从而扩大了视觉空间,丰富了景物的空间层次,增加了景观的美感。

4. 铺装

　　小城镇居住小区环境的铺装设计,不仅要看材料的好坏,也要注意与居住区环境、小城镇的整体风貌相协调。铺装的质感与样式直接受到材料的影响。铺装硬质的材料可以和软质的自然植物相结合,如在草坪中点缀步石,石的坚硬质感与植物的柔软质感相对比,形成强烈的艺术美感。铺地的材料、色彩和铺砌方式应根据庭院的功能要求和景观的整体艺术效果进行处理。在进行铺装图案设计时,要与庭院景观设计意境相结合,使之与环境协调。根据中心绿地景观特点,选择铺装材料、设计线形、确定尺度、研究寓意和推敲图案的趣味性,使路面更好地成为庭院景观的组成部分。

　　在小城镇居住小区园林景观设计中,应尽量采用朴实不奢华,经济不浪费的铺装材料,这可以与小城镇的整体风格相协调,也能够使环境更加自然。同时,也应根据不同的功能需求和审美需求进行铺装材料和样式的选择。如安静休息的场地,适宜设计精致细腻、简洁的铺装图案,材料适当运用卵石、木材等,以质朴自然的气息营造安逸亲切的氛围。在娱乐活动区适宜选择耐用、排水性和透气性强的铺装材料,如混凝土砌块砖等,以形成大面积的活动场地供居民休闲娱乐。同时,要注意铺装的平坦、防滑特性,既不能凹凸不平,又不能光滑无痕,要考虑到居民活动的舒适性与便利性。在儿童活动区的铺装可以选择颜色艳丽,易于识别的软质铺装材料,如塑胶、木材等。一方面增加安全性,另一方面可增加儿童活动区活泼欢快的氛围。另外,在居住小区庭院的铺装设计中,可运用一些独具寓意或象征的铺装图案,突出庭院主体或寓教于乐,增添住区庭院的景观趣味性。

5. 构筑物

小城镇居住小区内的服务设施,包括照明、垃圾桶、洗手池等,除了满足日常使用需求外,应增强审美情趣以及表现景观风格和特色的功能。环境照明除夜间照明功能外,还可以起到装饰和美化环境的作用。

在小城镇居住小区内,出于环境氛围的考虑,并不提倡过多地使用构筑物点缀,但基本的服务设施是必要的,包括照明设施、栅栏、座椅、门等,它们既是居住小区中的服务设施,又是起到点缀作用的造景元素。

居住小区内的构筑物设计要注意与周围环境相协调。因为自身具有材质、色彩、体量、尺度、题材的特点,通常可以对整个居住小区的景观起到画龙点睛的作用。这些服务设施应以贴近居民为原则,切忌尺度超长。如果想起到装饰性作用,造型设计应有特色,具有识别性。从居民的安全性、设施的环保性、实用性以及环境的美观性等角度出发,材质的选择可多考虑原木及天然石材,也可以通过废物利用的方式,形成居住小区内靓丽的风景。

三、小城镇居住小区规划

1. 居住小区

以居住小区为基本单位组成居住区,即居住区—居住小区。居住小区是由小城镇道路或小城镇道路和自然界线所划分的,并不为小城镇道路所穿越的完整地段,保证居民的安全和安静。小区内的公共服务设施配套,使居民生活方便。如广州沙冲居住区,人口 4 万,由 5 个居住小区组成居住区,如图 6-6 所示。

2. 居住生活单元

以居住生活单元为基本单位组成居住区,即居住区—居住生活单元。居住区由数个居住生活单元直接组成。居住生活单元相当于一个居委会的规模,如图 6-7 所示。

■■ 居住区级公共服务设施
■ 居住小区级公共服务设施

图 6-6　以居住小区为基本单位

■■ 居住区级公共服务设施
▲ 居住生活单元级公共服务设施

图 6-7　以居住生活单元为基本单位

3. 居住生活单元组

以居住生活单元组成居住小区。若干个居住小区组成居住区,即居住区—居住小区—居住生活单元。每个小区由 2～3 个居住生活单元组成。如旅大金家街工人村,人口 2.4 万,每 2～3 个居住生活单元组成一个居住小区,再由 3 个小区组成居住区,如图 6-8 所示。

■■ 居住区级公共服务设施
■ 居住小区级公共服务设施
● 居住生活单元公共服务设施

图 6-8　以居住生活单元和
居住小区为基本单位

四、小城镇居住小区绿地规划

1. 住宅间绿化

住宅间绿地与居民日常生活有着密切关系,为居民的户外活动创造良好的条件和优美的环境,以满足居民休息、儿童活动、家务事、晒衣物、观赏等的需要,其用地面积不计入公共绿地指标内。其绿化布置因建筑组合形式、层数、间距、住宅类型、住宅平面布置的不同而异。

这里的绿化布置还直接关系到室内的安静、卫生、通风、采光,关系到居民视觉美和嗅觉美的欣赏,阵阵花香飘满院,绿叶红花入室来,是一种美的享受。宅旁绿地遍及整个居住区,绿化状况能反映出居住区绿化的总体效果。

(1)宅间绿化布置方式。

1)树林型,如图 6-9(a)所示。用高大的乔木,多行成排地布置,对改善环境、改善小气候有良好的作用,也为居民在树荫下进行各项活动创造了良好的条件。这种布置比较粗放、单调,而且容易影响室内通风及采光。

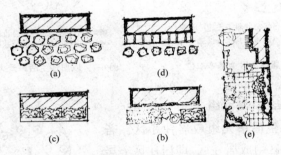

图 6-9　宅间绿化布置形式
(a)树林型;(b)绿篱型;(c)花园型;(d)围栏型;(e)庭院型

2)绿篱型,如图 6-9(b)所示。在住宅前后用绿篱围出一定的面积,种植花木、草皮,是早期住宅绿化中比较常用的方法。绿篱多采用常绿树种,如大叶黄杨、侧柏、桧柏、蜀桧、女贞、小叶女贞、桂花等;也可采用花灌木、带刺灌木、观果灌木等;做成花篱、果篱、刺篱,如贴梗海棠、火棘、六月雪、溲疏、扶桑、米仔兰、驳骨丹等。其中,花木的布置,在有统一基调树种前提下,各有特色,或根据住户的爱好种植花木。

3)花园型,如图 6-9(c)所示。在宅间用地上,用绿篱或栏杆围出一定的用地,自然式或规则式的,开放型或封闭型的布置,起到隔声、防尘、遮挡视线、美化的作用,形式多样,层次丰富,也为居民提供休息的场所。

4)围栏型,如图 6-9(d)所示。用砖墙、预制花格墙、水泥栏杆、金属栏杆、竹篱笆等在建筑正面、围出一定的面积,形成首层庭院,布置花木。

5)庭院型,如图 6-9(e)所示。一般在庭院式住宅内布置,除布置花木外,往往还有山石、水池、棚架、园林小品的布置,形成自然、幽静的居住生活环境。也可以草坪为主,栽种花草树木。

(2)住宅建筑旁的绿化。

1)入口处的绿化。目前小区规划建设中,住宅单元大部分是北(西)入口,底层庭院是南(东)入口。北入口以对植、丛植的手法,栽植耐阴灌木,如金丝桃、金丝梅、桃叶珊瑚、珍珠梅、海桐球、石楠球等以强调入口;南入口除了上述布置外,常栽植攀缘植物,如凌霄、常春藤、地锦、山荞麦、金银花等,做成拱门。在入口处注意不要栽种带有尖刺的植物,如凤尾兰、丝兰等,以免伤害出入的居民,特别是幼小儿童。

2)防晒的绿化也是住宅绿化的一部分,可采取两种方法:一种是种植攀缘植物,垂直绿化墙面,可有效地降低墙面温度和室内气温,也美化装饰了墙面。常见的可栽植地锦、五叶地锦、凌霄、常春藤等。另一种是在西墙外栽植高大的落叶乔木,盛夏之时,如一堵绿墙使墙面遮阳,室内免受西晒之灼,如杨、水杉、池杉等。

3)在住宅区内,倾倒垃圾有的采用地下垃圾箱,有的以高台垃圾箱,有的是移动式垃圾箱(筒),由汽车收集倾倒,不管以何种方式,都有垃圾站。其位置要适当,既要便于使用和清运,又要注意隐蔽。在垃圾站外围密植常绿树木,将垃圾站遮蔽起来,也可减少由于风吹而垃圾飘飞,但要留出入口,以便垃圾的倾倒和清扫。

4)墙基、角隅的绿化,使垂直的建筑墙体与水平的地面之间以绿色植物为过渡,如植铺地柏、鹿角柏、麦冬等,角隅栽植珊瑚树、凤尾竹、棕竹等,使沿墙处、屋角绿树茵茵,色彩丰富,打破呆板、枯燥、僵直的感觉。

5)生活杂务用场地的绿化。在住宅旁有晒衣场、杂务院、垃圾站等,一要位置适中,二要采用绿化将其隐蔽,以免有碍观瞻。近年来,建造的住宅都有生活阳台,首层庭院,可以解决晒衣问题,不另辟晒衣场地。但不少住宅无此设施,在宅旁或组团场地上辟集中管理的晒衣场,其周围栽植常绿灌木,如珊瑚树、女贞、椤木等,既不遮蔽阳光,又能显得整齐,不碍观瞻,还能防止尘土把晒的衣物弄脏。

2. 儿童游戏场

在居住小区规划中可把儿童游戏场地分成以下三级。

(1)第一级儿童活动场地,安排在居住建筑的宅前宅后的庭院部分,是最小型的活动场地,主要供学龄前儿童活动,以 3～6 岁的儿童居多,其独立活动能力不强,需要大人照料。活动设施比较简单,有一块乔木遮阴的地坪,地面排水要求比较良好,可设小沙坑,安放椅子供家长照顾孩子使用,周围不以灌木相围,以便家人从窗口能看到和照料。

(2)第二级儿童活动场地,安排在住宅组团绿地内,主要为学龄儿童活动。这一阶段的儿童活动量较大,且喜欢结伙游戏,要有足够的活动场地,设于单独地段,可减少住宅附近的喧哗。在场地上进行一些集体活动,如跳橡皮筋、跳绳、踢毽子等,还可设置简单的活动器械,如小型单杠、沙坑、秋千、压板等。

(3)第三级为小区级的,可与小区公共活动中心、少年之家结合布置,每个小区可设 1～2 处,有较大型的游戏设备和小型体育器械,如秋千、浪木、滑梯、转椅、攀登架、篮球架、小足球门等。在住宅区内靠近住宅布置儿童游戏场,是少年儿童课余活动最方便的地方,可利用图 6-10 所示安排活动场地。

3. 公共绿地

(1)居住区公园。居住区公园是为整个居住区居民服务的。公园面积比较大,其布局与城市小公园相似,设施比较齐全,内容比较丰富,有一定的地形地貌、小型水体、有功能分区、划分景区,除花草

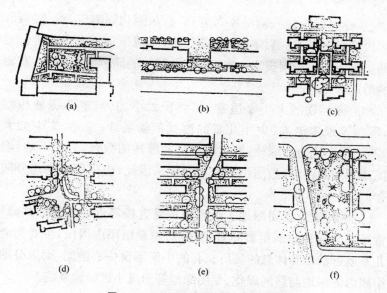

图 6-10　儿童游戏场在住宅附近布置

(a)在住宅院落内;(b)以围墙连接住宅;在山墙间布置;(c)山墙间隔处;

(d)在道路交叉口布置;(e)在人行通道与山墙之间或将通道加宽;

(f)上海控江新村居住区儿童乐园

树木外,有一定比例的建筑、活动场地、园林小品、活动设施。居住区公园布置紧凑,各功能分区或景区间的节奏变化比较快。居住区公园与小城镇公园相比,游人成分单一,主要是本居住区的居民,游园时间比较集中,多在一早一晚,特别夏季的晚上是游园高峰。因此,加强照明设施,灯具造型,夜香植物的布置,成为居住区公园的特色。

(2)居住小区中心游园(以下简称小游园)。小游园是为居民提供工余、饭后活动休息的场所,利用率高,要求位置适中,方便居民前往。充分利用自然地形和原有绿化基础,并尽可能和小区公共活动或商业服务中心结合起来布置,使居民的游憩和日常生活活动相结合,使小游园以其能方便到达而吸引居民前往。小游园的位置多数布置在小区中心,亦可在小区一侧沿街布置,以形成绿化隔离带,美化街景,方便居民及游人休息,游园中繁茂的树木,可减少街道噪音及尘土对住宅的影响。当小游园贯穿小区时,居民前往的路程大为缩短,宽阔葱郁的游园。

　　小游园面积的大小要适宜,如面积太小,其与宅旁绿地相差无几,不便于设置老人、少年儿童的游戏活动场地;反之,集中太大面积,不分设小块公共绿地,则会减少公共绿地的数目,分布不均,增加居民到游园的距离,给居民带来不方便。因此,应采用集中与分散相结合。

　　(3)居住建筑组团绿地。组团绿地是直接靠近住宅的公共绿地,通常是结合居住建筑组群布置,服务对象是组团内居民,主要为老人和儿童就近活动和休息的场所。有的小区不设中心游园,而以分散在各组团内的绿地与路网绿化、专用绿地等形成小区绿地系统。

　　居住建筑组团绿地的布置方式主要如下。

　　1)开敞式:居民可以进入绿地内休息活动,不以绿篱或栏杆与周围分隔,如图 6-11、图 6-12 所示。

　　2)半封闭式:以绿篱或栏杆与周围有分隔,但留有若干出入口,如图 6-13 所示。

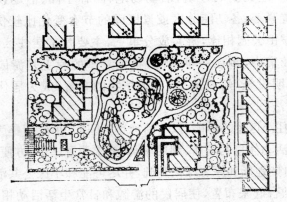

图 6-11　常州清潭"梅园"组团绿地

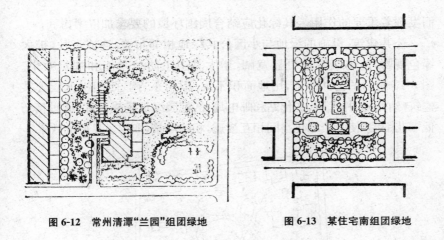

图6-12 常州清潭"兰园"组团绿地　　　　图6-13 某住宅南组团绿地

3)封闭式:绿地为绿篱、栏杆所隔离,居民不能进入绿地,亦无活动休息场地,可望而不可即,使用效果较差,如图 6-14 所示。

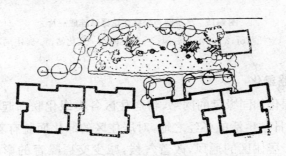

图 6-14 封闭式组团绿地

4)组团绿地从布局形式来划分,有规则式、自然式和混合式。

4. 公共建筑专用绿地

公共建筑和公共设施专用绿地是指居住区内一些带有院落或场地的公共建筑、公用设施的绿化。如中学、小学、托儿所、幼儿园的绿化。虽然这些机构的绿地由本单位使用、管理,然而其绿化除了按本单位的功能和特点进行布置,同时,也是居住区绿化的重要组成部分而发挥着重要的作用。其绿化应结合周围环境的要求加以考虑。

公共建筑、设施的绿地与小区公共绿地相邻布置,连成一片,扩大绿色视野,使小区绿地更显宽阔,增大其卫生防护功能和视觉效果。图 6-15 所示的公共绿地,用地面积不大,但与东、南、西四组低层公共建筑(幼儿园、托儿所、文化站和邮电局)的庭园绿地连成一片,通过精巧低矮花围墙,使几个绿化空间相互渗透,相映增景,取得了良好的效果。

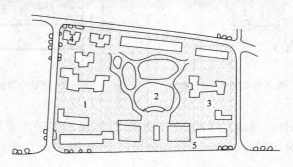

图 6-15　小游园与公共建筑绿地连成一片
1—托儿所;2—中心小游园;3—幼儿园;4—文化站;5—邮电局

5. 道路绿化

道路绿化如同绿色的网络,将居住区各类绿化联系起来,是居民上班工作、日常生活的必经之地,对居住区的绿化面貌有着极大的影响。有利于居住区的通风,改善气候,减少交通噪音的影响,保护路面,以及美化街景,以少量的用地,增加居住区的绿化覆盖面积。

(1)干道路面宽阔,选用体态雄伟,树冠宽阔的乔木,使干道路绿树成荫,在人行道和居住建筑之间可多行列植或丛植乔、灌木,以起到防尘和隔音的作用,如北京古城居住区的古城东街。行道树以馒头柳、桧柏和紫薇为主,又以贴梗海棠、玫瑰、月季相辅,绿带内还以开花繁密、花期长的半支莲为地被,在道路拓宽处布置了花台、山石小品,使街景花团锦簇,层次分明,富于变化。

(2)居住小区道路是联系各住宅组团之间的道路,是组织和联系小区各项绿地的纽带,对居住小区的绿化面貌有很大作用。这里以人行为主,也常是居民散步之地,树木配置要活泼多样。根据居住建筑的布置、道路走向以及所处位置,周围的环境等加以考虑。树种选择上可以多选小乔木及开花灌木。

(3)住宅小路是联系各住宅的道路,宽 2 m 左右,供人行走。绿化布置时要适当后退 0.5~1 m,以便必要时急救车和搬运车驶近住宅。小路交叉口有时可适当放宽,与休息场地结合布置,也显得灵活多样,丰富道路景观。行列式住宅各条小路,从树种选择到配置方式采取多样化,形成不同景观,也便于识别家门。

五、小城镇居住小区建筑布置形式

居住区建筑的布置形式有行列式、周边式、混合式和自由式等。

1. 行列式

根据一定的朝向,合理的间距,成行成排地布置建筑,是在居住区建筑布置中最普遍采用的一种形式。其优点是使绝大多数居室获得好的日照和通风,但由于过于强调南北方向布置,处理不好,容易造成布局单调,感觉呆板,因此,在布置时常采用错落、拼接、成组偏向、墙体分隔、条点结合、立面上高低错落等方法,在统一中求得变化,打破单调呆板感,如图 6-16 所示。

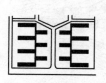
北京龙潭小区住宅组

南宁市南湖路住宅组

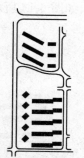
北京方庄小区住宅组

图 6-16　行列式布置

2. 周边式

　　建筑沿着道路或院落周边布置的形式。这种形式有利于节约用地,提高居住建筑面积密度,形成完整的院落,便于公共绿地的布置,能有良好的街道景观,也能阻挡风沙,减少积雪。然而由于周边布置,使有较多的居室朝向差及通风不良,如图 6-17 所示。

北

图 6-17　周边式布置

3. 混合式

　　混合式布置是上述两种形式的结合,以行列式为主,由公共建筑及少量的居住建筑沿道路院落布置,以发挥行列式和周边式布置各自的长处,如图 6-18 所示。

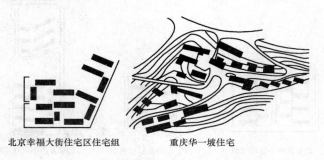

图 6-18　混合式布置

4. 自由式

结合地形,考虑光照、通风,将居住建筑自由灵活的布置,其布局显得自由活泼,如图 6-19 所示。

德国慕尼黑维尔干小住宅区

图 6-19 自由式布置

六、小城镇居住小区园林景观空间布局

1. 空间布局的形式

小城镇居住小区园林景观的空间布局在内容上包括空间意境的塑造,空间色彩的规划,空间结构的组织等;从形式上可分为规则式布局、自由式布局和混合式布局。

(1)规则式布局是平面布局并采用几何形式,有明显的中轴线,中轴线的前后左右对称或拟对称,地块划分主要分成几何形体。植物、小品及广场等呈几何形体有规律地分布在绿地中。规则式布置给人一种规整、庄重的感觉,但形式不够活泼。

(2)自然式的平面布局较灵活,道路布置曲折迂回,植物、小品等较为自由地布置在绿地中,同时,结合自然的地形、水体等将会更加丰富景观空间,植物配植一般以孤植、丛植、群植、密林为主要形式。自然式的特点是自由活泼,易创造出自然别致有特点的环境。

(3)混合式布局是规则式与自然式的交错组合,全园没有或形不成控制全园的主轴线或副轴线。一般情况下，可以根据地形或功能的具体要求来灵活布置，最终既能与建筑相协调，又能产生丰富的景观效果。其主要特点是可在整体上产生韵律感和节奏感。

2. 不同形态的景观空间

通过园林景观设计的手段来形成不同形态的景观空间，包括空间结构的处理、使用功能的处理、视觉特征的处理和围合界面的处理，最终使小城镇的居住小区空间获得独具特色的审美意境、艺术感染力和观赏价值。景观空间的各种处理手段是互相补充、互相联系的一个系统，空间的处理手法应该是多样化的、灵活的和创新的。要将居住小区的景观空间与整个小城镇的景观空间看作一个整体进行设计，构成适宜的空间形态，为人们创造优美宜人、风格多样的小城镇环境。景观空间的设计涉及空间的形态和比例、空间的光影变化、空间的划分、空间的转折和隐现、空间的虚实、空间的渗透与层次、空间的序列等。设计的目的在于使场所的形态更加宜人，使空间增添层次感和丰富感，使室内外空间增添融合的气氛。

在小城镇的居住小区园林景观设计中，很多优秀的中国古典园林设计手法是值得借鉴的，如用亭廊等通透建筑物围闭，用花窗和洞门围闭，借助山石环境和植物围闭等完成空间的围合和隔断，可以创造丰富的庭院空间体验，还可以利用空廊、窗棂互为因借，互为渗透，形成空间的渗透与延续。这些手法在现代景观中如运用恰当，可以收到很好的空间效果。

在居住小区中，空间的组织应大中有小。小城镇因为地形地貌的限制通常出现用地较局促的情况，所以在居住小区内，特别要注意小尺度空间的运用及处理，合理设置小景，善于运用一树、一石、一水成景；还要采用"小中见大"的造景手法，协调空间关系。在做空间分隔时，要综合利用景观素材的组合形式分割空间，如水面空间的分隔，可设置小桥、汀步，并配以植物等来划分水面的大小，形成高低不同，情趣各异的水上观赏活动内容；提倡软质空间"模糊"绿地与建筑边界的造景手法，扩大组成绿地空间、加强空间的层次感和延续性。绿地空间可通过植物的适当配置从而营造出不同格局、或闭或开的多个空间,例如利用树木高矮、树冠疏密、配置方式等的多种变化来限制、阻挡和诱导视线,可使景观显、蔽得宜。通过对、借、添、障、渗透等手段,利用植物自身构建空间。若要创造曲折、幽静、深邃的园路环境,不妨选用竹子来造景。通过其他造园要素,如景墙、花架及山石等,再适当地点缀植物,同样可以在绿地创造出幽朗、藏露、开合及色彩等对比有变、景色各异的半开半合、封闭、开敞的空间形式。中心绿地可以静态观赏为主,所以静态空间的组织尤为重要。绿地中应设立多处赏景点。有意识地安排不同透景形式、不同视距及不同视角的赏景效果。绿地内所设的一亭、一石或一张座椅都应讲求对位景色的观赏性。面积大一些的绿地空间,应注意节奏的变化,达到步移景异的观景效果。在园路的设计中应迂回曲折,延长游览路线,做到绿地虽小,园路不短,增加空间深度感。

小城镇的居住小区环境不同于一般的公共环境,要求领域性强,层次多样。小城镇居住小区的景观围合应以虚隔为主,达到空间彼此联系与渗透,造成空间深远的感觉。在空间的界定时,可多选用稀植树木、空廊花架、漏窗矮墙等划分空间,使人们透过树木、柱廊、窗洞等的间隙透视远景,造成景观上的相互渗透与联系,从而丰富景观的层次感,增加景深感。

除流动性的空间交流、社区互动外,一个好的居住小区室外景观绿地必须能为人们提供舒适的居家生活体验。居住区景观绿地中的私密空间,以及半私密空间增强了景观的院落感和归属感,具有更强的家园感。

3. 居住心理

居住心理是随着社会发展在人们意识中长期积累形成的,人们在世世代代的生活中完成居住心理的传承和发展。居住心理是居住小区景观绿地设计中一种较为稳定的影响因素,也是直接能够体现小城镇居住小区景观特殊的因素。居住心理受区域文化的影响,具有当地文化特色。城市中、城镇中、乡村聚落都会有不同的居住心理。小城镇的居住小区环境更多地介于乡村大院的开敞性与城市高楼的封闭性之间。

小城镇原有的居住小区建设在住区级公共绿地方面是个"空白"。最近开始实施的村镇小康住宅示范工程,住区级、组群级公共绿地的规划与建设开始得到重视,但缺乏足够的经验。

第三节　小城镇道路园林景观设计

一、小城镇道路园林景观概述

1. 小城镇道路景观概念

小城镇道路景观是指在小城镇道路中由地形、植物、构筑物、铺装、小品等组成的各种景观形态。小城镇道路景观展示的是在道路使用者视野中的道路线形、道路周边环境,包括自然景物和人工景物。由于小城镇靠近乡村,道路景观往往以自然景物为主。各种景观要素构成了道路表面的色彩、纹理、路旁景物的形式和节奏。小城镇道路园林景观不仅为车行提供观赏效果,也为行人提供观赏、游览和在路边绿地中进行休闲活动的场所。小城镇道路园林景观是小城镇整体形象的重要基础,是人们感知城镇景观的重要途径。作为线性的景观形式,小城镇道路景观是小城镇景观体系中重要的布局框架。

2. 小城镇道路景观内容

小城镇道路景观主要包括道路的绿化带、交通岛绿地、街边绿地和停车场绿地等,在改善城镇的生态环境和丰富城镇景观方面发挥着重要的作用。在不影响交通安全的情况下,根据道路周边的用地性质,特别是居住区密集的地区,让道路景观在功能上多样化,使周边居民可以方便进入使用,这也是道路景观设计的方向之一。例如,在居民抵达最方便的道路绿地设置出入口,尽量以大乔木为主,配置其他花灌木和地被植物,用框景、障景、对景、借景等手法,在道路绿地中围合出变化丰富的空间层次,还可设置方便居民使用的活动设施。

3. 小城镇道路景观功能

小城镇道路和多数城市道路的不同之处除了组织交通、运输,还有其景观上的要求:组织游览线路;提供休憩地面;道路的铺装、线型、色彩等本身也是园林景观一部分。总之,小城镇道路引导游人到景区,小城镇道路组织游人休憩、观景,小城镇道路本身也成为观赏对象。小城镇道路的功能有以下几个方面。

(1)组织交通。首先,经过铺装的小城镇道路耐践踏、碾压和磨损,有利于对游客进行集散和疏导,可为游人提供舒适、安全、方便的交通条件,满足园林绿化、建筑维修、养护管理等工作,以及安全、防火、职工生活、公共餐厅、小卖部等园务工作的运输要求。

(2)划分和组织空间。园林功能分区的划分多是利用地形、建筑物、植物、水体或道路。对于地形起伏不大、建筑比重小的现代园林绿地,用道路围合来分隔不同景区是其划分和组织空间的主要方式。同时,借助道路面貌(线形、轮廓、图案等)的变化可以暗示空间性质、景观特点的转换以及活动形式的改变,从而起到组织空间的作用。尤其在专类园中,园路划分空间的作用十分明显。

(3)导游功能。在小城镇园林中通常是利用地形、建筑、植物或道路把全园分隔成各种不同功能的景区,同时,又通过道路把各个景区联系成一个整体。这其中游览程序的安排对中国园林来讲是十分重要的,它能将设计者的造景序列传达给游客。中国园林不仅是"形"的创作,而是由"形"到"神"的转化过程。园林不是设计一个个静止的"境界",而是创作一系列运动中的"境界"。游人所获得的是连续印象所带来的综合效果,是印象的积累及在思想情感上所带来的感染力。这正是中国园林的魅力所在。

(4)参考造景。小城镇道路作为空间界面的一个方面而存在着,自始至终伴随着游览者,影响着风景的效果:小城镇道路优美的曲线、丰富多彩的路面铺装,可与周围的山、水、建筑、花草、树木、石景等景物紧密结合,共同构成优美丰富的园林景观。小城镇道路参与造景的作用主要表现在创造意境、统一空间环境、构成个性空间、构成园景等。

（5）组织排水。道路可以借助其路缘或边沟组织排水。一般园林绿地要高于路面，方能实现以地形排水为主的原则。道路汇集两侧绿地径流之后，利用其纵向坡度即可按预定方向将雨水排除。

（6）提供活动场所。在建筑小品周围、花坛边、水旁、树下等处，小城镇道路可扩展为广场（可结合材料、质地和图案的变化），为游人提供活动和休息的场所。

4. 小城镇道路布局形式

小城镇道路系统不同于一般的城市道路系统，有独特的布置形式和布局特点。常见的小城镇道路系统布局形式有套环式、树枝式和条带式三种，如图 6-20 所示。

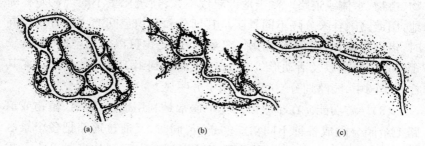

（a）　　　　　　　　　　（b）　　　　　　　　　（c）

图 6-20　园路系统的布局形式
（a）套环式；（b）树枝式；（c）条带式

（1）套环式。套环式小城镇道路系统的特征是：由主园路构成一个闭合的大型环路或一个"8"字形的双环路，再从主路上分出很多的次路和游览小道，并且相互穿插、连接与闭合，构成另一些较小的环路。主路、次路和小路构成环路之间的关系，是环环相套、互通互连的关系，其中少有尽端式道路。因此，这样的道路系统可以满足游人在游览中不走回头路的愿望。套环式小城镇道路是最能适应公共园林环境，也最为广泛应用的一种道路系统。但是，在地形狭长的园林绿地中,由于地形的限制,一般不宜采用这种布局形式。

(2)树枝式。树枝式小城镇道路系统是指以山谷、河谷地形为主的风景区和小公园,主路一般只能布置在谷底,沿着河沟从下往上延伸。两侧山坡上的多处景点都是从主路上分出一些支路,甚至再分出一些小路加以连接。支路和小路多数只能是尽端式道路,游人到了景点游览之后,要原路返回到主路再向上行。这种道路系统的平面形状就像是有许多分枝的树枝,游人走回头路的时候很多。因此,这是游览性最差的一种小城镇道路布局形式,只有在受地形限制时才采用这种布局形式。

(3)条带式。条带式小城镇道路系统的特点是:主路呈条带状,始端和尽端各在一方,并不闭合成环。在主路的一侧或两侧,可以穿插一些次路和游览小道。次路和小路相互之间也可以局部闭合成环路,但主路不会闭合成环。条带式小城镇道路布局不能保证游人在游园中不走回头路,所以,只有在林荫道、河滨公园等地形狭长的带状公共绿地中,才采用这种布局形式。

二、小城镇道路园林景观特征

1. 联系各景观区域的纽带

带状的小城镇道路景观是联系城镇各个景观区域的纽带。道路是组织大都市的主要手段,在许多人印象中占主导地位,与别的构成要素关系密切。小城镇中的各个不同景观区域是通过城镇道路紧密联系在一起的,而形成完整而统一的城镇景观系统。

2. 体现小城镇风貌的特性

小城镇道路的园林景观是一个城镇风貌的体现。道路两侧的植物景观,道路的尺度,道路两侧建筑物的风格、色彩,以及道路上装饰的城市家具等都是给一个人初到小城镇最容易留下印象的场景。街道及两边的人行道,作为一个城市的主要公共空间,是非常重要的器官。如果一个城市的街道看起来充满趣味性,那么城市也会显得很有趣;如果街道看上去很沉闷,那么城市也是沉闷的。小城镇道路景观一方面展示小城镇风貌;另一方面是人们认识小城镇的重要视觉、感觉场所,是小城镇综合实力的直接体现者,也是小城镇发展历程的忠实记录者,它总是及时、直观地反映着小城镇当时的政治、经济、文化总体水平以及城市的特色,代表了小城镇的形象。

3. 改善小城镇生态环境

小城镇的道路景观能够改善城镇的生态环境。城镇道路是线性污染源,汽车产生的尾气、噪声、尘埃、垃圾等污染物沿着道路分布与扩散。城镇道路的走向,对空气的流通,污染物的稀释扩散起了一定的作用。道路绿地中的绿色植物对于环境有改善作用,具体表现为绿色植物对于空气、水体、土壤的净化作用和对环境的杀菌作用。同时,也能改善城镇气候。在炎热季节,绿地中平均温度低于绿地外的温度;在寒冷季节,绿地中的平均温度比没有树的地方低;在严寒多风的天气,绿地中的树木能够起到降低风速的作用。绿地中的树木的蒸腾作用使绿地中的空气湿度远远大于城镇的空气湿度,这为人们在生产、生活中创造了凉爽、舒适的气候环境。同时,绿色植物还有降低噪声和保护农田的作用。小城镇道路景观使人们提升了行驶时的安全性与舒适性,改善了城镇道路空间环境,给人以愉悦的心理感受。

三、小城镇道路园林景观构成要素

1. 景观

景观主体包括道路两侧的建筑物(商业、办公楼、住宅等),广告牌、路灯、垃圾桶等城市家具,围栏、空地(广场、公园、河流等),植物绿化。它们不仅是体现小城镇整体风貌的重要元素,也是道路景观的主体。在景观主体中,植物绿化是最重要的,也是所占比例最大的部分。其中,行道树绿化是小城镇的基础绿化部分。行道树绿带是设置在人行道与车行道之间,以种植行道树为主的绿带,但长度不得小于 1.5 m。宽度一般不宜小于 1.5 m,由道路的性质、类型及其对绿地的功能要求等综合因素来决定。

(1)行道树绿带的种植方式。行道树绿带的主要功能是为行人和非机动车遮阴。如果绿带较宽则可采用乔、灌、草相结合的配置方式,丰富景观效果。行道树应该选择主干挺直枝干较高且遮阴效果好的乔木。同时,行道树的树种选择应尽量与小城镇干道绿化树种相区别,应体现自身特色及住区亲切温馨不同于街道嘈杂开放的特性,其绿化形式与宅旁小花园绿化布局密切配合,以形成相互关联的整体。行道树绿带的种植方式主要有以下几种。

1)树带式。在人行道与车行道之间留出一条大于 1.5 m 宽的种植带。根据种植带的宽度相应地种植乔木、灌木、绿篱及地被等。在树带中铺草或种植地被植物,不要有裸露的土壤。这种方式有利于树木生长和增加绿量,改善道路生态环境和丰富住区景观。在适当的距离和位置留出一定量的铺装通道,便于行人往来。

2)树池式。在交通量比较大、行人多而街道狭窄的道路上采用树池式种植的方式。应注意树池式营养面积小,不利于松土、施肥等管理工作,不利于树木生长。树池之间的行道树绿带最好采用透气性的路面材料铺装,例如,混凝土草皮砖、彩色混凝土透水透气性路面、透水性沥青铺地等,以利于渗水通气,保证行道树生长和行人行走。

(2)行道树绿带的种植设计。行道树定植株距,应以其树种壮年期冠幅为准,最小种植株距不应小于 4 m。株行距的确定还要考虑树种的生长速度。行道树绿带在种植设计上要做到以下几点。

1)在弯道上或道路交叉口,行道树绿带上种植的树木,距相邻机动车道路面高度为 0.3～0.9 m,其树冠不得进入视距三角形范围内,以免遮挡驾驶员视线,影响行车安全。

2)在同一街道采用同一树种、同一株距对称栽植,既可起到遮阴、减噪等防护功能,又可使街景整齐雄伟,体现整体美。

3)在一板二带式道路上,路面较窄时,应注意两侧行道树树冠不要在车行道上衔接,以免造成飘尘、废气等不易扩散。应注意树种的选择和修剪,适当留出"天窗",以便污染物扩散、稀释。

4)行道树绿带的布置形式多采用对称式:道路横断面中心线两侧,绿带宽度相同;植物配置和树种、株距等均相同。道路横断面为不规则形式时,或道路两侧行道树绿带宽度不等时,采用道路一侧种植行道树,而另一侧布设照明等杆线和地下管线。

2. 道路

小城镇道路的主体是指承载车辆或行人的铺装主体,不同的道路功能对应不同的尺度,道路的宽度由道路红线所限定。小城镇道路的宽度通常小于城市道路,车行道以四车道、两车道为主,通常会有大量的单行车道或人行道、胡同等,它们是道路景观存在的基础和依托。

小城镇道路的活动者:步行者、机动车和非机动车等在道路上活动的车辆、人流。不同的道路承载的活动主体是不同的,有些街道,如步行街,以步行者为主,偶尔会有车辆通过;城镇的主干道则以车辆居多。

3. 其他

其他要素包括季节、气候、时间等,也包括道路的地下部分。在城市地下空间发展迅速崛起之时,很多小城镇的道路建设也有很多地下的空间,除了地下人行通道外,还有一些地下商业设施、能源通信设施等,这些会直接影响地上的道路景观建设。例如,地下空间的地面覆土厚度会限制地上植物的种植和树种的选择。

四、小城镇道路园林景观设计

1. 小城镇道路园林景观设计特点

(1)小城镇道路园林景观设计的生态单元性。小城镇道路景观本身也是一个生态单元,对周围的生态环境产生了正面的、积极的影响,并与小城镇形成良性的、互动的过程。无论陡峭的山地,还是起伏的丘陵,抑或是江畔湖边,小城镇往往保留着自然形成的最原始的地貌特征。其次,中国传统的村镇是在中国农耕社会中发展完善的,以农村经济为大背景,无论是选址、布局和构成,无不体现了因地制宜、就地取材、因材施工的营造思想,体现出天人合一的有机统一。保土、理水、植树、节能的处理手法,充分地体现了人与自然的和谐相处,既渗透着乡民大众的民俗民情,又具有不同的"礼"制文化。运用手工技艺、当地材料、地方化的建造方式,以极少的花费塑造极具居住质量的聚居场所,形成自然朴实的建筑风格,体现了人与自然的和谐。小城镇的道路园林景观应该是建立在生态基础上的,既具有朴实的自然和谐美,又具有亲切的人文之情。

(2)小城镇道路园林景观设计的协调性。小城镇的道路通常由于客观因素的制约,例如,自然地形地貌的限制或传统村镇的形成过程等,形成了与自然环境、社会结构及居民生活相协调的道路景观。也正因如此,小城镇的道路景观比其他地区更具有地方特色。只有结合地形、节约用地、考虑气候条件、注重环境生态,小城镇的道路尺度才更适合人们的生活。传统村镇道路景观的形成很少有专业勘测师的参与,亦非在图纸上进行详细地规划然后施工,它们却经过了大自然更加巧妙的安排。从人类的定居到村落的形成,小城镇道路园林景观的形成是长期的自然与历史积淀的过程。传统的村镇道路布局并不整齐,再加上村民完全的自发性,由此产生变化丰富的、自由式布局的道路空间。同时,由于小城镇的规模通常较小,道路空间的尺度也较小,周边建筑也并不高大,主要交通道路多以双向四车道居多。

(3)小城镇道路园林景观设计的安全性。小城镇道路园林景观设计要从安全与美学观点出发,在满足交通功能的同时,充分考虑道路空间的美观性,道路使用者的舒适性,以及与周围景观的协调性,让使用者(驾驶员、乘客以及行人)感觉心情愉悦。小城镇道路的安全性要求景观设计必须考虑到车辆行驶的心理感受、行人的视觉感受和各景观要素之间的组织等多方面因素。对于驾驶员来讲,道路的安全性是首要的,而旅行者观赏的道路两侧风光,会反映出小城镇的整体风貌和社会气息,这两方面都是至关重要的。在车辆行进的过程中,人们对弯道、上下坡或前进方向的加减速等都产生与静止完全不同的动感。节奏单调的视觉环境会使人感到疲倦,甚至引起困倦等不必要的危险;反之,急剧的节奏变化也会使人惊慌失措。所以,小城镇道路景观的设计必须保持基本的张弛度,以恰当的节奏变化和景观片段的重复,形成舒适的道路景观。小城镇中不同性质的道路,园林景观设计是完全不同的,疾驰的车辆和漫步的行人对道路两侧的感受差异巨大。行走的人们能够体验更丰富的空间层次和景观要素,封闭的空间使人感觉私密,开敞的空间则使人感觉舒畅,色彩斑斓的道路景观环境会使人产生视觉上的享受。在行人体验为主的道路景观中,需要考虑各种植物和构筑物的色彩、质感和肌理的搭配和组合,使人们在行走过程中产生视觉上的景观享受。同时,可在道路景观中放置一些体现当地城镇的历史文化特色的景观小品或个性化的铺装等,形成丰富的道路景观,并展现出地方特色,突出城镇道路景观的个性。有很多城镇以道路景观作为标志性的门户景观,如迎宾大道,以植物为主题的特色街道等,都能够有效加强城镇的识别性。

(4)小城镇道路园林景观设计的地方特色性。在很多小城镇的中心区都设有步行街,以商业、展示为主要功能,承载着较大的人流,也是展现小城镇地方特色的主要区域。步行街造就传统与现代的碰撞,古典与时尚的交汇,独具匠心的步行街区文韵悠悠,商味浓浓,为日益富裕起来的人民群众打造了一方生活休闲、观光游乐的新福地,其美丽和繁华尽展了现代城市的文明和发展。在传统村镇的道路空间环境中,缝补、纳凉、闲谈等活动无处不在,孩子可以无所顾忌地尽情玩耍,居民生活温馨、闲适。小城镇的道路景观在满足人们日常生活中各种需要的同时,造就了传统小城镇温馨和谐的邻里关系,这种和谐的邻里关系与人文情感正是城市生活所严重缺乏的,因此,也成为小城镇道路景观区别于大城市的重要标志和优势。

2. 小城镇园路规划布局设计

(1)小城镇园路规划布局设计原则。

1)因地制宜。小城镇园路的布局设计,除依据园林工程建设的规划形式外,还必须结合地形地貌设计。一般小城镇园路宜曲不宜直,贵在合乎自然,追求自然野趣,依山就势,回环曲折;曲线要自然流畅,犹若流水,随地势就形。

2)以人为本。在园林中,小城镇园路设计也必须遵循供人行走为先的原则。也就是说,设计修筑的小城镇园路必须满足导游和组织交通的作用,要考虑到人总喜欢走捷径的习惯,所以,小城镇园路设计必须首先考虑为人服务、满足人的需求。否则就会导致修筑的园路少有人走,而无园路的绿地却被踩出了园路。

3)综合造景设计。小城镇园路是园林工程建设造景的重要组成部分,小城镇园路的布局设计一定要坚持以路为景服务,要做到因路通景,同时,也要使路和其他造景要素很好地结合,使整个园林更加和谐,并创造出一定的意境来。

4)盲目性。园林工程建设中的道路应形成一个环状道路网络,四通八达,道路设计要做到有的放矢,因景设路,因游设路,不能漫无目的,更不能使游人正在游兴时,看到"此路不通"标志牌,这是园路设计最忌讳的。

(2)小城镇园路规划布局设计方法。

1)对收集来的设计资料及其他图面资料进行分析研究,从而初步确定园路布局风格。

2)对公园或绿地规划中的景点、景区进行认真分析研究。

3)对公园或绿地周边的交通景观等进行综合分析,必要时可与有关单位联合分析。

4)研究设计区内的植物种植设计情况。

5)通过以上的分析研究,确定主干道的位置布局和宽窄规格。

6)以主干道为骨架,用次干道进行景区的划分,并通达各区主景点。

7)以次干道为基点,结合各区景观特点,具体设计游步道。

8)形成布局设计图。

(3)小城镇园路规划布局设计要点。

1)两条自然式园路相交于一点,所形成的对角不宜相等。道路需要转换方向时,离原交叉点要有一定长度作为方向转变的过渡。如果两条直线道路相交时,可以正交,也可以斜交。为了美观实用,要求交叉在一点上,对角相等,这样就显得自然和谐。

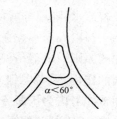

图6-21　两路交叉处设立三角绿地

2)两路相交所成的角度一般不宜小于60°。若由于实际情况限制,角度太小,可以在交叉处设立一个三角绿地,使交叉所形成的尖角得以缓和,如图6-21所示。

3)若三条园路相交在一起时,三条路的中心线应交汇于一点上,否则显得杂乱,如图6-22所示。

4)由主干道上发出的次干道分叉的位置,宜在主干道凸出的位置处,这样就显得流畅自如,如图6-23所示。

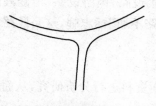

图6-22　三条园路汇于一点

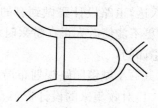

图6-23　主干道上发出的次干道分叉的位置

5)在较短的距离内,道路的一侧不宜出现两个或两个以上的道路交叉口,尽量避免多条道路交接在一起。如果避免不了,则需在交接处形成一个广场。

6)凡道路交叉所形成的大小角都宜采用弧线,每个转角要圆润。

7)自然式道路在通向建筑正面时,应逐渐与建筑物对齐并趋于垂直,在顺向建筑时,应与建筑趋于平行。

8)两条相反方向的曲线园路相遇时,在交接处要有较长距离的直线,切忌是"S"形。

9)园路布局应随地形、地貌、地物而变化,做到自然流畅、美观协调。

（4）小城镇园路规划布局注意事项。

1）道路的交通性。园路的组织交通功能应服从于游览要求，不以便捷为准则，而是根据地形的要求、景点的分布等因素来进行设置。

2）道路的布局应主次分明。园路在园林中是一个系统，应从全园的总体着眼，做到主次分明。园路的方向性要强，要起到"循游"和"回流"的作用，主要道路不仅在铺装上和宽度上有别于次要道路，而且在风景的组织上要给游人留下深刻的印象。

3）因地制宜。园林道路系统必须根据地形地貌决定其形式。根据地形园林道路可设成带状、环状等，从游览的角度来看，园路最好设成环状，以避免走回头路，或走进死胡同。

4）疏密适当。园路的疏密和景区的性质、园内的地形和游人的数量有关。一般安静休息区密度可小，文化活动区及各类展览区密度可大，游人多的地方密度可大，游人少的地方密度可小。总的来说，园路不宜过密。园路过密不但增加了投资，而且造成绿地分割过碎。一般情况下，道路的比重可控制在公园总面积的 $10\%\sim12\%$。

5）曲折迂回。园路要求曲折迂回有两方面的原因：一方面是地形的要求，地形复杂，有山、有水、有大树，或有高大的建筑物；另一方面是功能和艺术的要求。为了增加游览路程，组织园林自然景色，使道路在平面上有适当的曲折，竖向上随地形有起伏。且扩大了景象空间，使空间层次丰富，形成时开时闭的辗转多变、含蓄多趣的空间景象。

6）道路交叉口的处理。应减少交叉口的数量，且交叉口路面应分出主次；两条主要园路相交时，尽量正交，不能正交时，交角不宜过小并应交于一点；为避免游人过于拥挤，可形成小广场；两条道路成丁字形相交时，在道路交点处可布置对景；山路与山下主路交界时，一般不宜正交，有庄严气氛的要求时，可设纪念性建筑；凡道路交叉所形成的角度，其转角均要圆滑；两条相反方向的曲线路相遇时，在交接处要有相当距离的直线，切忌呈"S"形；在一眼所能见到的距离内，在道路的一侧不宜出现两个或两个以上的道路交叉口，尽量避免多条道路交接在一起，如果避免不了则需要在交接处形成一个广场。

　　7)道路与建筑。与建筑相连的道路，一般情况下，可将道路适当加宽或分出小路与建筑相连。游人量较大的主要建筑，可在建筑前形成集散广场，道路可通过广场与建筑相连。

　　8)道路与种植。

　　①与园路、广场有关的绿化形式有：中心绿岛、回车岛；行道树；花钵、花树坛、树阵；两侧绿化等。

　　②最好的绿化效果应该是林荫夹道。郊区大面积绿化，行道树可和两旁绿化种植结合在一起，自由进出，不按间距灵活种植，实现"路在林中走"的意境。这不妨称之为夹景。在一定距离局部稍作浓密布置，形成阻隔，是障景。障景使景观有"山重水复疑无路，柳暗花明又一村"的意境。城市绿地则要多几种绿化形式，才能减少人为的破坏。在车行园路，绿化的布置要符合行车视距、转弯半径等要求。特别是不要沿路边种植浓密树丛，以防人穿行时刹车不及。

　　③要考虑把"绿"引申到园路、广场的可能，相互交叉渗透最为理想。使用点状路面，如旱汀步、间隔铺砌；使用空心砌块，目前使用最多是植草砖。波兰有种空心砖可使绿地占铺砌面的 2/3 以上，也可在园路、广场中嵌入花钵、花树坛、树阵。

　　④园路和绿地的高低关系。好的园路设计常是浅埋于绿地之内，隐藏于绿丛之中的。尤其是山麓边坡外，园路一经暴露便会留下道路横行痕迹，极不美观，因此，设计者往往要求路比"绿"低，但不一定是比"土"低。由此带来的是汇水问题，这时在园路单边式两侧，距路 1 m 左右，要安排很浅的明沟，降雨时汇水泻入雨水口，天晴时乃是草地的一种起伏变化。

　　9)山地园林道路。山地园林道路受地形的限制，宽度不宜过大，一般大路宽 2～3 m，小路则不大于 1.2 m。当道路坡度在 6％以内时，则可按一般道路处理，超过 6％～10％时，就应顺等高线做成盘山道以减小坡度。山道台阶每 15～20 级最好有一段平坦的路面让人们在其间休息。地面稍大的还可设一定的设施供人们休息眺望。盘山道的来回曲折可以变换游人的视点和视角，使游人的视线产生变化，有利于组织风景画面。盘山道的路面常做成向内倾斜的单面坡,使游人行走有舒适安全的感觉。山路的布置还要根据山的体量、高度、地形变化、建筑安排、绿化种植等综合安排。较大的山,山路应分出主次。主路可形成盘山路,次路可随地随形取其方便,小路则是穿越林间的羊肠小路。

10)山地台阶。山地台阶是为解决园林地形的高差而设的。山地台阶除了具有使用功能以外,还有美化装饰的功能,特别是其外形轮廓具有节奏感,常可作为园林小景。台阶通常附设于建筑出入口、水旁、岸壁和山路。台阶按材料分为石、钢筋混凝土、塑石等,用天然石块砌成的台阶富有自然风格,用钢筋混凝土板做的外挑楼梯台阶空透轻巧,用塑石做的台阶色彩丰富,如与花台、水池、假山、挡土墙、栏杆结合的台阶,更可为园林风景增色。台阶的尺度要适宜,一般踏面的宽度为 30~38 cm,高度为 10~15 cm。

3. 小城镇园路铺装设计

(1)铺装要求。

1)广场内同一空间,园路同一走向,用同一种式样铺装较好。这样,几个不同地方以不同的铺砌组成全园,可达到在统一中求变化的目的。实际上,这是以园路的铺装来表达园路的不同性质、用途和区域。

2)一种类型的铺装内可用不同大小、材质和拼装方式的块料来组成,关键是用什么铺装在什么地方。例如,主要干道、交通性强的地方,要牢固、平坦、防滑、耐磨,线条简洁大方,便于施工和管理,如用同一种石料,变化其大小或拼砌方法。小径、小空间、休闲林荫道,可丰富多彩一些,如我国古典园林。要深入研究园路所在园林的要素特征,以创造出富有特色的铺装。

3)块料的大小、形状,除要与环境、空间相协调外,还要适宜于自由曲折的线型铺砌,这是施工简易的关键;表面粗细适度,粗要可行儿童车、走高跟鞋,细不致雨天滑倒跌伤。块料尺寸模数要与路面宽度相协调;使用不同材质块料拼砌,色彩、质感、形状等对比要强烈。

4)块料路面的边缘要加固。路面损坏往往从路面的边缘开始,因此,需要加固。

5)侧石问题。园路是否放侧石,一般要依实际情况而定。

①看使用清扫机械是否需要有靠边。

②所使用砌块拼砌后,边缘是否整齐。

③侧石是否可起到加固园路边缘的作用。

④最重要的是园路两侧绿地是否高出路面,在绿化尚未成型时,须以侧石防止水土冲刷。

6)宜多采用自然材质块料。其接近自然,朴实无华,价廉物美,经久耐用。甚至旧料、废料略经加工也可利用为宝。散铺粗砂、煤屑路面、碎大理石(花岗石)板、石屑等更是常用填料。

(2)砖铺路面。目前,我国机制标准砖的大小为 240 mm×115 mm×53 mm,有青砖和红砖之分。园林铺地多用青砖,风格朴素淡雅,施工简便,可以拼凑成各种图案,以席纹和同心圆弧放射式排列为多,如图 6-24 所示。砖铺地常用于庭院和古建筑物附近。因其耐磨性差,容易吸水,适用于冰冻不严重和排水良好之处;坡度较大和阴湿地段因易生青苔行走不便故不宜采用。目前,已有采用彩色水泥仿砖铺地,效果较好。日本、欧美等国尤喜用红砖或仿缸砖铺地,色彩明快艳丽。大青方砖规格为 500 mm×500 mm×100 mm,其平整、庄重、大方,多用于古典庭园。

(3)冰纹路面。冰纹路面是用边缘挺括的石板模仿冰裂纹样铺砌的地面,石板间接缝呈不规则折线,用水泥砂浆勾缝。接缝多为平缝和凹缝,以凹缝为佳。也可不勾缝,便于草皮长出成冰裂纹嵌草路面,如图 6-25 所示。还可做成水泥仿冰纹路,即在现浇混凝土路面初凝时,模印冰裂纹图案,表面拉毛,效果也较好。冰纹路适用于池畔、山谷、草地、林中的游步道。

(4)碎料路面。碎料路面是指用碎石、卵石、瓦片、碎瓷等碎料拼成的路面,如图 6-26 和图 6-27 所示。这种路面图案精美丰富,色彩素艳和谐,风格或圆润细腻或朴素粗犷,做工精细,具有很好的装饰作用

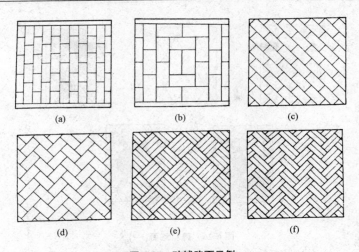

图 6-24　砖铺路面示例

(a)联环锦纹(平铺);(b)包袱底纹(平铺);(c)席纹(平铺);

(d)人字纹(平铺);(e)间方纹(仄铺);(f)丹墀(仄铺)

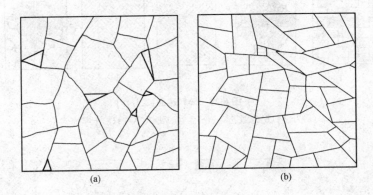

图 6-25　冰纹路面

(a)块石冰纹;(b)水泥仿冰纹

和较高的观赏性,有助于强化园林意境,具有浓厚的民族特色和情调,
多见于古典园林中。

　　碎料路面示例如图 6-28 和图 6-29 所示。

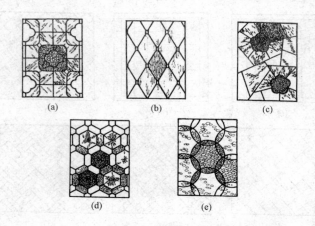

图 6-26　碎料路面(一)

(a)四方灯景；(b)长八方；(c)冰纹梅花；(d)攒六方；(e)球门

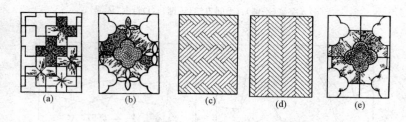

图 6-27　碎料路面(二)

(a)万字；(b)海棠芝花；(c)席纹；(d)人字纹；(e)十字海棠

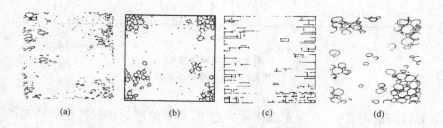

图 6-28　碎料路面示例(一)

(a)、(d)卵石路面；(b)碎石路面；(c)条石路面

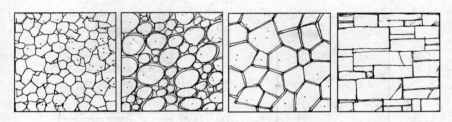

图 6-29 碎料路面示例(二)

1)汀石。汀石是在水中设置步石,使游人可以平水而过。汀石适用于窄而浅的水面,如小溪、涧、滩等地。为了游人的安全,石墩不宜过小,距离不宜过大,一般数量也不宜过多。如苏州环秀山庄,在山谷下的溪涧中置石一块,恰到好处。桂林芦笛岩水榭前的一组荷叶汀步,与水榭建筑风格统一,比例适度,疏密相间,色彩为淡绿色,用混凝土制成,直径为 1.5～3 m 不等。在远山倒影的陪衬下,一片片荷叶紧贴水面,大大地丰富了人们游览的情趣,如图 6-30 和图 6-31所示。

图 6-30 块石汀石

图 6-31 荷叶汀石

2)步石。在自然式草地或建筑附近的小块绿地上,可以用一至数块天然石块或预制成圆形、树桩形、木纹板形等铺块,自由组合于草地之中。一般步石的数量不宜过多,块体不宜过小,两块相邻块体的中心距离应考虑人的跨越能力和不等距变化。这种步石易与自然环境协调,能取得轻松活泼的效果,如图 6-32 和图 6-33 所示。

图 6-32　仿树桩步石

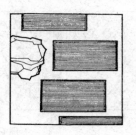

图 6-33　条纹步石路

　　(5)嵌草路面。嵌草路面是把天然石块和各种形状的预制混凝土块铺成冰裂纹或其他花纹。铺筑时在块料间留 3～5 cm 的缝隙，填入培养土，然后种草。常见的有冰裂纹嵌草路、花岗岩石板嵌草路、木纹混凝土嵌草路、梅花形混凝土嵌草路等，如图 6-34 和图 6-35 所示。

图 6-34　木纹混凝土嵌草路

图 6-35　梅花形混凝土嵌草路

第四节　小城镇街旁绿地园林景观设计

一、小城镇街旁绿地园林景观特征

1. 装饰街景

　　小城镇的街旁绿地包括街道广场绿地、小型沿街绿化用地、转盘绿地等，其主要功能是装饰街景、美化城镇、提高城市环境质量，并为游人及附近居民提供休闲场所，散布于小城镇的各个角落。随着城市与城镇建设规模的不断扩大,无论在城市还是小城镇中,街旁的小游园、小景点都受到越来越多的重视。

2. 就近服务的原则

小城镇居民的日常户外活动大多数是在房前屋后的空地进行,除了住宅小区内的园林景观,就是城镇之中分布最广的街旁绿地了。这些小花园本着就近服务的原则,以较小的规模和占地面积形成城镇居民最重要的活动场所。通常街旁绿地的面积在 1 hm² 以内,有的仅几平方米。服务半径在 300~500 m,甚至更近。

3. 整体分布呈现分散的见缝插针形式

小城镇街旁绿地的整体分布呈现分散的见缝插针形式。由于很多小城镇依托村落发展起来,虽然有较好的自然条件,却没有系统的景观规划体系。在城镇快速发展过程中,街旁绿地成为城镇保存下来的一块块绿色的斑点,填补在城镇中。加强街旁绿地建设是提高城镇绿化水平、改善生态环境的重要手段之一。街旁绿地分布于临街路角、建筑物旁地、中心广场附近及交通绿岛等地,加强街头绿地建设,能有效增加城镇的绿化面积,大大提高绿地率及绿化覆盖率。

4. 人们的使用需求

小城镇街旁绿地作为离人们最近的公共空间,往往成为最受欢迎的场所。街旁绿地通常没有复杂的景观元素,大部分是依据现状进行改造,符合人们的使用需求。所以,街旁绿地朴实无华,却平易近人。在绿地中会配建相应的休闲、健身器材,或休息座椅、花架,作为城镇居民户外活动的主要设施。

二、小城镇街旁绿地景观设计

1. 小城镇街旁绿地园林景观设计要点

小城镇街旁绿地虽然面积很小,但景观设计的要素非常丰富,不仅如此,景观要素所塑造的景观空间也是多样的。

　　小城镇的街旁绿地通常投资较少,这要求在景观设计中充分利用现有的自然要素,例如地形、保留的树木等来进行景观设计。在选址上也尽量背风向阳,保证排水良好,以节省不必要的维护费用。微地形通常可以作为视线遮挡的媒介,来围合私密的空间,形成自然的边界。或者种植一株或一组姿态较好的植物,可选择彩叶、花灌或观果的树木,形成重要的视觉焦点,背景种植高大的常绿树,树下种植观赏期较长的地被,混入低矮匍匐的本地野草,降低日常管理费用。背景树与树丛共同围合出一系列的小空间。

　　街旁绿地如果要承载人们的活动,就要以铺装地面作为场地。从小城镇园林景观的特点出发,可选用价格低廉的铺装材料或废物再利用,来铺设园路及小广场,铺装材料最好是可循环利用的。例如,碎石铺设的小路有很好的透水性,踩在上面的触感也很好,适宜散步与健身。在小城镇绿地的养护过程中,每年都会清理出不少的倒伏树木,经过消毒防病虫处理,一些废弃的木料或树皮也是很好的铺装填充材料,树皮发酵之后还可以有效补充绿地的养分,使自然环境更加和谐。还可以建成独具野趣的亭、廊、花架等,使街旁绿地的自然气息更加浓郁。街旁绿地的植物配置可以与行道树、分车带的植物共同构成多道屏障,能有效地吸收或阻隔机动车带来的噪声、废气及尘埃,起到保护花园环境的作用。同时,通过丰富的植物种植来塑造变化万千的道路景观。

　　小城镇的街旁绿地维护管理层面,在城镇规划的过程中应该给予足够的重视,加强建设力度。应尽可能地见缝插针,增加街旁绿地的数量,提高品质。同时,明确街旁绿地的维护管理部门,将负责制度落到实处,以保证街旁绿地的有效建设和使用。

　　虽然小城镇街旁绿地的面积较小,但根据特定的场所、环境及开发性质,不同力度和不同内容,制定的景观设计方案是千差万别的,决不能搞一刀切和单一模式的绿化形式。一方面,街旁绿地要充分利用现在绿地,因地制宜;另一方面,街旁绿地景观又是展现小城镇风貌的重要因素。小城镇的街旁绿地往往保留了城镇古老的形态肌理,加以改造后，它不仅是居民们生活的场所，也将成为精神的寄托之处。

2. 小城镇林荫道绿化设计

（1）林荫道布置类型。

1）设在街道中间的林荫道。即两边为上下行的车行道，中间有一定宽度的绿化带，这种类型较为常见。主要供行人和附近居民作暂时休息用。此类型多在交通量不大的情况下采用，出入口不宜过多。

2）设在街道一侧的林荫道。由于林荫道设立在道路的一侧，减少了行人与车行路的交叉，在交通比较频繁的街道上多采用此种类型，同时也往往受地形影响而定。

3）设在街道两侧的林荫道。设在街道两侧的林荫道与人行道相连，可以使附近居民不用穿过道路就可达林荫道内，既安静，又使用方便。此类林荫道占地过大，目前使用较少。

（2）林荫道规划设计。

1）必须设置游步路。可根据具体情况而定，但至少在林荫道宽 8 m 时，有一条游步路；在 8 m 以上时，设两条以上游步路为宜。

2）车行道与林荫道绿带之间，要有浓密的绿篱和高大的乔木组成绿色屏障相隔，一般立面上布置成外高内低的形式。

3）林荫道中除布置游步路外，还可考虑小型的儿童游乐场、休息座椅、花坛、喷泉、阅报栏、花架等建筑小品。

4）林荫道可在长 75～100 m 处分段设立出入口，各段布置应具有特色。但在特殊情况下，如大型建筑的入口处，也可设出入口。同时在林荫道的两端出入口处，可使游步路加宽或设小广场。但分段不宜过多，否则影响内部的安静。

5）林荫道设计中的植物配置，要以丰富多彩的植物取胜。道路广场面积不宜超过 25%，乔木应占地面积 30%～40%，灌木占地面积 20%～25%，草坪占 10%～20%，花卉占 2%～5%。南方天气炎热，需要更多的蔽荫，故常绿树的占地面积可大些；在北方，则以落叶树占地面积较大为宜。

6)林荫道的宽度在 8 m 以上时,可考虑采取自然式布置;8 m 以下时,多按规划式布置。

(3)滨河道规划设计。

1)滨河道的绿化一般在临近水面设置游步路,最好能尽量接近水边,因为行人是习惯于靠近水边行走,故游步路的边缘要设置护栏。

2)如有风景点可观时,可适当设计成小广场或凸出水面的平台,以便供游人远眺和摄影。

3)滨河林荫道一般可考虑树木种植成行,岸边有栏杆,并放置座椅,供游人休息。如林荫道较宽时,可布置得自然些,有草坪、花坛、树丛等,并有简单园林小品、雕塑、座椅、园灯等。

4)滨河林荫道的规划形式,取决于自然地形的影响。地势如有起伏,河岸线曲折及结合功能要求,可采取自然式布置。如地势平坦,岸线整齐,与车道平行者,可布置成规则式。

5)可根据滨河路地势高低设成平台 1~2 层,以踏步联系,可使游人接近水面,使之有亲切感。

6)如果滨河水面开阔、能划船和游泳时,可考虑游园或公园的形式,容纳更多的游人活动。

3. 小城镇街道绿化设计

(1)小城镇街道布置形式。

1)行道树的选择。树冠冠幅大,树叶密;抗性强;寿命长;深根性;病虫害少;耐修剪;结果少,无飞絮;发芽早,落叶晚。

2)小城镇街道种植设计。应留 1.5 m 以上的种植带。种植地形为条形式方形,池边高于人行道地面 10~15 cm 或平于地面。保证足够的横净距。树木间距不宜过小,过高。

3)人行道绿地。

①种植方式的选择。一般宽 2.5 m 以上的绿地种一行乔木,宽度大于 6 m 时可种植两行乔木,宽度在 10 m 以上可采用多种方式种植。

②种植设计。人行道上树木的间距、高度,不应对行人或行驶中的车辆造成视线障碍,一般株距为 5 m 为宜,乔木为 6~8 m,以成年

树冠郁闭效果为准。如易遮挡视线的常绿树,其株距应为树冠冠幅的4～5倍,定杆高度不得小于3.5 m,分枝角度小的,不高于2 m。为减少噪声与防尘,可采取复式种植。

4)小城镇街道绿化分类。

①街道小游园。设立若干个出入口,便于游人集散。园内设置游步路,有主次路区别。在人流较大的地方可分设集散广场,以利于组织空间,便于人们活动。适当条件下,设立园林建筑小品,如亭廊、花架、报栏、园灯、水池、喷泉、座椅等,丰富内容和景观。可考虑安排部分健身活动广场和游乐器械以及小型儿童游戏场。以植物种植为主。乔木与灌木;常绿与落叶;树丛、树群、花坛、草坪相结合,有层次有变化。局部地段可作地形处理,滨河小游园,应尽量靠近水边,满足人们亲水的心理要求。

②步行街。可铺设、装饰性花纹的地面,增加一些街景的趣味。结合灯光照明,装饰性小品、座椅、凉亭、电话间等。注意种植乔木,保证遮阴功能。

③分车带绿地。种植设计中,除了保证分隔、组织交通与保障安全外,还要进行防眩种植和防尘、防噪种植。分车带的种植,要根据不同用路者(快车道、慢车道、人行道)的视觉要求来考虑树种与种植方式,以草皮种植为主,适当种植70 cm以下的绿篱、灌木、花卉等。

④交叉口与交通岛绿地。交叉口在视距的三角形之内不要布置高于0.65～0.70 m的植物,以免遮挡视线。交通道以提高通行能力为目的,因此,不能布置供休息用的小游园或过于华丽的花坛。通常以嵌花草皮花坛或低矮常绿灌木组成简单的图案花坛,忌影响视线。

(2)小城镇街道绿化布置形式。

1)一板二带式,即一条车道,两条绿带,如图6-36所示。其特点是简单整齐、用地比较经济,管理方便。

2)二板三带式,即分成单向行驶两条车行道和两条行道树,中间

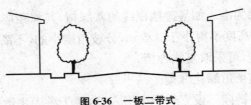

图 6-36　一板二带式

以一条绿带分开,如图 6-37 所示。其特点是对城市面貌有较好的效果,减少行车事故发生,多用于高速公路。

图 6-37　二板三带式

　　3)三板四带式,即用两条分隔带把车行道分成三块,中间为机动车道,两侧为非机动车道,行道树共为四条。其特点是组织交通方便、安全,蔽荫效果好,如图 6-38 所示。

图 6-38　三板四带式

　　4)四板五带式,即用三条分隔带将车道分成四条,使各车辆形成上下行、互不干扰,如图 6-39 所示。

图 6-39　四板五带式

三、小城镇街旁绿地园林景观发展趋势

1. 自然生态趋势

小城镇街旁绿地直接关乎城镇的生态环境质量,在建设过程中,场地的自然条件、结构和功能是街旁绿地设计的基础,充分利用自然资源来建设城镇的绿地空间,是促进城镇自然环境建设的重要手段。在小城镇的规划建设中,应该合理划分建筑用地与开阔空间,保护自然资源,确保发挥其生态效益,提高城镇的生态环境质量。充分利用街旁绿地分布广的优势,以少积多,合理建设小城镇的园林景观体系。

2. 人性化场所

以人为本是小城镇街旁绿地最重要的特征,其主要功能是满足居民们的日常活动需求。无论是设计理念上,还是空间尺度和景观特色上,小城镇街旁绿地的建设应以营造景色优美、令人愉悦的空间为基本原则,以满足大众需求、使用安全舒适为最终目标。

3. 艺术审美需求

街旁绿地的景观设计手法多样各异,有些受到西方现代花园设计的影响,讲究自由流畅或简洁明快,风格突出;也有一些追求古典园林中的意境美与含蓄美,以小中见大的手法塑造一方天地。不同的街旁绿地的艺术形式有不同的审美偏好,街边的小花园展现着浓厚的艺术气息与魅力。草地,花径,喷泉,雕塑,假山,廊架等,都呈现着艺术的感召力与自然的活力。

第五节　小城镇山地园林景观设计

一、小城镇山地园林景观空间特征

1. 小城镇山地园林景观通常与居民的生活交相辉映

小城镇山地园林景观通常与居民的生活交相辉映,不可分割。居

民建筑就像生长在山地景观之中的点缀物,是景观重要的组成部分。也有一些小城镇的山地景观是单纯的旅游景区,是吸引外来游人和展现城镇特色风貌的重要风景。无论是哪种山地景观,都具有与其他类型的园林景观完全不同的空间特性,即三维性。地形的高低变化赋予了山地园林景观独特的风貌。在山地区域,地表隆起的景物往往是视觉的中心,背景轮廓也极其丰富,层次分明,植被因地形的变化而显得高低错落。人们可以在山地之中仰视、鸟瞰或远眺,视角和视域都会产生丰富的变化,这是人们在平原地区的自然环境中难以体验到的。

2. 小城镇山地景观提供给人们不同的景观画面

小城镇山地景观提供给人们不同的景观画面,甚至步移景异,每一个局部都有不同的空间属性和景观特征。景观的轮廓线构成了丰富的背景层次,就像画面的基调,使景观更加立体化。在山地景观中,地形的高低起伏会给人们带来不同的心理感受。如峨眉山峰峦连绵,轮廓线柔和、舒缓,给人以秀丽之感。华山与黄山以险峻著称,山体峭拔,给人以雄伟、惊险之感。

3. 小城镇山地园林景观拥有复杂多变的道路系统

小城镇的山地园林景观拥有复杂多变的道路系统,很多甚至是从平面上看几乎完全贴近的两条道路。小城镇山地的自然地形决定了道路的布局形式,小城镇的山地景观中,道路往往多采用自由的布置形式,街道景观、广场景观因地势而生,无固定的格局模式,形成很多自发的景观空间。小城镇的山地景观从二维和三维的角度创造出自然的空间围合,利用自然地形的高差形成不同的入口,不同的道路系统,不同的空间形态,形成更多不同的自然接触面。山地景观增加了人们与自然的交流与对话。因地域特征而生的建筑形式、景观特质彰显着小城镇独特的风貌。

二、小城镇山地园林景观构成要素

1. 小城镇山地园林景观的自然要素

地形地貌的基础是土壤,山地中的土壤类型较多,通常缓坡、谷地或低地是汇集区域,土壤的厚度和肥力都较好,属于高产农田或密林苗圃等,也是城镇建设的较好用地。而山顶、山脊等处受风化和侵蚀严重,加之水土流失,土壤通常较薄和贫瘠,不适合植物生长。不同的土壤条件直接影响山地园林景观的建设效果。通常根据土壤的类型选择适宜的相同树种,减小贫瘠土壤对景观的影响。在一般的山地景观中,地表的径流量、径流方向,以及径流速度都与地形有关。因为地面越陡,径流量越大,流速越快,如果地表形成大于50%的斜坡就会引起水土流失。

地形地貌是建造山地园林景观区域其他类型景观的首要元素,山地的凸起与凹陷形成了空间的边缘和轮廓。各种不同类型的地貌,如凸地、山脊、凹地、谷地以及由两种或两种以上地形类型组合形成的山地景观等。不同的地形地貌承载不同的景观功能和景观元素。地形变化较小的场地往往会形成居住、娱乐的聚集之地;在山巅或陡峭的场地,则以植物种植为主,形成绿地山地景观背景。

小城镇山地景观中的水系通常根据地形高差的不同,产生流速急、落差大、蜿蜒曲折的水景。无论是瀑布、跌水还是湖泊,山地景观中的水景通常以自然的形态居多,山水相映,形成浓郁的自然气息。小城镇山地景观中的水体以活跃性和渗透力而成为自然景观要素中最富有生机的元素。

在小城镇的山地景观中,平缓的山地或山脚通常土壤肥沃,水分充足,土层松软,植被根系生长的阻力小,植被较丰富,常以常绿阔叶植物和乔木为主。山坡中部土壤比坡底要薄一些,通常以中小型灌木和小乔木为主;山顶因为土层薄,持水能力差,常以灌木和地被植物为主。在不同的山体位置有不同的植物群落生长,它们形成了山地景观重要的自然元素。山地景观中的植物随着地形坡度的变化而有所不同,坡度越陡,变化越明显;坡度平缓时,几乎没有太多变化,过陡的坡则不能生长植物。另外,山地形成的不同小气候条件也影响植物的生长,在向阳的坡地上通常生长喜阳的植被,阴坡则以耐阴植物为主。由于山地景观地形条件复杂多变,所蕴含的规律都隐藏在复杂的环境当中,因而产生了丰富的植物群落。

2. 小城镇山地园林景观的人工要素

在山地园林景观中,一类特殊而常见的人工要素就是挡墙,由于地形的复杂多变,通常需要各类挡墙来围合活动的区域或居住的区域。山地景观中的挡土墙在满足功能的前提下,可适当增加艺术感。可充分利用现状条件,设计不同的挡墙形态和墙面的装饰,增加挡墙的审美情趣。挡墙选用不同的材料会产生完全不同的质感,如木质的挡墙质朴、自然、亲切;毛石挡墙粗犷、野性;石板堆叠的挡墙细腻、精致。应根据实际情况,设计满足功能,与环境相协调,有较强艺术感的挡土墙,来增加山地园林景观的情趣。在《公路挡土墙施工》[2]一书中对挡土墙的定义为:"挡土墙是用来支撑陡坡,以保持土体稳定的一种构造物,它所承受的主要负荷是土压力"。

园路在山地园林景观中至关重要,为了解决交通的需求,并符合山地的地形变化,山地中的园路往往具有极有特色的层级系统。园路不仅是山地景观中交通的主要承载,也是形成变化的山地景观效果的关键所在,山地的起伏、高差变化都通过层级系统进行消化。山地景观中的园路形式多样,布局自由,为人们提供了在街道之间观赏城镇风貌的重要途径,在不同高差的园路之中可以看到各种独特的城镇景观。在复杂的地形地貌条件下,园路多采用弯道布线,甚至蛇形道路,在解决高差的同时,为步行者和驾驶者提供了一系列不断变化着的景观画面。有时为缩短道路长度,常采用加大道路的纵坡,用回头线连成之字形或螺旋状的斜交道路系统。在高差变化较大的山地园林景观中,常设有坡道、梯道、缆车、索道和自动扶梯等,以解决纵向的交通联系。

小城镇山地园林景观中会较少设有人工构筑物、服务设施、座椅、垃圾桶等,由于用地的限制,山地园林景观往往以自然要素为主,尽量减少人工设施的设置。而且,较多的构筑物也会破坏山地景观的自然气息,降低舒适性。

---

② 《公路挡土墙施工》作者陈忠达,王海林,人民交通出版社(2004年)。

三、小城镇山地园林景观整体性设计

1. 因地制宜

在山地环境中,地形地貌变化很大,不同的场地使用功能和空间特性完全不同,相应的景观建设也千差万别。平坦的地形适宜安排活动空间,陡峭的山坡或种植植物,或结合山体情况开发建设攀岩、爬山、徒步等活动场所。山地园林景观中的植物群落与海拔、地质、土壤类型都有很大关系,植物的配置要适当考虑山地的小气候环境,做到适地适树,减少维护与投资的投入,并保证山地园林景观的整体风貌。小城镇的山地园林景观建设,首先要认清山地环境的现状特征,因地制宜地进行改造建设。

2. 空间设计强调流线体验

山地景观中纵横交错、蜿蜒曲折的园路系统恰恰是流动空间的最后例证。在山地景观中,空间的布局与流线的组织必须紧密结合,力求在符合现状的基础上,产生步移景异的丰富景观层次。空间的流线强调人们视觉的变化以及心里的感受,不同的画面由不同的空间界面、视觉主体和轮廓线组成,这在山地园林景观中是具有突出特色的景观特质。只有在三维空间中的组织与设计才能进一步突出小城镇山地园林景观的特征。小城镇的山地园林景观不同于其他类型的景观,平面或二维的空间设计不能有效地体现山地景观复杂的空间层次和空间体验。

3. 视线控制强化空间序列

在小城镇的山地园林景观中,视线的变化往往比平原更丰富。正是不同的视觉感受和视线变化才形成了人们可感知的空间组织序列。在山地景观设计中,要充分利用山地中的制高点,因为这里视野开阔,甚至可以将整个城镇的景色尽收眼底。山地中的园林蜿蜒曲直,视线随之时而开阔,时而封闭,这些不同的空间感受需要进行有效合理地组织,形成此起彼伏的空间序列。

第六节　小城镇水系园林景观设计

一、小城镇水系园林景观特征

1. 改善小城镇的气候条件

小城镇的水利基础设施建设、全域供水工作、水资源管理工作和防汛保安工作等,近几年得到了极大的改观,在保障基本用水的前提下,水系景观的营造能有效改善小城镇的气候条件,水体的净化和水环境的整治能够提高居民的生活水平,创造独具特色的城镇景观。

2. 水是生命之源

水是生命之源,也是经济发展的命脉。尤其对于那些依山傍水的小城镇,水系景观不仅维系着城镇的居民生活,也是展现城镇景观风貌的重要元素。

3. 改造与建设水系景观

小城镇的水系景观通常存在两个极端的现象,一是过度人工化的水景规划设计,原有的自然风光和独特的水系景观被完全破坏;二是污水遍布、淤泥堆积的亟待整治与改造的河流水系。在拦河筑坝、开发水电的水利工程改造过程中,原有的生态系统严重失衡,大量物种消失,生物多样性减小。水系的园林景观与水利的改造并没有相互配合,相互改善,而是完全忽略了园林景观的重要性。以现状水系为基础改造与建设水系景观,在花费较少投资的基础上,可以有效地缓解水利工程对于生态平衡的影响。水系景观可以为各类生物提供栖息的场所,可以通过植物的种植净化水体,还可以为城镇居民提供休闲娱乐的场所。

二、小城镇水系园林景观设计原则

1. 以生态的理念为出发点

小城镇水系的总体规划不仅控制着城镇的整个水网系统,也直接影响水系园林景观格局,这是水系园林景观建设的基本框架。小城镇水系园林景观建设要以生态的理念为出发点,以水系总体规划为基础,形成系统的建设体系。水系园林景观建设,包括植物的种植,驳岸的处理方式,滨水广场的分布与规模等,都可以形成统一的特色,突显城镇水景风貌。小城镇水系园林景观应该以自然、生态的理念为基础,尽量减少人工化的硬质景观,以自然的驳岸、自由的植物群落为主,充分利用水系两侧的地形变化,在条件允许的场地内,开辟居民可以亲水的空间。在不影响水质的前提下,让人们能够通过水系景观接触大自然。

2. 保护和利用自然水系

保护和利用自然水系,合理调节和控制洪水水位。很多城镇水系都面临着排洪和泄洪的需求,而硬质的、宽大的河岸通常形成小城镇舒适的自然景观,而完全不符合这一条件的人工化驳岸将直接影响水系景观的质量。既要保留小城镇现有的自然水系的水利功能,同时,也可以通过适当的改造形成变化的水岸景观,例如,水陆两生的植物种植,耐水浸的栈道或平台,阶梯式的看台等,都可以在水位较低时形成优美的水系景观,在水位较高时被淹没。自然的规律并不能改变,它反而为水系景观增加了多样性和趣味性。

3. 通过强化"蓝线"和"绿线"的管理

水系园林景观的建设可适当拓展水岸两侧的面积,依托现有的自然景观和文化景观形成水系景观的节点,使线性的景观形成段落和变化的节奏,并增加水系景观的人文价值。通过强化"蓝线"和"绿线"的管理,来严格保护水系及周边的自然遗产和文化遗产,划定重要地段水系两侧的保护和建设区域,尤其是一些具有历史价值的文物古迹或城镇绿地。

三、小城镇水系园林景观设计要点

小城镇水系园林景观建设的首要任务是展现城镇景观特色。在城镇化的高潮中,每年都有成千条的城乡河道被填埋,上万亩的河滩、湖泊、海洋、湿地正在消失。这些错误的水系改造方式,致使许多城市优美的水系河流变成了暗渠,昔日流连忘返的独特环境变得十分平庸,毫无特色,原来流动互通的水系变成了支离破碎的污水沟或者污水池。原有河道、湖泊中生物繁殖的环境与自然生态群落遭到彻底毁灭,城镇水系也失去了自我净化的能力。针对这样的形势,小城镇水系园林景观建设首先要保留城镇原有的特色水景风貌,保护水资源,以最小的改造力度形成更加舒适的水系环境。小城镇与城市的水系并不相同,并不能按照现代的设计手法去统一小城镇水系景观。应以现状为基础,在具有利用潜力的地段建设居民可休闲娱乐的滨水广场,同时控制规模;在水系较窄的地段,可以植物护岸为主进行保护与疏通;水系两侧可建设滨水散步道,以高大乔木形成遮阴的行道树,既保护水系资源,又可形成居民的近水空间。

小城镇的水系景观中,大部分都会有河岸高差的变化,尤其对于一些具有泄洪功能的河流或储水库,巨大的高差将水系与人们隔开,破坏了水系景观的整体性。在地形变化较小的水系两侧,可适当种植植物,形成水系两侧绿色的屏障;在地形高差很大的情况下,可适当拓宽,形成不同层级,较高的层级供人们活动,较低的层级种植水生植物,同时留出弹性空间,在水位变化时产生不同的景观效果。

水系的驳岸是园林景观的重要组成部分。很多“二面光”或“三面光”的水工程建造模式,使得原有的自然河堤或土坝变成了钢筋混凝土或浆砌块石护岸,河道断面形式单一生硬,造成了水岸景观城镇与城市千篇一律的景象,城镇原有的水生态和历史文化景观也遭到了严重破坏。小城镇水系的驳岸首先要以现状情况为基础,尽量选择自然式的驳岸景观,以植物、步行道、木平台等元素形成舒适的水岸环境。

小城镇的水系中通常有一些湿地景观,它们不仅是小城镇生态环境的重要组成部分,也是小城镇周边的城市保障系统。小城镇的湿地景观是极其珍贵的生态资源,应以保护为主,尽量减少人工的干预。

从经济学的角度来看,一块湿地的价值比相同面积的海洋高 58 倍,湿地可以保护濒临灭绝的物种。在保护湿地的基础上,根据湿地的不同情况,可适当地开辟供参观的湿地景观区域,增加小城镇水系的科普教育功能和经济效益。

第七章 小城镇园林专项设计

第一节 小城镇园林给排水设计

一、小城镇园林水源

1. 园林水质要求

园林用水的水质要求,可因其用途不同分别处理。养护用水只要无害于动植物不污染环境即可。但生活用水(特别是饮用水)则必须经过严格净化消毒,水质须符合国家现行的卫生标准。

园林中水的来源不外乎地表水和地下水两种。

(1)地表水。包括江、河、湖塘和浅井中的水,这些水由于长期暴露于地面上,容易受到污染。有的甚至受到各种污染源的污染,水质较差,必须经过净化和严格消毒,才可作为生活用水。

(2)地下水。包括泉水,以及从深井中或管井中取用的水。由于其水源不易受污染,水质较好。一般情况下,除作必要的消毒外,不必再净化。

园林中除生活用水外,其他方面用水的水质要求可根据情况适当降低。但都要符合一定的水质标准。

(1)地面水标准。所有的园林用水,如湖池、喷泉瀑布、游泳池、水上游乐区、餐厅、茶室等的用水,首先都要符合国家颁布的《地表水环境质量标准》(GB 3838—2002)。在这个标准中,首先按水域功能的不同,把地面水的质量级别划分为以下五类:

Ⅰ类:主要适用于源头水、国家自然保护区。

Ⅱ类:主要适用于集中式生活饮用水地表水源地一级保护区、珍稀水生生物栖息地、鱼虾类产卵场场、仔稚幼鱼的索饵场等。

Ⅲ类:主要适用于集中式生活饮用水地表水源地二级保护区、鱼虾类越冬场、洄游通道、水产养殖区等渔业水域及游泳区。

Ⅳ类:主要适用于一般工业用水区及人体非直接接触的娱乐用水区。

Ⅴ类:主要适用于农业用水区及一般景观要求水域。

在该标准中,提出了对地面水环境质量的基本要求。即所有水体不应有非自然原因导致的下述物质:①凡能沉淀而形成令人厌恶的沉积物;②漂浮物,诸如碎片、浮渣、油类或其他一些能引起感官不快的物质;③产生令人厌恶的色、臭、味或浑浊度的;④对人类、动物或植物有损害;⑤易滋生令人厌恶的水生生物。

园林生产用水、植物灌溉用水和湖池、瀑布、喷泉造景用水等,要求的水质标准可以稍低一些,上述Ⅴ类及Ⅴ类以上水质都可以使用。另外,喷泉或瀑布的用水,可考虑自设水泵循环使用。公园内游泳池、造波池、戏水池、碰碰船池、激流探险等游乐和运动项目的用水水质,应按地面水质量标准的Ⅱ类及Ⅱ类以上水质而定。

(2)生活饮用水标准。园林生活用水,如餐厅、茶室、冷热饮料厅、小卖部、内部食堂、宿舍等所需的水质要求比较高,其水质应符合国家现行标准《生活饮用水卫生标准》(GB 5749—2006)的规定。

2. 园林给水排水特点

(1)给水特点。

1)用水点分散。园林中布设的小品、水景很多,所以用水点较分散。

2)管网布置较复杂。园林用地遵循顺应自然,充分利用原有地形的原则,所以其用水点也都是就地形而布设。自然式园林地形的起伏较大,管网布置较复杂。

3)对水质要求不同。园林中水的用途较广,可能用于游人的饮用,也可能用于绿地养护或道路喷洒,不同方面的用水对水质要求不同。

4)水的高峰期可以错开。园林中各种用水时间几乎都不是同步的,如餐厅营业时间主要在中午前后,植物的浇灌则多在清晨或傍晚。所以用水的高峰期可以错开。

(2)排水特点。

1)主要是排除雨水和少量生活污水。

2)园林中地形起伏多变,有利于地面水的排除。

3)园林中大多有水体,雨水可就近排入水体。

4)园林可采用多种方式排水,不同地段可根据其具体情况采用适当的排水方式。

5)排水设施应尽量结合造景。

6)排水的同时,还要考虑土壤能吸收到足够的水分,以利于植物生长,干旱地区尤其应注意保水。

3. 园林给水排水系统的组成

园林由于其所在地区的供水情况不同,取水方式也各异。在小城镇的园林,可以直接从就近的小城镇自来水管引水。在小城镇郊区的园林绿地如果没有自来水供应,只能自行设法解决。附近有水质较好的江湖水的可以引用江湖水;地下水较丰富的地区可自行打井抽水;靠近山的园林往往有山泉,引用山泉水是最理想的。

取水的方式不同,公园中的给水系统的基本组成情况也不一样,如图 7-1 所示。

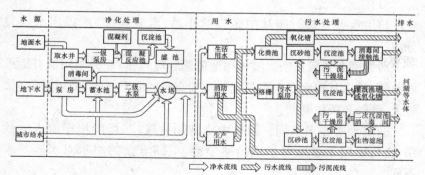

图 7-1　园林给水排水流程示意图

二、小城镇园林给水设计

1. 园林给水的方式

根据给水性质和给水系统构成的不同,园林给水方式可分为引用式、自给式和兼用式三种。

(1)引用式。园林给水系统如果直接到小城镇给水管网系统上取水,就是直接引用式给水。采用这种给水方式,其给水系统的构成也就比较简单,只需设置园内管网、水塔、清水蓄水池即可。引水的接入点可视园林绿地具体情况及小城镇给水干管从附近经过的情况而决定,可以集中一点接入,也可以分散由几点接入。

(2)自给式。在野外风景区或郊区的园林绿地中,如果没有直接取用小城镇给水水源的条件,就考虑就近取用地下水或地表水。以地下水为水源时,因水质一般比较好,往往不用净化处理就可以直接使用,因而其给水工程的构成就要简单一些。一般可以只设水井(或管井)、泵房、消毒清水池、输配水管道等。如果是采用地表水作水源,其给水系统构成就要复杂一些。从取水到用水过程中所需布置的设施顺序是:取水口、集水井、一级泵房、加矾间与混凝池、沉淀池及其排泥阀门、滤池、清水池、二级泵房、输水管网、水塔或高位水池等。

(3)兼用式。在既有小城镇给水条件,又有地下水、地表水可供采用的地方,接上小城镇给水系统,作为园林生活用水或游泳池等对水质要求较高的项目用水水源;而园林生产用水、造景用水等,则另设一个以地下水或地表水为水源的独立给水系统。这样做所投入的工程费用稍多一些,但以后的水费却可以大大节约。

2. 园林给水管网的布置形式

园林给水管网布置形式,可分为树状网和环状网两种形式。

(1)树状网。如图 7-2 所示,管线布置像树枝一样,从树干至树梢越来越细。树状网的特点:管线的长度比较短,节省管材,基建费用低；管网中如有一条管线损坏，它以后的管线都将断水，供水安全性较差。

（2）环状网。如图7-3所示，管网布置成若干个闭合环流管路。环状网的特点：由于管线中的水流四通八达，当有部分管线损坏时，断水的范围较小；环状网中管网较长，所用阀门较多，因此工程投资较大。

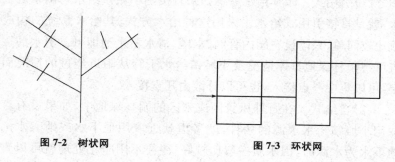

图 7-2 树状网   **图 7-3 环状网**

3. 园林给水管网布置要求

（1）干管的布置设计。在布置设计管网时，一般情况下，只着眼于控制全局的主要管线干管，并不包括全部管线。所以，在布置设计时，要注意以下几点。

1）干管应靠近主要使用单位和连接支管较多的一侧敷设。

2）干管应靠近调节设备，如水塔或高位水池。

3）干管要洁净牢固，安全可靠使用。在保证不受冻的情况下，干管宜随地形起伏敷设，避开复杂地形和难于施工的地段，以减少土石方工程量。

4）干管应尽量埋于绿地下，避免穿越或设于园路下。

5）干管与其他管道保持一定间距。

（2）管道的布置设计。

1）管道埋深。管道在埋设时，不宜过深，埋得过深工程造价高；但也不宜过浅，过浅管道宜遭破坏。因此，管道在设计埋深时要遵循以下原则：

①非冰冻地区管道的管顶埋深，主要由外部荷载、管材强度、管道交叉及土壤地基等因素确定。金属管道的覆土深度一般不小于0.7 m；非金属管道的覆土深度不宜小于1.0～1.2 m。

②冰冻地区，除考虑上述因素外，还要考虑土壤的冰冻深度，一般要求埋设于冰冻线以下40 cm处。

2)管道间净距及避让。给水管道与其他管道或其他物体的相对位置、净距等在设计时都要定得适宜，并留有必要的余地，详见表7-1和表7-2。

表7-1　给水管道与其他管道(建筑物)的最小净距

序　号	名　　　称		水平净距/m	垂直单距/m
1	给水管		1.0	0.15
2	排水管	$\phi \leqslant 200$ mm	1.5	0.40
		$\phi > 200$ mm	3.0	
3	煤气管		1.5	0.15
4	热力管道		1.5	0.15
5	电力电缆		1.0	0.50
6	通信电缆		1.0	0.50
7	照明通信杆柱		1.0	—
8	建筑物基础外缘		3.0	—

表7-2　管道避让原则

避　　让	不　　让	理　　由
小管	大管	小管避让弯绕所增加造价较少
压力流管	重力流管	重力流管改变为反方向的坡度困难
冷水管	热水管	从工艺和节约两方面考虑热力管更希望短而直
给水管	排水管	排水管常为重力流且水中污染质多宜尽快排除
无毒水管	有毒水管	有毒管的造价高于无毒管

避　　让	不　　让	理　　由
生活用水管	工业消防用水	工业消防用水量大，管径也较大，要求供水保证率更高
金属管	非金属管	金属管易弯曲、切割和连接
低压管	高压管	高压管价贵
气管	水管	水管价高，水比气流动所耗动力费用大，更希望线路短而直
阀件少的管	阀件多的管	考虑到安装、使用、拆卸、维修的条件与费用

4. 园林给水管网的计算

（1）用水量确定。

1）求某用水点的最高日用水量 Q_d。

$$Q_d = qN$$

式中　　Q_d——最高日用水量（L/天）；

　　　　q——用水量标准（最大日）[L/（天·人）]；

　　　　N——游人数或用水设施的数目。

2）求该点的最高时用水量 Q_h。

$$Q_h = \frac{Q_d}{24} K_h$$

式中　　Q_h——最高时用水量（L/h）或（m³/h）；

　　　　K_h——时变化系数，常取 4～6。

式中其他符号同前。

3）求该点的设计秒流量 Q_s。

$$Q_s = Q_h / 3\,600$$

式中　　Q_s——设计秒流量（L/s）。

式中其他符号同前。

4）根据求得的设计秒流量 Q_s 查相关表，以确定连接点之间的直径,并查出与该管径相应的流速和单位长度的水头损失值。

(2)水压或水头的确定。水压计算的目的有两个:一是使用水点处的水量和水压都能得到满足;二是校核配水管的水压(或水泵扬程)是否能满足公园内最不利点配水水压要求。

公园给水管段所需水压可按下式计算。

$$H = H_1 + H_2 + H_3 + H_4$$

式中　H——引水管处所需的总压力(mH_2O);

　　　H_1——引水点和用水点之间的地面高程差(m);

　　　H_2——用水点与建筑进水管的高差(m);

　　　H_3——用水点所需的工作水头(mH_2O);

　　　H_4——沿程水头损失和局部水头损失之和(mH_2O)。

$H_2 + H_3$ 的值,在估算总水头时,可按建筑层数不同按下列规定采用。

平房　　　　　　　　　　　　　　　10 mH_2O;

二层楼房　　　　　　　　　　　　　12 mH_2O;

三层楼房　　　　　　　　　　　　　16 mH_2O;

三层以上楼房每增加一层增加　　　　4 mH_2O。

H_4 的值为　　　　　$H_4 = h_y + h_j (mH_2O)$

通过上述水头计算后,如果引水点的自由水头高于用水点的总水压要求,说明该管段的设计是合理的。

(3)干管的水力计算。在完成各用水点用水量计算和确定各点引水管的管径之后,便应进一步计算干管各节点的总流量,据此确定干管各管段的管径。并对整个管网的总水头要求进行复核。

复核一个给水管网各点所需水压能否得到满足的方法是找出管网中的最不利点。所谓最不利点是指处在地势高、距离引水点远、用水量大或要求工作水头特别高的用水点,因为最不利点的水压可以满足,则同一管网的其他用水点的水压也能满足。

(4)树状网计算。树状网的计算过程,根据计算流量和经济流速选定管径,由流量、管径和管线长度算出水头损失,由地形标高和控制点所需水压求出各点的水压,进而计算出水压线标高。

5. 园林给水构筑物设计

(1)水塔。

1)水塔的构造。如图 7-4 所示,水塔主要由基础、塔身、水柜和管道系统四部分组成。

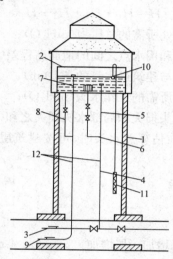

图 7-4　水塔构造示意图

1—塔身;2—水柜;3—输水管;4—进出水管;5—进水管;6—出水管;
7—溢流管;8—放空管;9—排水管;10—浮球;11—水位标尺;12—伸缩接头

①基础一般由混凝土浇筑而成。

②塔身可采用砖砌或钢筋建造。

③水柜用混凝土构成。

水塔的管道系统有进水管、出水管、溢流管、放空管和水位控制系统。一般情况下,进、出水管可分别设立,也可合用。竖管上需设置伸缩接头。为防止进水时水塔晃动,进水管宜设在水柜中心或适合升高。溢水管与放空管可以合用并连接。其管径可采用与进、出水管相同,或是缩小一个规格。溢水管上不得安装阀门。为反映水柜内水位变化,可设浮标水位尺或液位控制装置。塔顶应装避雷设施。

室外计算温度为$-23\sim-8℃$地区,以及冬季采暖室外计算温度为$-30\sim24℃$地区,除保温外还需采暖。

2)水塔的布置形式。水塔的一般布置,可按水柜的容量、高度、水柜及支座结构形式、保温要求、采用材料、施工方法等因素的不同布置成多种形式。

3)水塔容量W的计算。

$$W=W_1+W_2$$

式中　　W_1——消防贮量(m^3);

　　　　W_2——调节容量(m^3),$W_2=KQ$;

　　　　Q——最高日用水(m^3/天);

　　　　K——调节容量占最高日用水量的百分率(%),城镇的水塔

　　　　　　　　调节量一般可按最高日用水量的$6\%\sim8\%$选定。

(2)水泵和水泵站。水泵和水泵站是给水系统的重要组成部分。从水源取水至清水的输送,都是由水泵来完成的。水泵站则是安装水泵和动力设备及有关附属设备的建筑物。给水中广泛使用的是单级离心泵。在确定水泵扬程时,应考虑水塔高度和水柜里的水位变化,使水泵能将水流充满水塔。水塔的扬程$H_泵$计算公式为:

$$H_泵=H_吸+\sum h+H_压$$

式中　　$H_吸$——吸水高度(m);

　　　　$H_压$——压水高度(m);

　　　　$\sum h$——从泵站到水塔的输水管中的水头损失(m)。

水泵站的布置应注意以下几点。

1)泵房的地坪以及四周高$100\sim150$ mm 的踢脚板应做防水层,应用防水砂浆抹面并磨光,以免管道或机组出事故后水渗漏入地基中。

2)泵房内的管道尽量明装,房内的地坪应做成不小于0.5%的坡度、坡向不透水的集水坑,集水坑内的积水应自流排入排水管道或及时排除。

3)泵房内地坪若低于室外地坪,设计时应采取措施,防止因室外

排水管道堵塞,使污、废水倒灌入泵房内。

（3）管道阀门。阀门在安装时一般要注意以下几点。

1）配水管网中的阀门布置,应能满足事故管段的切断需要。其位置可结合连接管以及重要供水支管的节点位置确定,干管上的阀门间距一般为 500～1 000 m。

2）干管上的阀门可设在连接管的下游,以便使阀门关闭时,尽可能少影响支管的供水。

3）支管和干管连接处,一般在支管上设置阀门,以使支管的检查不影响干管的供水。

（4）阀门井。阀门井的作用主要是便于操作和维修。一般用砖材或钢筋混凝土建造而成。常见的阀门井构造为井下操作立式阀门井,如图 7-5 所示。

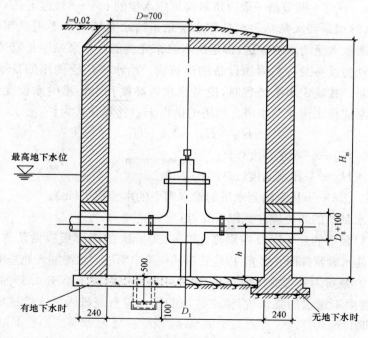

图 7-5　井下操作立式阀门井

（5）消防栓。园林中有一些珍贵古迹,为确保它们安全,使游人能正常参观,必须在附近设置消防设施。消防栓在布设时要遵循以下几点。

1)消防栓的间距不应大于 120 m。

2)消防栓连接管的直径不小于 100 mm。

3)消防栓尽可能设在交叉口和醒目处。消防栓按规格应距建筑物不小于 5 m,距车行道边不大于 2 m,以便于消防车上水,并不应妨碍交通。一般情况下常设在人行道边。其布置结构,如图 7-6 所示。

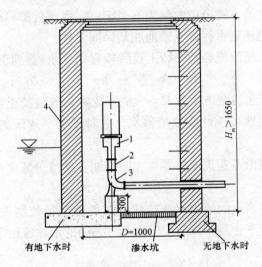

图 7-6　消防栓布置结构

1—SX100 消火栓;2—短管;3—弯头支座;4—圆形阀门

三、小城镇园林排水设计

1. 园林排水的方式

根据园林排水的性质及系统,园林排水方式可分为地面排水、明渠排水和管道排水三种。

（1）地面排水。在进行地面排水设计时,要考虑原地形情况,要防止对地表造成的冲刷。设计时要注意以下几点。

1)注意控制地面坡度,使之不致过陡。

2)同一坡度的坡面不宜过长,防止径流一冲到底。

3)在防止冲刷的同时要结合造景。例如在地面经流汇集处可根据水流的流向,在其径流路线上布设山石,形成"谷方",若布置自然得当,可成为优美的山谷景观。

4)通常量较大的地面应进行铺装。例如近年来国外所采用的彩色沥青路和彩色水泥路,效果较好。

地面排水的方式可以归结为五个字,即:拦、阻、蓄、分、导。

拦——把地表水拦截于园地或某局部之外。

阻——在径流流经的路线上设置障碍物挡水,达到消力降速以减少冲刷的作用。

蓄——蓄包含两方面意义,一方面是采取措施使土壤多蓄水;另一方面是利用地表洼处或池塘蓄水。这对于干旱地区的园林绿地尤其重要。

分——用山石建筑墙体等将大股的地表径流分成多股细流,以减少危害。

导——把多余的地表水或造成危害的地表径流利用地面、明沟、道路边沟或地下管及时排放到园内(或园外)的水体或雨水管渠中去。

(2)明渠排水。

1)明渠断面。根据需要和设计区的条件,可以采用梯形或矩形明渠。梯形明渠最小底宽不得小于 0.3 m。用砖石或混凝土块铺砌的明渠边坡,一般采用 1∶0.75~1∶1.0。无铺砌的明渠边坡可以按表 7-3 采用。

表 7-3　明渠设计边坡

土　质	边　坡	土　质	边　坡
黏质砂土	1∶1.5~1∶2.0	半岩性土	1∶0.5~1∶1.0
砂质黏土和粉土	1∶1.25~1∶1.5	风化岩石	1∶0.25~1∶0.5
砾石土和卵石土	1∶1.25~1∶1.15	—	—

2)流速。

①明渠最小设计流速一般不小于 0.04 m/s。

②明渠最大设计流速见表 7-4。

表 7-4 明渠最大设计流速

明渠土质	水深 h 为 0.4～1.0 m 时的流速/(m · s^{-1})	明渠土质	水深 h 为 0.4～1.0 m 时的流速/(m · s^{-1})
粗砂及贫砂质黏土	0.8	草皮护面	1.6
砂质黏土	1.0	干砌块石	2.0
黏土	1.2	浆砌砖	3.0
石灰岩或中砂岩	4.0	浆砌块石或混凝土	4.0

3)超高。一般不宜小于 0.3 m,最小不得小于 0.2 m。

4)转弯。明渠就地形修建时不可避免地要发生转折。在转折处必须设置曲线。曲线的中心线半径,一般土类明渠不小于水面宽的 5 倍,铺砌明渠不小于水面宽的 2.5 倍。

(3)管道排水。

1)雨水管的最小覆土深度根据雨水连接管的坡度,冰冻深度和外部荷载情况而定。雨水管的最小覆土深度一般不小于 0.7 m。

2)最小管径和最小坡度。雨水管的最小管径为 300 mm;雨水管的最小设计坡度为 0.2%。

3)最小流速。各种管道在满流条件下的最小设计流速一般不小于 0.75 m/s。

4)最大流速。若管道为金属管材时,最大流速为 10 m/s;若管道为非金属管材,最大流速为 5 m/s。

2. 园林排水管网的布置形式

(1)正交式布置。当排水管网的干管总走向与地形等高线或水体方向大致呈正交时,管网的布置形式就是正交式,如图 7-7 所示。这种布置方式适用于排水管网总走向的坡度接近于地面坡度和地面向水体方向较均匀地倾斜时。采用这种布置,各排水区的干管以最短的距离通到排水口,管线长度短,管径较小,埋深小,造价较低。在条件允许的情况下,应尽量采用这种布置方式。

（2）截流式布置。在正交式布置的管网较低处,沿着水体方向再增设一条截流干管,将污水截流并集中引到污水处理站。这种布置形式可减少污水对于园林水体的污染,也便于对污水进行集中处理,如图 7-8 所示。

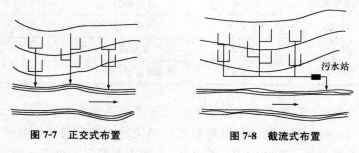

图 7-7　正交式布置　　　　　　　　**图 7-8　截流式布置**

（3）分区式布置。当规划设计的园林地形高低差别很大时,可分别在高地形区和低地形区各设置独立的、布置形式各异的排水管网系统,这种形式就是分区式布置,如图 7-9 所示。低区管网可按重力自流方式直接排入水体,则高区干管可直接与低区管网连接。如果低区管网的水不能依靠重力自流排除,那么就将低区的排水集中到一处,用水泵提升到高区的管网中,由高区管网依靠重力自流方式把水排除。

（4）辐射式布置。在用地分散、排水范围较大、基本地形是向周围倾斜和周围地区都有可供排水的水体时,为了避免管道埋设太深和降低造价,可将排水干管布置成分散的、多系统的、多出口的形式。这种形式又可称为分散式布置,如图 7-10 所示。

（5）环绕式布置。这种方式是将辐射式布置的多个分散出水口用一条排水主干管串联起来,使主干管环绕在周围地带,并在主干管的最低点集中布置一套污水处理系统,以便污水的集中处理和再利用,如图 7-11 所示。

图 7-9　分区式布置

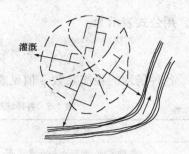

图 7-10　辐射式布置

（6）扇形布置。在地势向河流湖泊方向有较大倾斜的园林中，为了避免因管道坡度和水的流速过大而造成管道被严重冲刷的现象，可将排水管网的主干管布置成与地面等高线或与园林水体流动方向相平行或夹角很小的状态。这种布置形式又可称为平行式布置，如图 7-12所示。

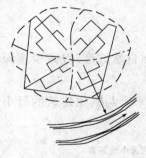

图 7-11　环绕式布置

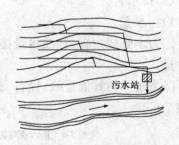

图 7-12　扇形布置

3. 园林排水设计的数据

（1）设计重现期 P。设计重现期是指某一强度的降雨出现的频率，或说每隔若干年出现一次。园林中的设计重现期可在 $1\sim3$ 年之间选择，怕水淹的地方或重要的活动区域，P 值可选择大些。

（2）径流系数 ϕ。

径流系数是指流入管渠中的雨水量和落到地面上的雨水量的比

值。用公式表示为：

$$\phi = \frac{径流量}{降雨量}$$

各种场地的径流系数 ϕ 值见表 7-5。

表 7-5　各种场地的径流系数 ϕ 值

地面种类	ϕ 值
各种屋面、混凝土和沥青路面	0.90
大块铺砌路面和沥青表面处理的碎石路面	0.60
级配碎石路面	0.45
干砌砖石和碎石路面	0.40
半铺砌土	0.30
公园或绿地	0.15

（3）排水管。

1）污水管。

①力求管线短直，管坡尽量接近地面自然坡度，以减少埋深和土石方量。

②力求少与其他管线、设备交叉，排水管与其他建筑的最小埋深见表 7-6。

表 7-6　排水管与其他建筑的最小埋深表

序　号		名　称	深　距/m	
1	给水管	$D_g \leqslant 200$ mm	1.5	0.15
		$D_g \geqslant 200$ mm	3.0	0.15
2		污水管和雨水管	1.5	0.15
3	煤气管	低　压	1.0	0.15
		中　压	1.5	0.15
4		热力管和压缩空气管	1.5	0.15

序 号		名 称	深 距/m	
5	通信电缆	直 深	1.0	0.50
		管 子	1.0	0.15
6		电力电缆	0.5	0.50
7		道路(路牙边)	1.5	0.70
8		乔 木	1.5(小树)	2.0(大树)
9	建筑物	管之埋深浅于基础	2.5(支管<1.5)	
		管之埋深大于基础	3.0	

③排污水管道一般沿道路布置,并在污水出户多、流量大的一侧,尽可能地在绿地下、少在车行道下敷设,以免增加管道埋深,妨碍交通,并减少开挖与修复路面的费用。

2)雨水管。

①尽量利用地形,力求以最短管线将雨水就近排入水体。

②在经济上合理、技术上可能的地方,可以采用明沟。其优点是造价低,易清理,可大大提高末端出水口的标高。

(4)管道中流量计算。设计流量 Q 是排水管网中最重要的依据之一,另外,在布置管网时除了保证有足够的过水断面,还要有合理的水力坡降,以保证雨水或污水在重力作用下能顺畅及时地排出管外。

设计流量计算公式为:

$$Q = \phi q F$$

式中　Q——管段雨水设计流量(L/s);

　　　ϕ——径流系数;

　　　q——管段设计降雨强度[L/(s·hm²)];

　　　F——管段设计汇水面积(hm²)。

根据这一流量就可以查表 7-7 得出与此流量相对应管径的大小,水流的速度及埋设的坡降等。

表 7-7　钢筋混凝土圆管 $d=200\sim500$ mm(满流,$n=0.013$)水力计算表

坡度	流量 Q/(L·s⁻¹) 与流速 v/(m·s⁻¹)	管径 d/mm						
		200	250	300	350	400	450	500
1.0	Q			30.16	46.08	65.85	90.18	119.38
	v			0.433	0.479	0.524	0.567	0.608
1.5	Q		23.02	37.47	52.48	80.68	110.37	146.28
	v		0.469	0.530	0.587	0.642	0.694	0.745
2.0	Q	14.67	20.61	43.26	65.23	93.11	127.55	168.86
	v	0.467	0.542	0.612	0.678	0.741	0.802	0.860
2.5	Q	16.40	29.75	48.35	72.97	104.17	142.50	188.89
	v	0.522	0.606	0.684	0.758	0.829	0.896	0.962
3.0	Q	17.97	32.60	52.95	79.85	114.10	156.18	206.76
	v	0.572	0.664	0.749	0.830	123.15	168.74	223.45
3.5	Q	19.42	35.20	57.19	86.30	123.15	168.74	223.45
	v	0.618	0.717	0.809	0.897	0.980	1.061	1.138
4.0	Q	20.74	37.60	61.15	92.27	131.69	180.35	238.76
	v	0.660	0.766	0.865	0.959	1.048	1.134	1.216
4.5	Q	21.99	39.91	64.89	97.85	139.73	191.33	253.29
	v	0.700	0.913	0.918	1.017	1.112	1.203	1.290
5.0	Q	23.19	42.07	68.36	13.14	147.27	201.66	267.04
	v	0.738	0.857	0.967	1.072	1.172	1.268	1.360
5.5	Q	24.32	44.05	71.75	108.14	154.44	211.36	280.00
	v	0.774	0.898	1.015	1.124	1.229	1.329	1.426
6.0	Q	25.42	46.05	74.93	112.95	161.35	220.91	292.56
	v	0.809	0.938	1.060	1.174	1.284	1.389	1.490
7.0	Q	27.43	49.78	80.94	121.99	174.29	238.56	315.93
	v	0.873	1.014	1.145	1.268	1.387	1.500	1.609

续表

坡度	流量 Q /(L·s^{-1}) 与流速 v /(m·s^{-1})	管径 d/mm						
		200	250	300	350	400	450	500
8.0	Q	29.35	53.21	86.52	130.46	186.23	254.94	337.72
	v	0.934	1.084	1.224	1.356	1.482	1.603	1.720
9.0	Q	31.11	56.40	91.76	138.35	197.54	270.37	358.14
	v	0.990	1.149	1.298	1.438	1.572	1.700	1.824
10.0	Q	32.80	59.45	96.70	145.85	208.22	285.16	377.58
	v	1.044	1.211	1.368	1.516	1.657	1.793	1.923
11.0	Q	34.40	62.39	101.44	152.97	218.40	299.0	396.04
	v	1.095	1.271	1.435	1.590	1.738	1.880	2.017
12.0	Q	35.94	65.14	105.96	159.80	228.07	312.35	413.71
	v	1.144	1.327	1.499	1.661	1.815	1.964	2.107
13.0	Q	37.39	67.79	110.28	166.35	237.50	325.08	430.60
	v	1.190	1.381	1.560	1.729	1.890	2.04	2.193
14.0	Q	38.80	70.35	114.45	172.60	246.42	337.32	446.70
	v	1.234	1.433	1.619	1.794	1.961	2.121	2.275
15.0	Q	40.19	72.85	118.41	178.66	255.09	349.25	462.40
	v	1.279	1.484	1.675	1.857	2.030	2.196	2.355
16.0	Q	41.51	75.21	122.27	184.53	263.38	360.70	477.72
	v	1.321	1.532	1.730	1.91/8	2.096	2.268	2.433
17.0	Q	42.76	77.56	126.11	190.21	271.55	371.68	492.25
	v	1.361	1.580	1.784	1.977	2.161	2.337	2.507
18.0	Q	44.02	79.79	129.92	195.69	279.34	382.49	506.58
	v	1.404	1.625	1.835	2.034	2.223	2.405	2.580
19.0	Q	45.21	81.98	133.32	201.08	287.01	392.99	520.52
	v	1.439	1.670	1.886	2.090	2.284	2.471	2.651

坡度	流量 Q /(L·s⁻¹) 与流速 v /(m·s⁻¹)	管径 d/mm						
		200	250	300	350	400	450	500
20.0	Q	46.38	84.09	136.79	206.27	294.55	403.17	534.07
	v	1.476	1.713	1.535	2.144	2.344	2.535	2.720
21.0	Q	47.54	86.20	140.11	211.37	301.84	413.19	547.23
	v	1.513	1.756	1.982	2.197	2.402	2.598	2.787
22.0	Q	48.67	88.21	143.43	216.38	308.87	422.89	599.99
	v	1.549	1.797	2.029	2.249	2.458	2.659	2.852
23.0	Q	49.74	90.18	146.68	221.19	315.78	432.43	572.75
	v	1.583	1.837	2.075	2.299	2.513	2.719	2.917
24.0	Q	50.31	92.24	149.79	226.00	322.57	441.65	584.93
	v	1.617	1.877	2.119	2.349	2.567	2.777	2.979
25.0	Q	51.87	94.01	152.90	230.62	329.23	450.72	597.10
	v	1.651	1.915	2.163	2.397	2.620	2.834	3.041
26.0	Q	52.88	95.87	155.94	235.23	335.76	459.78	608.88
	v	1.683	1.953	2.206	2.445	2.672	2.981	3.101
27.0	Q	53.89	97.74	158.91	239.66	342.17	468.53	620.47
	v	1.715	1.991	2.248	2.194	2.723	2.946	3.160
28.0	Q	54.89	99.51	161.81	244.08	348.46	477.12	631.85
	v	1.747	2.027	2.289	2.537	2.773	3.000	3.218
29.0	Q	55.86	101.27	164.71	248.41	354.61	485.55	643.05
	v	1.778	2.063	2.330	2.582	2.822	3.053	3.275

(5)暗管迟延系数 m。暗管迟延系数 m 可根据地面情况采用。表 7-8 给出了不同坡度所采用的 m 值。

表 7-8　不同坡度所采用的 m 值

地面条件——地面坡度	m 值
＜0.002	可采用 $m=2$
在 0.002～0.005 之间	宜采用 $m=1.5$
＞0.005	不宜采用 m（即 $m=1$）

（6）降雨历时 t。降雨历时是指连续降雨的时段，可以是整个降雨经历的时间，也可指降雨某个过程中的某个时段。其计算公式为：

$$t = t_1 + mt_2$$

式中　t——设计降雨历时（min）；

t_1——地面集水时间（min）；

t_2——雨水在管道中流动时间（min）；

m——延迟系数（明渠取 1.5，暗管取 2.0）。

其中，地面集水时间 t_1 受汇水面积大小、地形陡缓、屋顶及地面排水方式、土壤干湿程度及地表覆盖等因素的影响，所以要准确地计算设计值是比较困难的。在实际中通常取经验数值来计算，即：$t_1 = 5 \sim 15$ min。

雨水在管道中流动的时间 t_2 可用下列公式计算。

$$t_2 = \sum (L/60v) \qquad (\text{min})$$

式中　L——各管段的长度（m）；

v——各管段满流时的水流速度（m/s）。

（7）汇水区面积 F。汇水区是根据地形和地物划分的，通常沿分水岭或道路进行划分。汇水面积以公顷（hm^2）为单位。

（8）设计降雨强度 q。降雨强度是指单位时间内的降雨量。进行雨水管渠计算时，要知道的是单位时间流入设计管段的雨水量，而不是某一场雨的总降雨量。我国常采用的降雨强度公式如下。

$$q = \frac{167A_i(1 + c\lg P)}{(t + b)^n}$$

式中　　　　q——降雨强度[L/(s・hm²)或L/(s・100 m²)]；

　　　　　　P——重现期(a)；

　　　　　　t——降雨历时(min)。

A_i、c、b、n——地方参数，根据统计方法进行计算。

4. 防止地表径流冲刷地面的方式

（1）出水口。园林中利用地面或明渠排水，在排入园内水体时，为了保护岸坡结合造景，出水口应做适当处理。常见的如"水簸箕"，有以下四种方式，如图7-13所示。

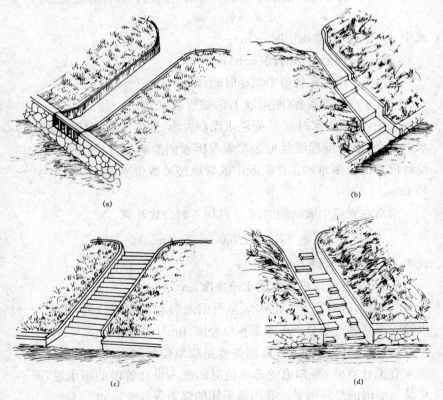

(a)　　　　　　　　　　　　　　(b)

(c)　　　　　　　　　　　　　　(d)

图7-13　"水簸箕"出水口

(a)栏栅式；(b)消力阶；(c)礓磜式；(d)消力块

“水簸箕”是一种敞口排水槽，槽身的加固可采用三合土、浆砌块石(或砖)或混凝土。排水槽上下口高差大的，图 7-13(a)为可在下口前端设栅栏起消力和拦污作用；图 7-13(b)为在槽底设置“消力阶”；图 7-13(c)为槽底做成礓状；图 7-13(d)为在槽底砌消力块等。

(2)“谷方”。地表径流在谷线或山洼处汇集，形成大流速径流，为了防止其对地表的冲刷，在汇水线上布置一些山石，借以减缓水流的冲力，达到降低其流速，保护地表的作用。这些山石就称为“谷方”。作为“谷方”的山石须具有一定体量，且应深埋浅露，才能抵挡径流冲激。“谷方”如布置自然得当，可成为优美的山谷景观；雨天，流水穿行于“谷方”之间，辗转跌宕又能形成生动有趣的水景，如图 7-14 所示。

图 7-14　谷方

(3)护土筋。其作用与“谷方”或挡水石相仿，一般沿山路两侧坡度较大或边沟沟底纵坡较陡的地段敷设，用砖或其他块材成行埋置土中，使之露出地面 3～5 cm，每隔一定距离(10～20 m)设置 3～4 道(与道路中线成一定角度，如鱼骨状排列于道路两侧)。护土筋设置的疏密主要取决于坡度的陡缓,坡陡多设;反之则少设,如图 7-15 所示。在山路上为防止径流冲刷,除采用上述措施外,还可在排水沟沟底用较粗糙的材料(如卵石、砾石等)衬砌。

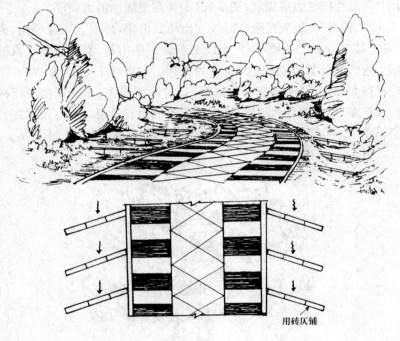

用砖仄铺

图 7-15　护土筋

(4)挡水石。利用山道边沟排水,在坡度变化较大处,由于水的流速大,表土土层往往被严重冲刷甚至损坏路基,为了减少冲刷,在台阶两侧或陡坡处置石挡水,这种置石称为挡水石。挡水石可以本身的形体美或与植物配合形成很好的点景物,如图 7-16 所示。

(5)埋管排水。利用路面或路两侧明沟将雨水引至濒水地段或排放点,设雨水口埋管将水排出,如图 7-17 和图 7-18 所示。

(6)利用地被植物。裸露地面很容易被雨水冲蚀,而有植被则不易被冲刷。这是因为:一方面,植物根系深入地表将表层土壤颗粒稳

图 7-16　挡水石

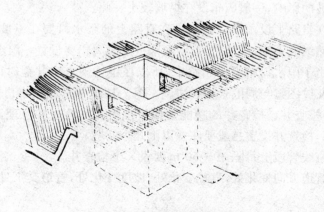

图 7-17　边沟和排水管的连接

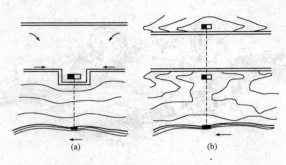

图 7-18   用雨水口将雨水排入园中水体

固住,使之不易被地表径流带走;另一方面,植被本身阻挡了雨水对地表的直接冲击,吸收部分雨水并减缓了径流的流速。因此,加强绿化是防止地表水土流失的重要手段之一。

5. 园林排水构筑物设计

(1)雨水口。雨水口是地面雨水收集器,布置时要求能最有效地汇集雨水,并及时将雨水排入地下管道系统;同时,还要防止雨水从路的一侧漫流到另一侧去,避免路面发生积水而影响交通。设计时要考虑以下几点。

1)在交叉路口处设雨水口。布设在交叉路口处的雨水口主要受道路纵坡的影响,一般应布设在纵坡较小一侧。

2)在直路上设雨水口。布设在直路上的雨水口要在纵坡有改变处或虽然纵坡不变,但线路过久,每隔一定距离仍要设置一雨水口。

3)由于雨水口布设于园路中,所以在设计雨水口井盖时,一定尽量使其花纹图案与周围景物相协调。图 7-19 是平箅式雨水口图。

(2)检查井。检查井的功能是便于维护人员检查和清理,避免管道堵塞。检查井设置一般要注意以下几个问题。

1)直线管段上每隔 30～50 m 要设一个检查井。

2)管道方向变化处,直径变化处,坡度变化处,管道交汇处都应设检查井。

3)在出户管与室外排水管连接处,检查井中心距建筑物外墙一般

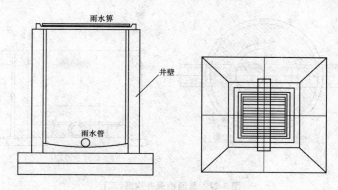

图 7-19 平算式雨水口图

不小于 3 m。其尺寸和详细做法，有国家标准图 S231 可供选用，如图 7-20、图 7-21 所示。

（3）化粪池。

1）位置选择。

①为保护给水水源不受污染，池外壁距地下构筑物不应小于 30 m，距建筑物外墙不宜小于 20 m。

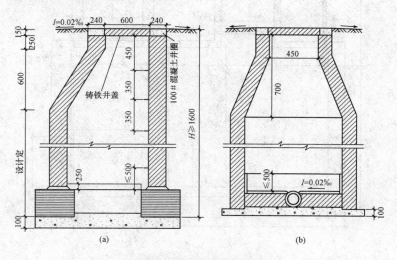

(a)   (b)

图 7-20 普通检查井构造(一)

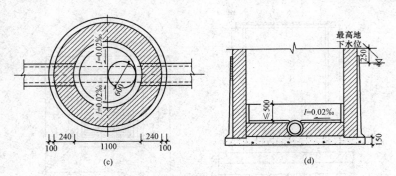

图 7-21　普通检查井构造(二)

②化粪池布设在常年最多风向的下风向。

③地势有起伏的,则应将池设在较高处,以防降雨后灌入池内。

④池的进出水管应尽可能短而直,以求水流畅通和节省投资。

2)设计图例。可采用全国通用《给水排水标准图集》(S2)来设计,如图 7-22、图 7-23 所示。

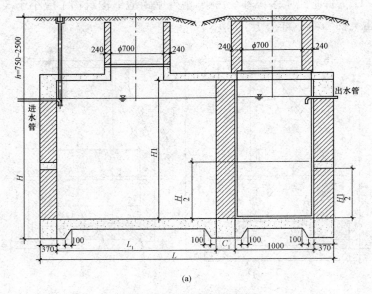

(a)

图 7-22　化粪池构造立面图

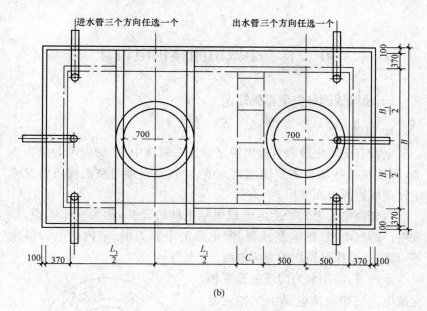

(b)

图 7-23 化粪池构造平面图

3)化粪池的大小。化粪池的大小依据建筑物的性质和最大使用人数来设计,见表 7-9。

表 7-9 化粪池的最大使用人数

序号	有效容积 /m³	建筑物性质及最大使用人数/人			
		医院、疗养院、幼儿园(有住宿)	住宅、集体宿舍、旅馆	办公楼、教学楼、工业企业生活间	公共食堂、影剧院、体育场
1	3.75	25	45	120	470
2	6.25	45	80	200	780
3	12.50	90	155	400	1600

第二节　小城镇园林供电设计

一、小城镇园林供电基础知识

1. 电源

电源有交流电源和直流电源之分。在园林中,广泛应用的是交流电,即使在某些场合需要使用直流电,也往往是通过整流设备将交流电转变成直流电而使用。

以交流电的形式产生电能或供给电能的设备,称为交流电源,如发电厂的发电机、配电变压器、配电盘的电源刀闸、室内的电源插座等,都可以看作是用户的交流电源。

生产上,应用最为广泛的是三相交流电。三相交流电是由三相发电机产生的,图 7-24 所示为三相发电机的原理图。它的主要组成部分是电枢和磁极。

电枢是固定的,亦称定子。定子铁芯的内圆周表面中有槽,称为定子槽,用以放置三相电枢绕组 AX、BY 和 CZ,每相绕组是同样的。它们的

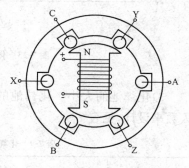

图 7-24　三相发电机原理图

始端 A、B、C 分别引出三根导线,称为相线(又称火线),而把末端 X、Y、Z 连在一起,称为中性点,用 N 表示。由中性点引出一根导线称为中线(又称地线)。绕组的始端之间或末端之间都彼此相隔120°。

磁极是可转动的,亦称转子。转子铁芯上绕有励磁绕组,用直流励磁。当转子以匀速按顺时针方向转动时,则每相绕组依次被磁力线切割,产生频率相同、幅值相等而相位互差120°的三个正弦电动势,按照一定的方式连接而成三相交流电源,如图 7-25 所示。

这种由发电机引出四条输电线的供电方式,称为三相四线制供电

方式。其特点是可以得到
两种不同的电压，一种是
相电压 U_Φ；另一种是线电
压 U_1。在数值上，U_1 是
U_Φ 的 $\sqrt{3}$ 倍，即：

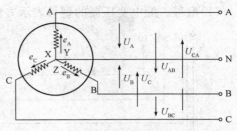

图 7-25　三相交流电源

$$U_1=\sqrt{3}U_\Phi$$

通常在低压配电系统

中，相电压为 220 V（多用于单相照明及单相用电器），线电压为 380 V（$380=\sqrt{3}\times220$，多用于三相动力负载）。

2. 变压器

变压器是电力系统中输电、变电、配电时用以改变电压、传输交流电能的设备。种类很多，用途各异，在此只简介配电变压器。

配电变压器是电力系统的末级变压器，直接向用户提供所需电压的电能。在选用时，最主要的是注意变压器的电压和容量等参数。

在变压器的铭牌中，制造厂对每台变压器的特点、额定技术参数及使用条件等都做了具体的规定。图 7-26 所示为变压器铭牌。

变压器					
型号：SJ$_1$-50/10		设备种类：户外式		序号：1450	
标准代号：EOT·517,000		冷却方式：油浸自冷		频率：50 Hz	
接线组别：Y,Y$_n$(Y/Y。—12)		相数：3			
容量	高压		低压		阻抗电压
kV·A	V	A	V	A	％
50	10 500 10 000 9 500	2.89	400	72.2	4.50
器身吊重：375 kg		油重：143 kg		总重：518 kg	
制造厂：　　　年　　月					

图 7-26　变压器铭牌

（1）型号。配电变压器的型号表示方法如下。

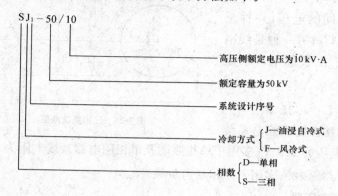

（2）额定容量。变压器在额定使用条件下的输出能力，以视在功率千伏安（kV·A）计。三相变压器的额定容量是按标准规定为若干等级。

（3）额定电压。变压器各绕组在空载时额定分接头下的电压值，以 V（伏）或 kV（千伏）表示。一般常用的变压器，其高压侧电压为 6 300 V、10 000 V 等，而低压侧电压为 230 V、400 V 等。

（4）额定电流。表示变压器各绕组在额定负载下的电流值。以 A（安培）表示。在三相变压器中，一般指线电流。

3. 输配电

发电厂所生产的电能，用户对电能的使用，二者在空间上是分离的，而且距离往往很远。为便于电能的输送和用户的使用，需要通过电力系统来输送和分配电能。

电力系统是由发电厂、电力网和用电设备组成的统一整体。电力网包括变电所、配电所以及各种电压等级的电力线路。其中，变电所、配电所是为了实现电能的经济输送以及满足用电设备对供电质量的要求，对发电机的端电压进行多次变换而进行变换电压、电能接受和分配电能的场所。从发电厂到用户的输配电过程，如图 7-27 所示。

根据任务不同，将低电压变为高电压称为升压变电所，一般建在

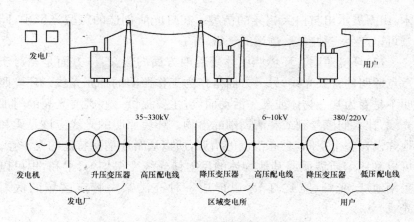

图 7-27　从发电厂到用户的输配电过程示意图

发电厂厂区内。而将高电压变换到合适的电压等级,则称为降压变电所,一般建在靠近电能用户的中心地点。

单纯用来接受和分配电能而不改变电压的场所称为配电所,一般建在接近用户的建筑物内部。

根据我国规定,电力标准频率为 50 Hz,交流电力网的额定电压等级有 3 kV、6 kV、10 kV、35 kV、110 kV、220 V、380 V 等。通常把 1 kV 及以上的电压称为高压;1 kV 以下的电压称为低压。一般园林用电均由 380/220 V 三相四线制供电。

二、小城镇园林照明设计

1. 小城镇园林照明的分类

照明是人类驱除黑暗以延长活动时间的一种手段,而园林照明却并非单纯将园地照亮这一功能。利用夜色的朦胧与灯光的变幻,可以使园林呈现出一种与白昼迥然不同的兴趣。在各种灯光的装饰下,造型优美的园灯在白天也有特殊的装饰作用。灯光可以照亮周围的事物,但夜晚的园林并不需要将所有一切全都照亮,使之形同白昼。有选择地使用灯光,可以让园林中意欲显现其各自特色的建筑、雕塑、花木、山石展示出与白天相异的情趣。在灯光所创造的斑驳光影中,园景可以产生一种幽邃、静谧的气氛。

(1)环境照明。环境照明体现着两方面的含义:一方面是相对于重点照明的背景光线;另一方面是作为工作照明的补充光线。环境照明不是专为某一物体或某一活动而设,主要提供一些必要光亮的附加光线,让人们感受到或看清周围的事物。环境照明的光线应该是柔和地弥漫在整个空间,具有浪漫的情调,所以通常应消除特定的光源点。可以利用匀质墙面或其他物体的反射使光线变得均匀、柔和,也可以采用地灯、光纤、霓虹灯等,以形成一种充满某一特定区域的散射光线。

(2)安全照明。为确保夜间游园、观景的安全,需要在广场、园路、水边、台阶等处设置灯光,让人能够清晰地看清周围的高差障碍;在墙角、屋隅、树丛之下布置适当的照明,可给人以安全感。安全照明的光线一般要求连续、均匀,并有一定的亮度。照明可以是独立的光源,也可以与其他照明结合使用,但须注意相互之间不产生干扰。

(3)重点照明。重点照明是指为强调某些特定目标而进行的定向照明。为了使园林充满艺术韵味,在夜晚可以用灯光强调某些要素或细部,即选择定向灯具将光线对准目标,使这些物体打上一定强度的光线,而让其他部位隐藏在弱光或暗色之中,从而突出意欲表达的物体,产生特殊的景观效果。重点照明须注意灯具的位置。使用带遮光罩的灯具以及小型的、便于隐藏的灯具可减少眩光的刺激,同时,还能将许多难于照亮的地方显现在灯光之下,产生意想不到的效果,使人感到愉悦和惊喜。

(4)工作照明。充足的光线可方便人们夜间活动。工作照明就是为特定的活动所设。工作照明要求所提供的光线应该无眩光、无阴影,以便使活动不受夜色的影响。并且要注意对光源的控制,即在需要时光源能够很容易地被打开,而在不使用时又能随时关闭。这样,不仅可以节约能源,更重要的是可以在无人活动时恢复场地的幽邃和静谧。

2. 小城镇园林照明设计的原则

(1)植物照明设计原则。

1)要根据树木形体的几何形状(如圆锥形、球形、伸展出去的程度等)来布灯,照明必须与树的整体相适应。例如淡色的、高耸的树,可以用轮廓效果的手法使之突出。

2)为了增加园林深远的感觉,用灯光照亮周边树木的顶部,可以获得虚无缥缈的感觉,同时,再根据树和灌木丛高度的不同层次照明,可以造成深度感和层次感。

3)要根据树叶的颜色选择光源,否则会破坏天然的色彩,造成凌乱的感觉。但是如果光色与树叶颜色配合得好的话,也能增色不少。

4)设计一簇树丛的照明时,一般不考虑个别树的形状,而是注意整体的颜色和形状。但对于近距离观赏的对象,必须单独考虑。

5)许多植物的颜色和外观是随季节而变化的,照明也须适应这种变化。

6)设计照明时要考虑观赏对象的位置,不应出现眩光。如为了不影响观赏远处的目标,位于观看者面前的物体应暗一些或根本不照明,以免喧宾夺主。

(2)园路照明设计原则。园路照明宜采用低功率的路灯装在 3～5 m 高的灯柱上,柱距 20～40 m,效果较好。可每柱两灯,需要提高照度时,两灯齐明;也可隔柱设置控制灯的开关来调整照明;还可利用路灯灯柱装以 150 W 的密封光束反光灯来照亮花圃和灌木在设计园路照明灯时,要注意路旁树木对道路照明的影响。为防止树木遮挡,可以采取适当减少间距、加大光源的功率以补偿由于树木遮挡所产生的光损失,也可以根据树型或树木高度不同,安装照明灯具时,采用较长的灯柱悬臂,以使灯具突出树缘外或改变灯具的悬挂方式等以弥补光损失。

(3)水景照明设计原则。水面、喷泉、喷水池、瀑布、水幕等水景也是照明设计的重点对象,应根据水和周围环境的特点,营造动人的景象。由于水景具有动态变化,若配以音乐,尤为动人。

1)静止的水面或缓慢的流水能反映出岸边的物体。如以直射光照在水面上,对水面本身作用不大,但却能反映出其附近被灯光所照亮的小桥、树木或园林建筑在水中的倒影,相映成趣,呈现出波光粼粼的景象,有一种梦幻似的意境。如果水面不是完全静止而是略有些扰动,可用探射光照射水面,获得水波涟漪、闪闪发光的感觉,它在建筑物墙上形成的反射影像也很动人。有些物体以及伸出在水面上斜倚着的树木等,在岸上无法照明时,均可用浸在水下的投光灯具来照明。

2)瀑布和喷水池、喷泉的灯最好布置在喷出的水柱旁边,或在水落下的地方,或两处均有。在水柱喷出处,水集成束,水流密度最大,当水流通过空气时会发生分散。由于水和空气有不同的折射率,当灯光透过水流会使水柱晶莹剔透、闪闪发光。采用窄光束泛光灯具时,这种效果特别显著。

(4)灯光的方向。应以能增加树木、灌木和花卉等景物的美观为主要前提。如针叶树只在强光下才反映良好,一般只宜于采取暗影处理法。又如,阔叶树种白桦、垂柳、枫等对泛光照明有良好的反映效果;白炽灯(包括反射型)、卤钨灯却能增加红、黄色花卉的色彩,使它们显得更加鲜艳;小型投光器的使用会使局部花卉色彩绚丽夺目;汞灯能使树木和草坪的绿色鲜明夺目等。

(5)彩灯。虽然彩灯可创造节日气氛,特别反映在水中更为美丽,但是这种装饰灯光不易获得一种宁静、安详的气氛,也难以表现出大自然的壮观景象,只能有限度地调剂使用,否则就会造成光污染。

3. 小城镇园林照明的灯光设计

小城镇园林照明设计是一项十分细致的工作,需要从艺术的角度加以周密考虑,犹如绘画,需要将形状、纹理、色调甚至质感等所有的细节与差异都予以精确地表达,从而达到优美、祥和以及与白昼完全不同的艺术境界。与其他艺术设计一样,灯光的运用应丰富而有变化。

(1)雕塑照明设计。要表现树木雕塑般的质感,可使用上射照明,如图 7-28 所示。即采用埋地灯或将灯具固定在地面,向上照射。与聚光照明不同的是,上射照明的光线不必太强,照射的部位也不必太集中。由于埋地灯的维修和调整都较麻烦,所以通常用于对一些长成的大树进行照明;而地面安装的定向投光灯则可作为小树、灌木的照明灯具,以便随小树的成长,随时调整灯具的位置和灯光。

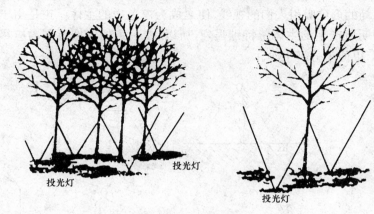

图 7-28　上射照明

　　灯光下射可使光线呈现出伞状的照明区域,而洒向地面的光线也极为柔和,给人以内聚、舒适的感觉,所以适用于人们进行户外活动的场所,如露台、广场、庭院等处。用高杆灯具或将其他灯具安装在建筑的檐口、树木的枝干之上,使光线由上而下倾泻,在特定的区域范围内可形成一个向心空间。如果在其中举行一些小型的活动,或布置桌椅让游人品茗小坐,其感觉特别温馨、宜人。

　　(2)月光照明设计。月光照明是室外空间照明中最为自然的一种手法。利用灯具的巧妙布置,可以实现犹如月光般的照明效果。将灯具固定在树上适宜的位置,一部分向下照射,把枝叶的影子投向地面;另一部分向上照射,将树叶照亮。这就会形成光影斑驳、随风变幻、类似于满月时的效果。

　　(3)园林小品照明设计。对于像雕塑、小品以及姿形优美的树木,可使用聚光灯予以重点照明。因为聚光灯的投射能够使被照之物的形象更为突出,如图 7-29 所示。就像艺术展览馆中对待每一件展品那样,光线既能使需要强调之处的微小变化得到充分的表现,又可使一些不希望为人注意的细节得以淡化,甚至被掩盖。园林中的聚光照明也一样,用亮度较高、方向性较强的光线突出景物的明暗光影,以更为生动的形象吸引人们的视线,使之成为夜色中的主体。正是由于聚光照明所产生的主体感特别强烈,所以,在一定的区域范围内应尽量少用,以便于分辨主次。

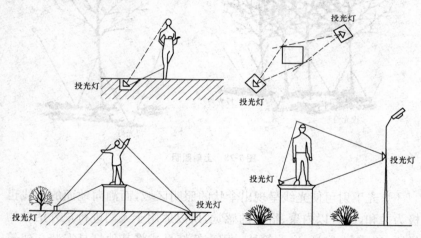

图 7-29　利用聚光灯重点照明

轮廓照明适合于建筑与小品,更适合于落叶乔木。尤其是冬天,效果更好。轮廓照明可使树木处于黑暗之中,而树后的墙体被均匀、柔和的光线照亮,从而形成光影的对比。对墙体的照明应采用低压、寿命长的荧光灯具,冷色的背光衬托着树木枝干的剪影能给人以冷峻和静谧之感。若墙前为疏竹,则摇曳的翠竿竹叶犹如一幅传统的中国水墨画。

(4)园路照明设计。园路的照明设计,如图 7-30 所示,也可予以艺术化的处理:将低照明器置于道路两侧,使人行道和车行道包围在有节奏的灯光之下，犹如机场跑道一样。这种效应在使用塔形灯罩的灯具时更为显著，采用蘑菇灯也可以较好地解决这个问题。它们在向下投射灯光的同时，本身并不引人注意。如果配合附加的环境照明灯光源，其效果会更好。

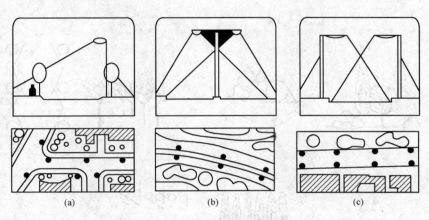

图 7-30　园路的照明设计
(a)单侧布置；(b)中央隔离带中心对称布置；(c)双侧对称布置

园路照明的设计中需要避免如下问题：随意更换照明灯具的光源类型，会在一定程度上影响原设计效果；使用彩灯对花木进行照明，有时会使植物看起来很不真实；任由植物在灯具附近生长会遮挡光线；垃圾杂物散落在地灯或向上投射的光源之上会遮挡光线，使设计效果大打折扣；灯具光源过强会刺眼，使人难以看清周围的事物；灯具的比例失调也会让人感到不舒服。

4. 小城镇园林照明的运用

(1)植物照明。灯光透过花木的枝叶会投射出斑驳的光影，使用隐于树丛中的低照明器可以将阴影和被照亮的花木组合在一起。特定的区域因强光的照射变得绚烂与华丽，而阴影之下又常常带有神秘的气氛。利用不同的灯光组合可以强调园中植物的质感或神秘感，如图 7-31 所示。

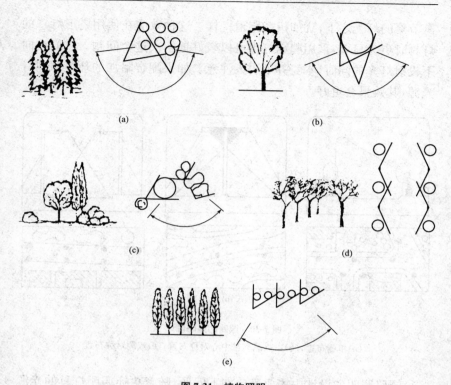

(a)

(b)

(c)

(d)

(e)

图 7-31　植物照明

(a)对一片树林的照明；(b)对一棵树的照明；(c)对高低参差不齐树木的照明

(d)对两排树形成的林荫道的照明；(e)对一排树的照明

　　植物照明设计中最能令人感到兴奋的是一种被称作"月光效果"的照明方式，这一概念源于人们对明月投洒的光亮所产生的种种幻想。灯具被安置在树枝之间，可以将光线投射到园路和花坛之上形成斑驳的光影，从而引发奇妙的想象。植物照明设计与传统的室外照明手法截然不同。传统照明常用带罩灯具或高杆灯具等，所形成的光线呈现出团状，既难以照亮地面和植物，又易将人的视线引向灯具，掩盖了景观的特点。

　　(2)道路照明。园林道路有多种类型，不同的园路对于灯光的要求也不尽相似。对于园林中可能会有车辆通行的主干道和次要道路,需要采用具有一定亮度且均匀的连续照明,以使行人及部分车辆能够准确识别路上的情况,所以,应根据安全照明要求设计;而对于游憩小路则除需要照亮路面外,还希望营造出一种幽静、祥和的氛围,因而,用环境照明的手法可使其融入柔和的光线之中。采用低杆园灯的道路照明应避免直射灯光耀眼,通常可用带有遮光罩的灯具,将视平线以上的光线予以遮挡;或使用乳白灯罩,使之转化为散射光源。

（3）水景照明。各种水体都会给人带来愉悦,夜色之中用灯光照亮湖泊、水池、喷泉,会让人体验到另一种感受。大型的喷泉使用红色、橘黄、蓝色和绿色的光线进行投射,可产生欢快的气氛;小型水池运用一些更为自然的光色可使人感到亲切;而琥珀色的光线会让水显得黄而脏,可以通过增加蓝光校正滤光器,将水映射成蔚蓝色,给人以清爽、明快的感觉。

水景照明的灯具位置需要慎重考虑。位于水面以上的灯具应将光源甚至整个灯具隐于花丛之中或者池岸、建筑的一侧,即将光源背对着游人,以避免眩光刺眼。跌水、瀑布中的灯具可以安装在水流的下方,这不仅能将灯具隐藏起来,而且可以照亮潺潺流水,显得十分生动。静态的水池使用水下照明,可能会因为池中藻类的影响而变得灰暗,或者使水看起来很脏。较为理想的方法是:将灯具抬高,使之贴近水面,并增加灯具的数量,使之向上照亮周围的花木,以形成倒影;或者将静水作为反光水池处理。

（4）场地照明。园林中的各类广场是人流聚集的场所,灯光的设置应考虑人的活动这一特征。在广场的周围选择发光效率高的高杆直射光源可以使场地内光线充足,便于人的活动。若广场范围较大,广场内又不希望有灯杆的阻碍,则可根据照明的要求和所设计的灯光艺术特色,布置适当数量的地灯作为补充。场地照明通常依据工作照明或安全照明的要求来设置,在有特殊活动要求的广场上还应布置一些聚光灯之类的光源,以便在举行活动时使用。

建筑一般在园林中占主导地位。为了使园林建筑优美的造型呈现在夜色之中，过去主要采用聚光灯和探照灯，如今已普遍使用泛光照明。若为了突出和显示其特殊的外形轮廓，而弱化本身的细节，一般用霓虹灯或成串的白炽灯沿建筑的棱边安设，形成建筑轮廓灯，也可以用经过精确调整光线的轮廓投光灯，将需要表现的物体仅仅用光勾勒出轮廓，使其余部分保持在暗色状态，并与后面背景分开，这种手法尤其对为营造、烘托特殊的景色和气氛的各种小品、雕塑、峰石、假山甚至大树等景物的轮廓照明具有十分显著的效果。建筑内的照明除使用一般的灯具外，还可选用传统的宫灯、灯笼。如在古典园林中，现代灯饰的造型可能与景观不能很好地协调，就更应选择具有美观造型的系统灯具。

（5）其他。除上述几种照明外，还有像水池、喷泉水下设置的彩色投光灯、射向水幕的激光束、园内的广告灯箱等，此类灯具与其说还保留一部分照明功能，还不如说更多的是对夜景的点缀。随着大量新颖灯具的不断涌现，今后的园灯将会有更多的选择，所装点的夜景也会更加绚丽。

5. 小城镇园林照明设计的方法

（1）选择照明的方式。可根据设计任务书中对电气的要求，在不同的场合和地点，选择不同的照明方式。一般照明方式的照明器布置必定是均匀布置方式，其照明器的形式、悬挂高度、灯泡容量也是均匀对称的。局部照明所对应的照明器布置是选择布置方式。

（2）园林照明要求。园林照明设计时应注意与园林景观相结合，以最能突出园林景观特色为原则，应明确照明对象的功能和照明的要求。

对以工作面上的视看对象为照明对象的照明技术称为明视照明。对以周围环境为照明对象的照明技术称为环境照明。根据照明要求，确定照明方式，选择合理的照度。不同照明设计的要求见表7-10。

表 7-10　明视照明和环境照明设计的要求比较

明视照明	环境照明
①工作面上要有充分的高度;②亮度应当均匀;③不应有眩光,要尽量减少乃至消除眩光;④阴影要适当;⑤光源的显色性好;⑥灯具的布置与建筑协调;⑦要考虑照明心理效果;⑧照明方案应当经济	①亮或暗要根据需要进行设计,有时需要暗光线营造气氛;②照度要有差别,不可均一,采用变化的照明可形成不同的感觉;③可以应用金属、玻璃或其他光泽的物体,以小面积眩光造成魅力感;④需将阴影夸大,从而起到强调突出的作用;⑤宜用特殊颜色的光作为色彩照明,或用夸张手法进行色彩调节;⑥可采用特殊的装饰照明手段(灯具及其设施);⑦有时与明视照明要求相反,却能获得很好的气氛效果;⑧从全局来看是经济的,而从局部看可能是不经济的或过分豪华的

（3）光源的选择。在光源的选择上,要注意利用各类光源显色性的特点,突出表现对象的色彩。在园林中常用的照明光源除白炽灯、荧光灯外,一些新型的光源如汞灯(目前园林中使用较多的光源之一,能使草坪、树木的绿色格外鲜艳夺目,使用寿命长,易维护)、金属卤化物灯(发光效率高,显色性好,但没有低瓦数的灯,使用受到一定限制)、高压钠灯(效率高,多用于节能、照度高的场合,如道路、广场等,但显色性较差)亦在被应用之列。但使用气体放电灯时应注意防止频闪效应。园林建筑的立面可用彩灯、霓虹灯、各式投光灯进行装饰。

振动较大的场所,宜采用荧光高压汞灯或高压钠灯。在有高挂条件又需要大面积照明的场所,宜采用金属卤化物灯、高压钠灯或长弧氙灯。当需要人工照明和天然采光相结合时,应使照明光源与天然光相协调,常选用色温在 4 000～4 500 K 的荧光灯或其他气体放电光源。

光色对人有一定的生理和心理作用。在生理作用方面:红色会使神经兴奋,蓝色使人沉静;在心理作用方面:红系统的色彩能使食欲增进,蓝系统的色彩则使食欲减退。不同的色彩给人以不同的感觉,红、橙、黄色给人以温暖的感觉,称之为"暖色";而青、蓝、紫色则给人以寒冷的感觉,称之为"冷色"。光源发出光的颜色直接与人的情感——喜、怒、哀、乐有关,这就是光源的颜色特性。这种光的颜色特性——"色调",在园林中就显得更为重要,应尽力运用光的"色调"来创造一个优美的环境,或是各种情趣的主题环境,常见光源的色调见表 7-11。

表 7-11　常见光源的色调

照明光源	光源色调
白炽灯、卤钨灯	偏红色光
日光色荧光灯	与太阳光相似的白色光
高压钠灯	金黄色、红色成分偏多,蓝色成分不足
荧光高压汞灯	淡蓝—绿色光,缺乏红色成分
镝灯(金属卤化物灯)	接近于日光的白色光
氙灯	非常接近日光的白色光

在视野内具有色调对比时,可以在被观察物和背景之间适当造成色调对比,以提高识别能力,但此色调对比不宜过分强烈,以免引起视觉疲劳。在选择光源色调时,还可考虑以下被照面的照明效果。

1)暖色能使人感觉距离近些,而冷色则使人感到距离远些,故暖色是前进色,冷色则是后退色。

2)暖色里的明色有柔软感,冷色里的明色有光滑感;暖色的物体看起来密度大些和坚固些,而冷色看起来则相反。在同一色调中,暗色看起来重些,明色好像轻些。在狭窄的空间宜选冷色里的明色,以造成宽敞、明亮的感觉。

3)一般红色、橙色有兴奋作用,而紫色、蓝色则有抑制作用。

(4)灯具的选择。灯具按结构分类可分为开启型、闭合型、密闭型、增安型及防爆型等;灯具按光通量在空间上、下半球分布情况,可分为直射型、半直射型、漫射型、半反射型、反射型等。其中,直射型灯具又可分为广照型、均匀配光型、配照型、深照型和特深照型五种。

在园林照明中,根据用途可分为门灯、庭院灯、水池灯、道路灯、广场照明灯、地灯、草坪灯、霓虹灯等。灯具应根据使用环境条件、场地用途、光强分布、限制眩光等方面进行选择。在满足上述条件下,应选用效率高、维护检修方便、经济实用的灯具。

1)在正常环境中,宜选用开启式灯具。

2)在潮湿或特别潮湿的场所可选用密闭型防水灯或带防水防尘密封式灯具。

3)可按光强分布特性选择灯具。光强分布特性常用配光曲线表示。如灯具安装高度在 6 m 及以下时,可采用探照型灯具;灯具安装高度在 6～15 m 时,可采用直射型灯具;当灯具上方有需要观察的对象时,可采用漫射型灯具;对于大面积的绿地,可采用投光灯等高光强灯具。

(5)灯具布置。灯具布置应满足规定的照度;保证工作面上的照度均匀性;光线的射向应适当,一般应无眩光、无阴影;灯泡安装容量减至最少;维护方便;布置整齐美观,并与周围景色配合协调。

一般照明的灯具,通常采用均匀布置和选择布置两种方案。均匀布置的灯具在整个工作面内均匀分布;选择布置的灯具与不同的场合和地点有关,大多是按工作面对称布置。

三、小城镇园林园灯设计

1. 杆头式照明灯

用高杆将光源抬升至一定高度,如图 7-32 所示,可使照射范围扩大,以照全广场、路面或草坪。光源距地较远,会使光线呈现出静谧、柔和的气氛。过去常用高压汞灯作为光源,现在为了高效、节能,广泛采用钠灯。

2. 埋地灯

埋地灯常埋置于地面以下,外壳由金属构成,内用反射型灯泡,上面装隔热玻璃。埋地灯主要用于广场地面,有时为了创造一些特殊的效果,也用于建筑、小品、植物的照明。

3. 低照明灯

低照明灯,如图 7-33 所示,的光源高度设置在视平线以下,可用磨砂或乳白玻璃罩护光源,或者为避免产生眩光而将上部完全遮挡。它主要点缀于草坪、园路两旁、墙垣之侧或假山、岩洞等处,可渲染出特殊的灯光效果。

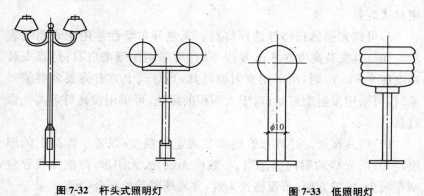

图 7-32　杆头式照明灯　　　　　　　　　图 7-33　低照明灯

4. 投光灯

将光线由一个方向投射到需要照明的物体(如建筑、雕塑、树木)之上,可产生欢快、愉悦的气氛。投射光源可采用一般的白炽灯或高强放电灯。为避免游人受直射光线的影响,应在光源上加装挡板或百叶板,并将灯具隐蔽起来。使用一组小型投光器,如图 7-34 所示,并通过精确的调整,使之形成柔和、均匀的背景光线,可以勾勒出景物的外形轮廓,就成了轮廓投光灯。

5. 水下照明彩灯

如图 7-35 所示,水下照明彩灯主要由金属外壳、转臂、立柱以及橡胶密封圈、耐热彩色玻璃、封闭反射型灯泡、水下电缆等组成,有红、黄、绿、琥珀、蓝、紫等颜色,可安装于水下 30～1 000 mm 处,是水景照明和彩色喷泉的重要组成部分。

图 7-34 投光灯

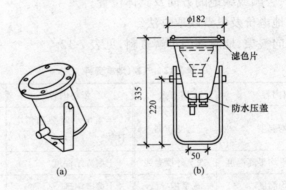

图 7-35 水下照明彩灯

(a)外观；(b)构造图

四、小城镇园林供电设计内容与程序

1. 小城镇园林供电设计内容

(1)确定各种园林设施中的用电量，选择变压器的数量及容量。

(2)确定电源供给点(或变压器的安装地点)进行供电线路的
配置。

（3）进行配电导线截面的计算。

（4）绘制电力供电系统图、平面图。

2. 小城镇园林供电设计程序

在进行具体设计以前，应收集以下内容的资料。

（1）园内各建筑、用电设备、给排水、暖通等平面布置图及主要剖面图，并附有各用电设备的名称、额定容量（kW）、额定电压（V）、周围环境（潮湿、灰尘）等。这些是设计的重要基础资料，也是进行负荷计算和选择导线、开关设备以及变压器的依据。

（2）了解各用电设备及用电点对供电可靠性的要求。

（3）供电局同意供给的电源容量。

（4）供电电源的电压、供电方式（架空线或电缆线；专用线或非专用线）、进入公园或绿地的方向及具体位置。

（5）当地电价及电费收取方法。

（6）应向气象、地质部门了解资料，见表 7-12。

表 7-12　气象、地质资料

资料内容	用　途	资料内容	用　途
最高年平均温度	选变压器	年雷电小时数和雷电日数	防雷装置
最热月份平均最高温度	选室外裸导线	土壤冻结深度	接地装置
最热月平均温度	选室内导线	土壤电阻率	接地装置
一年中连续三次的最热日昼夜平均温度	选空气中电缆	50 年一遇的最高洪水水位	变压器安装地点的选择
土壤中 0.7～1.0 m 深处一年中最热月平均温度	选地下电缆	地震烈度	防震措施

第八章　小城镇园林景观的发展前景

小城镇园林景观建设中,应努力继承、发展和弘扬传统乡村园林景观的自然性。在小城镇如火如荼的建设形势下,保护、利用和发展小城镇乡村园林景观,运用生态学观点和可持续发展的理论,借鉴城市设计和园林设计的经验,建造既对历史的延续,又有时代精神的小城镇园林景观已经成为重要的使命。把握小城镇的典型景观特征,是最重要的原则与基础。

第一节　乡村园林景观

一、乡村园林景观的兴起

小城镇是介于城市与乡村之间的一种中间状态,是城乡的过渡体,是城市的缓冲带。小城镇既是城市体系的最基本单元,同城市有着很大的关联,同时,又是周围乡村地域的中心,比城市保留更多的"乡村性"。

在工业社会随着城市化进程的加剧,尤其是不合理地改造自然和开发利用自然资源,造成了全球性的环境污染和生态破坏,对人类生存和发展构成了现实威胁。人类生活开始领受大自然的惩罚,各种人居环境的不适与灾难逐步降临。回归自然,与自然和谐相处成为现代人们的理想追求,传统村镇聚落乡村园林景观的弘扬和发展便成为人们关注的热点,村镇聚落的自然园林景观深受人们的青睐。

在中国传统优秀建筑文化风水学的熏陶下,"天人合一"的宇宙观造就了立足自然、因地制宜、独具特色的乡村园林,为独树一帜的中国古典园林的形成奠定了理论基础。借鉴乡村园林的成功经验,运用现代生态学的理念,依托乡村的优美自然环境和人文景观,集山、水、田、宅于一体,开发创意性生态农业文化,把乡村的一草一木、山水树石都进行文化性的创作,使其实现乡村的产业景观化,景观产业化,创建农业公园,开发各富有特色的休闲度假观光产业,吸引广大的城市居民和游客,提高农民的自身价值,是城乡统筹发展、推进城镇化、带动小城镇蓬勃发展的一条有效途径。

二、乡村园林景观意境营造

1. 乡村园林景观自然环境

一些村镇虽然本身的景观变化并不丰富,但是作为背景的山势,或因起伏变化而具有优美的轮廓线,或因远近分明而具有丰富的层次感,从而在整体景观上获得良好的效果。作为背景的山,通常扮演着中景或远景的角色。作为远景的山十分朦胧、淡薄,介于村镇与远山之间的中景层次则虚实参半,起着过渡和丰富层次变化的作用,不仅轮廓线的变化会影响到整体景观效果,而且山势起伏峥嵘以及光影变化,也都在某种程度上会对村镇聚落的整体景观产生积极的影响,中景层次有建筑物出现,其层次的变化将更为丰富。

传统村镇聚落园林景观的意境主要体现在其立足自然、因地制宜,营造耐人寻味、优雅独特、丰富多姿的山水自然环境,传统村镇聚落所处的自然环境在很大程度上决定了整个村镇聚落的整体景观,特别是地处山区的村镇或者依山傍水的村镇,自然环境对于村镇景观的影响尤甚。

乡村园林富有层次的景观变化,实际上是人工建筑与自然环境的叠合。还有一些村镇聚落,尽管在建造过程中带有很大的自发性,但是有时也会或多或少地掺入一些人为的意图,如借助某些体量高大的公共建筑或塔一类的高耸建筑物,以形成所谓的制高点,它们或处于村镇聚落之中以强调近景的外轮廓线变化,或点缀于远山之巅以形成既优美又比较含蓄的天际线。这样的村镇聚落如果背山面水,还可以在水下形成一个十分有趣的倒影,而于倒影之中也同样呈现出丰富的层次和富有特色的外轮廓线。坐落于山区的村镇聚落,特别是处于四面环山的,其自然景色随时令、气象,以及晨光、暮色的变化可以获得各不相同的诗情画意的意境美。

2. 古老的乡村园林景观

浙江秀丽的楠溪江风景区,江流清澈、山林优美、田园宁静。这里村寨处处,阡陌相连,特别是保存尚好的古老传统民居聚落,更具诱惑力。有两座古村位居雁荡山脉与括苍山脉之间永嘉县岩头镇南、北两侧。那里土地肥沃,气候宜人,风景秀丽,交通便捷,是历代经济、文化发达的地区。两村历史悠久,始建于唐末,经宋、元、明、清历代经营得以发展。经世代创造、建设,使得古村落的整体环境、建筑模式、空间组合及风情民俗等,都体现了先民们对顺应自然的追求和"伦理精神"。两村富有哲理和寓意的乡村园林景观、精致多彩的礼制建筑、质朴多姿的民居、古朴的传统文明、融于自然山水之中的清新,优美的乡土环境,独具风采,令人叹为观止。

三、乡村园林景观发展背景

1. 传统村镇聚落乡村园林景观发展的历史形态

村镇聚落不同于城市,它的形成往往要经历一段比较漫长的、自发演变的过程,这个过程既没有明确的起点,又没有明确的终点,所以,它一直是处于发展变化的过程中。城市则不同,虽然它开始的阶段也带有某种自发性,但一经跨进"城市"这个范畴,便多少要受到某种形式的制约。如中国历代都城,都不可避免地要受到礼制和封建秩序的严格制约,从而在格局上必须遵循某种模式。而且城市通常以厚实的城墙作为限定手段,使城内外分明,这就意味着城市的发展有一个相对明确的终结。

村镇的发展过程则带有明显的自发性,除少数天灾人祸所导致的村镇重建或异地而建,一般村落都是世代相传并延绵至今的,而且还要继续传承下去。当然也会有特殊的状况出现,即由于村镇发展到一定规模,受到土地或其他自然因素的限制,不得不寻觅另一块基地以扩建新的村落,这就使得原来的村落一分为二。这就表明,村镇的发展虽然没有明确的界限,但发展到一定阶段也会达到饱和的限度,超过了这个限度再继续发展下去就会导致很多不利的后果,最直接的就是将相同血缘关系的大家族分割开来。在一个大家族中,也会不可避免地发生各种各样的矛盾与冲突,这种矛盾一旦激化,即使是在封建社会受封建制度禁锢的大家族中同样会导致家族的解体。所以,伴随着分家与再分家的活动,势必要不断地扩建新房,并使原来村落的规模不断扩大。

基于以上的分析得出,传统村镇聚落的发展是带有很强的自发性。如今的发展则不全然是盲目的,还要考虑到地形、占地、联系、生产等各种明显的利害关系,但对这些方面的考虑都是比较简单而直观的。加之住宅的形制已早有先例——内向的格局,所以人们主要考虑的还是住宅自身的完整性。至于住宅以外,包括住宅与住宅之间的空间关系都有很多灵活调节的余地。可是由于人们并不十分关注于户外空间,因而,它的边界、形态多出于偶然而呈不规则的形式。此外,人们为了争取最大限度地利用宅基地,通常会使建筑物十分逼近,这样便形成了许多曲折、狭长、不规则的街巷和户外空间。加之村落的边界也参差不齐,并与自然地形相互穿插、渗透、交融,人们可以从任何地方进入村内,而没有明确的进口和出口。凡此种种情况,虽然在很大程度上出于偶然,但却可以形成极其丰富多样的景观变化。这种变化由于自然而不拘一格,有时甚至会胜过于人工的刻意追求。另外,这种情况也启迪我们:对于村镇景观的研究,其着眼点不应当放在人们的主观意图上,而应注重在对于客观现状的分析。

2. 传统村镇聚落乡村园林景观发展的现状

在当今社会,经济结构的深刻变化给传统村落的发展施加了很大压力。农村产业结构的变化带来了劳动力的解放,大量农村人口奔向城市,使许多用房闲置无用,任其败落,老建筑因年久失修,频频倒塌,原来对村落起重要作用的村落景观也无人问津。农村产业结构的变化带来了农村经济的发展,但是在产量迅速提高及生产合理化的同时,消耗了越来越多的自然资源。为城市服务的垃圾站、污水厂、电站等也破坏了乡村的生态环境和景观特色,降低了乡村的生活质量。

　　这种现象在农村已相当普遍。由于更新方式不当,许多地区从前那种令人神往的田园景观、朴实和谐的居住氛围一去不复返了。传统聚居场所逐渐被由水泥和砖坯粗制滥造的新民房所侵占。这不仅是当地居民生存质量的危机,也是乡土文化濒于消亡的危机。所以,人们渴望回归自然,传统村镇聚落的自然园林景观越来越成为人们的理想追求。

四、乡村园林景观保护

　　传统村镇聚落是人类聚居发展历史的反映,是一种文化遗产,是人类共同的财富,应该保护和利用好传统村镇聚落乡村园林景观。传统村镇聚落乡村园林景观保护的理论出发点、保护的理念和基本原则,也应该立足于可持续发展、有机再生与传承发展、尊重历史、维护特色等方面。随着现代城市化的发展,大规模的村镇建设蓬勃发展,在经济发展的紧迫感面前,传统村镇聚落的景观风貌建设受到了很多新的挑战,要解决好历史文化遗产保护与现代经济发展,与人们生活、生存之间的矛盾,其关键是要保护好人居环境,遵循整体性保护的原则和积极性保护的原则,从多个层次、层面上对传统聚落人居环境进行保护,使其继续生存和发展,促进更好的保护。

1. 延续乡土历史,传承园林文化

　　(1)传统产业和传统技术。创造乡村园林景观的初衷源于当地人们自身对景观的正确理解和积极的保护。因此,控制景观的破坏绝不是不可能的,换言之,乡村园林景观的变化不能任其发展,应该弄清形成乡村园林景观的种种机制,将它纳入到人们的现实生活中来。受到

这种新价值观的启发,将乡村园林景观作为可进行创作的蓝本,可经营管理的产品而加以保护。

(2)乡村文化传统的乡村文化、悠久的民俗民风,在现代文化的冲击下已凸现出慢慢流失的趋势,很难得到现代人们的喜爱和重视。如何保护和弘扬优秀的传统文化,如何将现代园林艺术与传统乡村园林艺术完美地结合起来,创造备受人们喜爱而又独具本土特色的景观设计作品,是颇为值得深入研究的一个新课题。

挖掘乡村文化中的特色元素,进行提炼分析,找到精神的非物质性空间作为设计的切入点,再将其结合到现代园林规划设计中来,恢复其场所的人气,延续历史文脉,使之产生新的生命力,创造新的形象。这些元素可以是一种抽象符号的表达,也可以是一种情境的塑造。归根到底,它应该是对现代多元文化的一种全新理解。在理解文化多元性的同时,去强化传统文化的自尊、自强和自立,充分地保护地域文化,在继承中寻求创新的方法来延续文脉,挖掘内涵并予以创造性地再现。

2. 注重生态功能,保护自然景观

(1)实施可行性评估。随着现代化城市的建设发展,城域面积不断向乡村蔓延,现代建筑的林立,高速公路的开发,改变了自然地形地貌,破坏了乡土特征,使得很多优美的乡村园林景观遭到不同程度的破坏。城镇化建设是历史的必然,而如何控制这种开发建设对传统村镇景观的影响是要思考的问题,如何适当地解决这种矛盾需要我们在提高保护意识的基础上,进行以自然地形地貌为基础的园林景观方面的研究,即可行性评估。例如,在以自然村落、农田组成景观的地区,城市道路能否不经过这里,作为背景的乡村防风防护带能否不开发,以建筑群形成的天际线是否可以不被切断,特别是对于较成熟的乡村景观的处理,不仅要考虑视觉方面,还应该从当地的居民群众生活和精神等有关方面进行研究。

(2)土地的综合利用。针对不同土地的不同土质,对其进行分类利用。土质较好,渗透性强的土地,属适合于耕种庄稼的利用类型;石块较多，土层较薄的土地，则适合于放牧的利用类型；河流周边地区的林地和野生动物栖息地的土地，可划归为适合于保护和游憩的利用类型。

根据土地的不同利用方式，规划其功能。哪些适合于耕作，哪些适合放牧，哪些适合种植树木和农作物，哪些适合用作园艺，哪些适合于自然保护区等。还可以根据游憩的价值进行安排，例如，滑雪、狩猎、水上运动、野餐、徒步旅行、风景观赏等。再者，根据土地的历史文化价值，含水层可补充地下水的价值，蓄洪的价值等，做出价值分析图，进行累计叠加，得出最适宜的土地利用规划图，制定相应的园林景观规划。

同时，考虑乡村区域与城市的位置关系。如果位于城市附近，即使土地拥有很高的生产能力，资金的投入也应该花在保护和建设乡村游憩空间上。因为具有较高农业价值的土地通常有较高的观赏价值、娱乐价值，不适合野生生物生存和作为建设用地。

要重视发挥土地利用的综合价值。古老的乡村和经过规划的现代村镇之间有着明显的差异。古老的乡村以各种各样的树篱、古老的树木、田埂岸路为特征。倾向于小村庄和城镇的发展模式。

3. 人工物质空间体系方面的保护

在重视专家、聘请专家参与保护的基础上，应对重要节点空间结构整体保护，并采用不同的方式分级别保护所有古建筑以及居住单体生活空间和公共生活空间。重要节点空间是传统聚落的核心，对于传统聚落的整体保护有着重要的意义。从可持续发展的意义上考虑，重现和延续重要节点空间结构的内在场所精神与社会网络，比维护传统的物质环境更为重要。运用"修旧如旧"、"补旧如新"、"建新如旧"三种方式分级别保护所有古建筑。采用改善居住生活环境、明晰住房产权关系、营建新村、增加基础设施建设等措施，对居住单体生活空间和公共生活空间进行改善和保护，同时，也对交通体系和水利设施系统和农业生产环境进行保护。

4. 慎重对待旅游开发

选择适当的旅游开发模式，控制开发规模与旅客容量，把保护传统村落的原真性与自然性放在首位，最重要的是要让当地村民从旅游开发中得到实惠。从打造精品旅游品牌、提高当地居民参与规划保护和旅游者共同保护意识、策划具体的旅游规划保护等方面把保护和开发落到实处，相辅相成地达到对传统聚落保护的目的。

5. 自然环境空间体系方面的保护

自然环境空间体系的保护一般是对山脉、林地、水系、地形地貌等的保护，强化保持其原生态，尊奉"天人合一"的观念，积极把握自然生态的内在机制，合理利用自然资源，努力营建绿色环境。

要保护自然的格局与活力，就应因借岗、谷、脊、坎、坡、壁等地形条件，巧用地势、地貌特征，灵活布局组织自由开放闭合的环境空间。同时，还应人工增强自然保护，封山育林、严禁污染等。

6. 精神、文化空间体系方面的保护

人文精神体现人的存在与价值的崇高理想和精神境界。在构建物质空间的同时应极为重视精神空间的塑造，以强烈的精神情感和文化品质修身育人。对精神、文化空间体系方面的保护应当从增强政府管理、制定法律法规、提高文化水平和人文素质着手，保护整个区域的传统文化氛围，传承传统文化、工艺和风俗，控制人口增长等，从而形成一个以自然山水景象、血缘情感、人文精神、乡土文化为主体，构建出质朴清新，充满自然生态和文化情感的精神空间。

五、乡村园林景观特征

1. 乡村园林景观的空间节点

（1）街。在村镇聚落中，街也是人们交往最为活跃的场所，在山乡，平行于等高线的主要街道多呈弯曲的带状，空间极富变化，步移景异，十分动人。而垂直于等高线的主要街道。由于明显的高差变化，使得街道空间时起时伏，沿街两侧建筑则呈跌落形式，使得街景立面

外轮廓线参差错落而颇富韵律感,俯仰交替,变化万千,其整体景观的魅力即在于建筑物重重叠叠所形成丰富的层次变化,给人留下逶迤。舒展的景观效果。

水街忌直求曲的布局,宜幽深,给人以"曲径通幽"和"不尽之意"的感受。水街临水,设置停靠舟船的码头和供人们洗衣、浣纱、汲水之用的石阶,这些设施都有助于获得虚实、凹凸的对比和变化,从而赋予水街空间以生活的情趣。

(2)广场。广场在村镇聚落中主要是用来进行公共交往活动的场所,凡是临河的村镇聚落,一般都使广场尽可能地靠近河边。一些传统的村镇聚落出于对某种树木的崇拜,通常选址在有所崇拜树木的地方,并在其周围建设公共活动的场地,从而以广场和树作为聚落的标志和中心。有的位于聚落的中心,有的位于旁边,布局灵活多样。依附于寺庙、宗祠的广场主要是用来满足宗教祭祀及其他庆典活动的需要,它多少带有一些纪念性广场的性质。这种广场并非完全出于自发而形成,而是在建造寺庙或宗祠时就有所考虑,并借助于各种手段来界定广场的空间范围。寺庙在平时作用并不明显,但是每逢庙会便热闹非凡。

(3)桥。依山面水是中国传统村镇聚落选址的重要依据,即便是在平坦的水网地里,虽无山可依,但亲水、临水是必然的选择。因此,无论在山区或平原,桥是沟通聚落与外界联系不可缺少的重要途径,它的结构简单实用,造型轻巧灵活。因此,除主要起交通组织的作用外,还在村镇聚落的景观中起着重要的作用,桥连同它的周围环境,通常也富含诗情画意,因而,成为村镇聚落的重要空间节点。

(4)桥亭。有桥的地方,往往在桥中间设桥亭。除作为过往行人避雨、乘凉和休闲交往的场所外,造型也都极为优美,往往与周围的自然环境构成如诗如画的景观,也是村镇聚落的重要标志性建筑之一。

(5)水口。水口是一种独特的文化形式。水口从字面意义上看是"水流的出入口",其实在传统村镇聚落中,它是一个入村的门户,是一个地界划定的标志。水口在传统观念中是水来处为天门,常是自山涧来,而出水口常在较为平坦处,即为村落的入口,因此也将水口喻为"气口",如人之口鼻通道,命运攸关。故古人对水口极为重视,既需险要,又需关气,以壮观瞻,一般水口处常有大桥、林木、牌坊等。

水口有着与众不同的成因,它的艺术特色、环境布局、空间组织、建造管理都与中国古代各种传统流派的园林有较大的差别。水口地处村头,依山傍水,其地形地势绝大多数为真山真水,少有雕琢,所谓"天成为上",这正是人与聚落、自然与山林有机结合的最佳位置,空间开放。在传统的村镇聚落中,村口虽多为私人出资,但却无墙无篱笆,视线开阔,空间通透,内涵丰富。水口的选址布局遵循风水理念,更有儒家思想、传统形制。水口之一放,成为公众游憩休闲的场所,也是乡人迎亲送客的必经之地。

(6)溪流。溪流以静和动的对比,构成了其独特的诗情画意,"流水之声可以养耳",充满了动的活力和灵气。临溪而居,确实可以利用溪流的有利条件,获得极为优美的自然环境,人们不但可以充分利用溪水来方便生活,而且还可以使生活更加接近自然,从而获得浓郁的山石林泉等的自然情趣。

(7)池塘。在村镇聚落中,如果能够见到一方池塘,会使人感到心旷神怡。因此,在许多传统村镇聚落中,都力求借助于地形的起伏,灌水于低洼处形成池塘,有的甚至把宗祠、寺庙、书院等少有的公共建筑列于其四周,从而形成聚落的中心。由于水面本身具有的特性,即使把建筑物比较零乱地环绕在水面的周围,也往往可以借助池塘本身的内聚性形成某种潜在的中心感。

2. 乡村园林景观的布局特点

(1)地域性。因社会经济、历史文化、自然地理条件和民情风俗所形成审美观念的差异使得我国乡村的园林景观表现出极为鲜明的地方特色。我国的园林创作自古以"师法自然"为基础,在模仿中进行创作,讲究"虽由人作,宛如天开"。广阔美丽、各式各样的自然环境,为乡村的园林景观创作提供了良好的天然条件。同时,地域性还表现在其就地取材和建筑造型及色彩的运用上,力求协调和谐,以展现其优美的田园风光和浓郁的乡土气息。

(2)实用性。乡村营造园林景观的目的,不仅是为了满足审美的需要,同时,还具有较强的功能性和实用性。轻巧、灵活、古朴、粗犷的园林景观没有任何的矫揉造作,就地取材甚至不加修饰。在园林景观的营造上与人们生活、生产等使用功能相关联。如水体直接与农耕生产结合,穿村而过的溪流更是人们日常洗刷的重要场所。

(3)公共性。这种根植于乡村的园林景观,没有封闭的小桥流水格局,也没有堆筑的假山。大多数呈现为开放、外向、依借自然的园林形式,如水乡即呈现为水景园林形式。便于居民游憩、交往,又能与周围自然环境相呼应,为乡村平添了诗情画意。与通常的传统古典园林相比,公共性是我国乡村园林景观最为突出的特点之一。

(4)整体性。乡村园林景观还有一个突出的特点,即整体性。乡村的环境创造尊奉传统的"整体思想"和"和合观念"。表现出整个聚落与自然山水紧密联系"天人合一"的传统环境理念;在园林景观的营造中,表现在园林景观营造的人与自然和谐共生,想方设法在有限空间中再现自然,令人感到小中见大的空间艺术造型效果。同时,也表现在园林景观的选址与整个聚落的相协调上。园林景观是乡村的有机组成部分,两者相互融合、相得益彰。使得乡村从选址到建设,均特别注重与周边自然环境的结合,展示了人们对未来良好生活的期待。园林景观的选址也都纳入乡村的统一规划之中,与整个乡村融为一体,各种类型的景观环环相扣,路随溪转,溪绕村流,柳暗花明,形成了很多令人叹为观止的乡村建设与园林景观理水、造景于一体的典型范例。

(5)参与性。在中国传统的自然观、哲学观的影响下,广大群众发挥智慧,创造和参与共建活动,建设充满情趣的家园。在视觉形象上,借助传统的环境观、风水观和艺术观,造就了理想的模式,其形态、色彩及细节的装饰都衬出当地的建筑特色、民俗特色和文化传承特色,凝聚了广大劳动人民的智慧和创造力。

(6)永恒性。崇尚自然,以自然精神为聚落环境创造的永恒主题,以自然山水之美诱发人的意境审美和愉悦生活;以自然的象征性寓意表达人的理想、情趣;以自然的品质陶冶情操、培养德智,构建充满自然审美与自然精神的环境文明,在形式上讲究整体性和秩序性,讲究"因地制宜、师法自然、天人合一",追求真正与自然环境和谐统一,创造可持续发展的宜人环境。

(7)文化性。耕读文化在中国传统文化中具有普遍的道德价值趋向,是古代知识分子陶冶情操、追求独立意识的精神寄托,营造育人的环境,以明确中国哲学理想信念为目标,以"伦理"、"礼乐"文化为核心,建立人生理想、人生价值、道德规范和礼乐文化活动的精神文化环境体系。许多空间节点成为人们社交、教育及娱乐的活动中心。这种园林景观的建设,使其成为平民百姓子弟通往成功、地位、财富的大道。很多传统都将公共园林作为整个聚落的有机组成部分。充分体现了在以"耕读"为本的传统小农经济体制下,人们对"文运昌盛"的追求。

六、乡村园林景观的发展趋势

1. 生态发展的总体目标

乡村园林景观生态发展模式的总体目标是通过可控的人为处理使得生态要素之间能够相互协调,以达到一种动态平衡。"生态原理"是园林景观设计的基本理论原理,生态发展越来越受到人们的重视。所谓"生态发展模式",便是以"调适"为手段,促使聚落景观发展重心向生态系统动态平衡点接近的发展模式。也就是说,乡村园林景观的弘扬必须与社会、经济、文化、自然生态均衡发展的整体目标相一致。通过对自然生态环境的调谐,乡村园林景观才能获得永恒发展的物质基础,并保持地区性特征;通过对社会环境的调谐,才能满足居民现实生活的要求,并适应时代发展的潮流;通过对建成环境的调谐,人类辛勤劳动所创造的历史文化遗产才能得以继承,聚落文脉才能得以延续。

2. 生态发展的原则

生态发展模式体现了一种可持续性，它可以充分发挥人类的能动作用，遵循生态建设原则，提乡村景观系统的生态适应能力，使其进入良性运转状态。从而既顺应时代发展趋势。又解决文化传承问题。从某种意义上说，传承是对过去的适应，发展是对未来的适应。按照这样的方向和原则，通过各方面的努力，生存质量和地方文化的危机将得以拯救。

3. 突出地方特色

结合地方条件，突出地方特色的乡村建设思想仍然是乡村园林景观必须始终坚持的思想原则。传统的乡村，其聚落形态和建筑形式是由基地特定的自然力和自然规律所形成的必然结果，其呈现人与自然的和谐图景应该是我们永远不能忘却的家园象征。人们结合地形、节约用地、考虑气候条件、节约能源、注重环境生态及景观塑造，运用当地材料，以最少的花费塑造极具居住质量的聚居场所。这种经验特色应该在乡村更新发展和新乡村的规划中得以继承和弘扬。

传统乡村中的建筑简洁朴素，它用有限的材料和技术条件创造了独具特色和丰富多样的建筑，不论是在建筑形式还是使用上都体现了深厚的价值。由功能要求及自然条件相互作用产生的村镇聚落，其空间结构和平面布局不仅极为简单朴素和易于识别，而且具有高度的建筑与空间品质。

传统乡村的简单性表现在很多方面，首先建筑材料单一，基本就是木材和砖；施工简单，工具没有类似现代化的机械；没有像现在有建筑师和工程师等专业人员，大多都是居民自己亲自参与或者在邻里亲朋及工匠的帮助下完成，这样形成的民居建筑可以说是"没有建筑师的建筑"。现在，新技术、新材料和新知识为建筑提供了新的和更广泛的可能性，然而这并不意味着我们要放弃长期使用的传统的建筑材料和建造方式，人们经常认为它们已落伍不能适应新时代的需求，结果是全国各地，从城市到乡村，对建筑的态度就像配餐一样,各种建筑产品拼凑累积,这种病态的建筑给人带来的不是美感而是烦琐。我们呼唤能有一种脱颖而出、与之截然不同的简约建筑;一种与"迁徙"飘浮及随意性抗衡而又植根于"本土"的简约型地方建筑。

强调自助及邻里互助的乡村传统的复苏,使人们有兴趣参加或部分参加塑造家园的全过程。这就要求建筑应有一种明确、简约的体量和紧凑的形式,有利于建造、扩展和适应使用要求的变化,有利于村民亲自参与。这一简单的原则既针对单体建筑,又针对整个乡村的营造。发扬简约建筑思想并不意味着放弃应用新技术新材料,而只是要在满足适用、经济、有助于体现地方特色的前提下,才能具有深刻的意义。

古老的乡村是以家庭和邻里组群而成为村落集体的,多是在与恶劣的自然条件及困苦的长期斗争中诞生和发展的,人们知道他们的命运不仅受君主,也受自然的喜怒无常而影响,灾难与危机随时可能降临。聚居共同生活,在各项职责上相互照应,这种氛围和形式影响着聚落的结构。例如,在村落中都有作为集体所有的公田,以及其他形式包括祠堂等的公共空间、场地、街道,紧密联系的建筑群也体现了一种聚集心态,这种居住建筑群有助于邻里间的交往及团体凝聚力和归属感的形成,而不单是为了节约用地。在当代欧洲的聚落规划中这种聚居的空间结构被很好地得以发扬。这其中,公共空间重新作为聚落结构的脊梁,起到集体中心的作用,在规划布局上也有意强调和提供邻里交往的可能性,并把广场、街巷、中心、边界等传统村落中构成聚落整体、强化聚居心态的空间结构加以活化,并通过具有时代精神的形体塑造,注入新的主题和动机。

乡村是聚落的一种基本形式,体现邻里生活之间的交往和职能上共同协作的一个重要前提就是聚居,聚落里的居民是交往生活的主体,因此,由居民这一使用者参与规划是一个有利于邻里乃至整个村落发展的有效途径。而且在村落营造及聚落规划中,应该反映居民的愿望,获得他们的理解,接受他们的参与。

第二节 创建乡村农业生态园

一、乡村农业生态园的设计原则

1. 传承地域文化

农业生态园的发展是弘扬优秀传统乡村园林的营造理念，将园林艺术与乡村艺术完美结合起来，并创造出具有典型地域特色的景观类型，它兼顾游憩、生活和生态功能。在国际化与信息化加速发展的浪潮中，传统的乡村特色和悠久的民俗民风不断地受到现代文化的冲击。

地域特色表达是农业生态园建设的首要原则。小城镇农业生态园迅速发展，并受到大多数城市居民追捧的主要原因，就在于农业生态园对于当地自然景观与地域文化的有力展现。

首先，在农业生态园的建设过程中，应突出当地的自然景观或人文景观。选择当地传统产业打造独具特色的娱乐活动项目，或者在农业生态园的建筑设计、景观设计中延续传统工艺，展现地方特色。这些传统文化的再现不仅可以增加经济收益，同时可宣传历史文化，让古老的文明得以延续。

2. 整体性美学原则

在追求农业生态园景观多样性的同时，还应注重农业生态园景观的整体性。一方面生态园要与所在区域的环境背景相融合，不破坏原有环境的整体风貌；另一方面生态园内的各种景观要素要相互联系与协调，无论是形式、材料，还是外观等有所呼应，形成公园的整体风格，突出特色。人们从农业生态园中获得的审美情趣是实现游人与生态园的协调发展的关键。农田的斑块、防护林网、水系廊道等不仅是农业景观发展过程的产物，也是人们活动美感的重要元素。

3. 生态优先原则

生态性原本就是农业生态园的基本特征之一，在农业生态园的规划过程中,应优先考虑园区农业生态资源的合理开发利用,尽可能利用现有的树林、河流、田野等,保留大型的自然斑块,并在建成区内适当保留自然植被,将人工构建的环境与自然的环境相结合。

生态优先的原则也要求生态园内的游人活动和游人容量在有效的控制之下,以减小对环境的冲击与破坏。在保护与开发的过程中实现自然资源与生态体系的均衡发展,创造既适宜休闲活动,又具有自然质朴的园区环境。

同时,因地制宜也是农业生态园规划建设过程中的生态环境保护的具体要求。不同的地域有不同的资源特点,建设过程中赋予的规划内容和模式也就各不相同。生态优先原则要求保护农业生态园的生物多样性及景观要素的多样性。多样性的景观不仅能增强生态的稳定性,减弱旅游活动对环境的干扰,也能够增加公园的魅力,提高景观的观赏性。

4. 可持续发展原则

农业生态园的规划设计要遵循可持续发展原则,即生态可持续性、生产可持续性和经济可持续性。通过合理规划农业生态园内的生产项目和休闲娱乐项目,达到保护农业环境的目的,同时保持农业的生产功能。通过开发农业生态园的综合服务体系来实现长期的经济效益。

5. 合理利用土地

虽然小城镇的土地资源使用相对于大城市要更灵活,土地量也更多,但小城镇的土地差别性很大。首先,土质的不同直接影响农业生态园的发展,恰当地选择土地特性是农业生态园建设的基本要求。土质较好的土地适宜于植物与庄稼地的生长,以及各类园艺活动的开展;土层较薄的石质土地,适宜于放牧或建设活动场地。同时,生物多样性较好的土地区域,可考虑建设保护区域或保护与游憩相结合进行开发建设。通常,在农业生态园的建设过程中,根据现状土地的不同情况,选择建设活动项目,例如水上运动、滑雪、狩猎、野餐、徒步旅行、风景观赏等。

除土地本身的特性外,小城镇不同区域与城市的位置关系也是至关重要的。与城市较近的区域,即使土地拥有很高的生产能力,也要结合实际情况,适当保护和建设乡村游憩空间。

总之,土地的综合、合理应用是小城镇农业生态园建设的重要基础。

6. 积极发展观光农业

目前,观光农业可以大致分为两大类:一类是以农为主的观光农业;另一类是以旅游为主的观光农业。以农为主的观光农业是一种提高农业生产和农业经济,并有效保护乡村自然文化景观的高效推广示范农业开发形式。城郊观光农业是利用城郊的田园风光、自然生态及环境资源,结合农林牧副渔生产经营活动、乡村文化、农家生活,为人们提供观光体验、休闲度假、品尝购物等活动空间的一种新型的"农业+旅游业"性质的农业生产经营形态。

以旅游为主的观光农业认为,农业形式的开发服务于参观者的需求,他们将观光农业定义为一种以旅游者为主体、满足旅游者对农业景观和农业产品需求的旅游活动形式。观光农业是农业生产与现代旅游业相结合而发展起来的,是以农业生产经营模式、农业生态环境、农业生产活动等来吸引游客,实现旅游行为的新型旅游方式。

无论是哪类观光农业,其基本的旅游行为都可以促成大量农产品的销售并促进经济的发展,还可以提高农业的新技术,并将成熟的技术和经营方式进行推广,促进城镇农业的整体发展。农业生产和农业景观吸引着旅游者前来观光,这为城镇及乡村带来很大的利润,是应该探索和推广的新形式。

观光农业具有内容广博的特征,包括资源的广泛性、形式的多样性和地域的差异性等。观光农业还将经济效益、社会效益和生态效益相统一,将观光、体验、购物一体化,全面体现了观光农业的各方面的优点。

二、乡村农业生态园的发展模式

我国的农业公园种类很多,分类方法也五花八门,缺乏统一的分类标准,既有高科技观光农业园,又有以农家乐形式为主的农业园。

1. 高科技观光农业生态园

高科技观光农业生态园具有规模大、科技含量高、项目投资数额度大、高技术支撑等特点。

2. 农家乐生态园

农家乐生态园具有规模较小、分布广的特点,游客以中、低收入层次的城市居民为主。农家乐公园的乡土性、参与性比高技术的农业生态园要强,这种方式近几年在内地中等城市的周边得到了快速发展。

中国的休闲农业生态园种类也很繁多,包括休闲农场、市民农园、农业公园、观光农园、旅游胜地。这些农业生态园结合了生产、生活与生态,形成了三位一体的发展模式。在经营上,结合了农业产销、技工和游憩服务三级产业于一体,是农业经营的新形态,具有经济、社会、教育、环保、游憩、文化传承等多方面的功能。例如,休闲农场是以一种综合性为休闲农业区,利用乡村的森林、溪流、草原等田园自然风光,增设小土屋、露营区、烤肉区、戏水区、餐饮、体能锻炼区及各种游憩设施,为游客提供综合性休闲场所和服务。其中,最具代表性的有香格里拉休闲农场和飞牛农场。市民农园则是另一种完全不同的经营模式,由农民提供土地,让市民参与耕作园地。这种体验型的市民农园通常位于近郊,以种植花草、蔬菜、果树或经营家庭农艺为主。

农业生态园的发展模式多种多样,不同的模式有不同的优势与特点,迎合不同消费人群的休闲需求,也满足不同年龄的人群的娱乐需求,更能够与生产、经济、审美、生态等多个方面相结合。这些农业生态园的发展模式都是不可或缺的,不同地域的文化背景、经济状况都决定着农业生态园向着什么模式发展。

三、乡村农业生态园的功能特色

1. 生产功能

农业生态园具有农业的生产属性,虽然不同类型的农业园生产的农业产品不同,但都为消费者提供了高质量的农副产品,提高了人们的生活质量,从物质上提供了保障。

2. 生态保护功能

农业生态园最具有吸引力的一个重要原因就是其所保留的良好生态环境和自然的气息,所以,发展农业生态园能够提高整个村镇的环境质量,同时维护田园风光,强化生态系统平衡,布局在郊区与城区边缘的农业生态园还可以作为城市的一道生态屏障,维护整个区域的生态平衡。

3. 旅游休闲功能

农业生态园毋庸置疑以公园为载体,在提供各种农副产品的同时,为游人提供观赏、品尝、购买、农作、娱乐、住宿、康疗等多种休闲活动,极大地丰富了人们的日常生活,也为人们提供了一个缓解压力和体验自然的场所。

4. 经济收益功能

由于农业生态园的特殊属性,使其具有了生产和旅游的双重经济收入来源。一方面,农业生态园可以为市场提供农产品,其无污染、高技术的生产过程为生态园带来了较高的经济收入;另一方面,农业生态园的门票和园区内开展的各类娱乐项目为游客提供了舒适便捷的旅游体验,同时,也带来了旅游服务的收入。

5. 科普教育功能

在现代化的城市中,生长的孩子大部分对农业生产了解得非常少,农业生态园恰恰为孩子们提供了一个了解科普知识、农业知识的场所。在农业生态园中,他们可以了解日常生活中食物的生产过程,农作物的生长过程,还可以体验农村生活,提高他们吃苦耐劳和保护环境的意识。而且,农业生态园中经常采用高科技来进行现代化的农作物生产,这让游客们了解了更多的高科技农业发展的成果以及农业发展的动态,在休闲娱乐的过程中开阔了视野。

四、乡村农业生态园的发展趋势

在城市化飞速发展的今天,乡村景观通常遭到较大破坏,或是新城或新区的建设,或是高速公路的开发,大规模的移山填河,改变自然地形地貌等建设活动屡见不鲜。景观生态学在乡村景观的开发过程中变得异常重要。建设开发是否合适,必须进行以自然地形地貌为基础的生态景观方面的评定。例如,在以自然村落和农田景观为主的区域内,如何开发建设;以农业生产为基础的生态园如何考虑其生态效益。农业生态园的规划设计不仅要考虑视觉审美、生产生活,还应与当地的生态系统相平衡,与当地人文活动相协调。

在进行农业生态园规划设计时,景观生态学起到至关重要的作用。对不同尺度上的景观生态的把握直接影响生态园的建设模式。针对不同尺度提出的方案,具有不同的功能定位。另外,景观生态学遵循异质性、多样性、尺度性与边缘效应等原则,这些都是农业生态园规划设计过程中的重要原则。通过对景观结构和功能单元的生态化设计,来实现农业生态园的良性循环,使整个园区呈现出多样的空间变化。

从景观生态学角度看,除去常规农业的第一性生产功能外,果园、茶园、绿化苗圃等都是重要的景观要素。在农业生态园中也是同样的,生态园内的茶叶、时鲜果品生产基地和果林观光胜地都是农业生态园的重要景观要素。

五、发展乡村农业生态园的意义

从生态学的景观学上,可以清晰地看到,农村的基底是广阔的绿色原野,村庄即是其中的斑块,形成了"万绿丛中一点红"的生态环境;而城市的基底是密密麻麻的钢筋混凝土楼群,为城市人修建的城市公园仅是其中的绿色斑块,因此,城市公园是"万楼丛中一点绿"。同样有绿,农村是"万绿",而城市只有"点绿"。建立在农村的农业生态园便以其天然性、生态化和休闲性、人工化的城市公园形成性质差异,凸显其鲜明的自然优势。农业生态园以其文化性、集约性和仅停滞在单纯的"吃吃饭、转一转"的粗放性、家庭化农家乐存在的文化差异,促成了农家乐向乡村游的全面提升。农业生态园以村域发展的区域性、园林化,和村庄建设的局限性、一般化形成的范围差异,促使新农村建设全面推进。农业生态园又以多样性、人性化的多种综合功能和自然景区(包括森林公园、湿地公园等)的保护性、景观化,以及人文景区的历史性、人文化形成了服务差异,展现了农业生态园的亲和力,可以吸纳更多的人群。

中国农业生态园,是在城市人向往回归自然、返璞归真的追崇和扩大内需、拓展假日经济的推动下,应运而生的一个新创意。

建立在绿色村庄(或历史文化名村)基础上的中国农业生态园,是将建设范围扩大至全村域(乃至邻村)。不仅对当地的优美自然景观、人文景观和秀丽的田园风光进行产业化开发,激活农村的山、水、田、宅资源,而且把绿色村庄的每一项产业活动都作为产业观光寓教于乐的景点进行策划和建设,可以在资金投入较少的情况下,使得农村的产业规划与乡村生态旅游度假产业的开发紧密结合,相辅相成,促使绿色村庄的产业景观化,景观产业化和设施配套化,建设颇富精气神的社会主义新农村,形成各具特色和极具生命力的中国农业生态园。并以其独特的丰富性、参与性、休闲性、娱乐性、选择性、适应性、创意性、文化性和教育性等各种生态农业文化活动,达到生态环境的保护功能,经济发展的促进功能,优秀文化的传承功能,"一村一品"的和谐功能,综合解决文教卫生福利保障和基础设施的复合功能,可以获得乡土气息的"天趣"、重在参与的"乐趣"、老少皆宜的"谐趣"和净化心灵的"雅趣"等休闲度假功能和养生功能等八大综合功能。这种综合功能是所有的城市公园、自然景区(包括自然风景区、森林公园、湿地公园)、人文景区(包括物质和非物质的文化遗产以及国家文物保护区和历史文化名村）都难以比拟的。

通过创意性开发的中国农业生态园，以村庄作为核心要素，可以使得淳净的乡土气息、古朴的民情风俗、明媚的青翠山色和清澈的山泉溪流、秀丽的田园风光成为诱人的绿色产业，让钢筋混凝土高楼丛林包围、饱受热浪煎熬、呼吸尘土的城市人在饱览秀色山水的同时，吸够清新空气的负离子，享受明媚阳光的沐浴，痛饮甘甜的山泉水，并参与各具特色的产业活动，体验别具风采的乡间生活，品尝最为地道的农家菜肴，获得丰富多彩的实践教育，令人流连忘返。从而达到净化心灵，陶冶高尚情操的感受。满足回归自然、返璞归真的情思。

第三节　小城镇园林景观的建设

一、小城镇园林景观建设的特征

1. 地域性

每一处地域都有自己典型的特征，而乡村园林景观的特征尤为明显。乡村园林景观的地域性是指在长期的历史发展进程中积累、沉淀下来的，独具特色的历史文化资源与自然资源。这些风土人情、民俗文化、农业资源、自然资源、人文资源等都体现了乡村园林景观的地域性，它们是本土景观强有力的表达。在我国，东部的渔猎村庄、西部的游牧村庄、南部的热带风光和北部的冰雪景观，这些不同的地区都有着明显的生活方式差异。乡村园林景观独特的地域元素是任何城市景观都无法替代的。

2. 自然性

乡村园林景观自然性的突出表现，即是季节变迁的显著化与多样性。乡村园林景观通常以山林、田野和水系形成大面积的自然景观，这些景观的典型特征是随气候与季节的变化产生强有力的生命表象与丰富的景观表达。正是这些富有活力的景观赋予了乡村园林景观独特的生命气息与无限魅力。

乡村园林景观具有得天独厚的自然风景元素,很多乡村通常保留着加速的城市化未沾染的土地,这里保留着传统的劳作方式、古朴的农业器具和传统的地方工艺,还有古老的民俗风情,这些都是自然性与原始性最真切的展现,也是在现代化社会发展浪潮中难得的财富与资源。

3. 多样性

乡村园林景观的多样性是重要的景观属性。在自然景观当中,景观的多样性和生态的多样性是紧密联系在一起的。在海拔高度变化丰富的地方,从水域到陆地,植物群落也会随之改变,形成与生长环境相适应的格局,生态的多样性决定了多样的景观。除此之外,乡村园林景观也带来了生活与生存的趣味性。鸟、鱼、虫类共同地在这里繁衍生息,体现着大自然的生生不息。

乡村园林景观的多样性与文化的多元性都决定了其自然属性。无论是从本质的人文精神,还是从外在的自然景观,乡村园林景观体现的都是人类最淳朴,最传统的景观类型。

乡村园林景观反映了人类长时间定居所产生的生活方式,同时受到不同的国家,不同的民族,以及历史进程对其产生的影响。

二、小城镇园林景观建设的意义

1. 体现地域性的设计

小城镇园林景观建设对于乡村园林的依托恰恰是地域性设计的集中体现。乡村园林现有的自然资源是小城镇无价的财富,是在历史发展进程中形成的典型特征,为景观设计提供了现成的、不可取代的景观元素。乡村园林的合理因借既可以以最小的投资达到环境建设的目的,又可以挖掘与展现当地的景观特质,是一种双赢的设计模式。在倡导节约型社会、和谐社会的时代背景下,无论是城市园林景观还是小城镇园林景观建设,都需要以地域性作为最基本的原则,探寻一种保留文化、延续历史、节约资源的设计方式。

不可否认正是地域、经济、文化、民俗、风情等差异的存在,才使小城镇的建设更有生机与活力。每一个城镇都有自己独特的地域环境和自然条件。在进行小城镇园林景观的规划时,应根据小城镇的资源特点来确定小城镇的园林景观类型;特别是对历史遗留下来的人文景观,更要强化原有的文脉,最大限度地发挥自然固有的优势。

2. 延续场地的文脉

乡村园林景观产生于某一地区、某一历史时期,是人与自然和谐共存的结构,展现的"自然演变"过程,是最符合当地的一种景观形态。小城镇园林景观的建设要创造的恰恰是符合于当地的、现代使用需求的景观形式,乡村园林为小城镇园林的建设提供最好的因借与来源,对乡村园林的传承与延续是对场地文脉最好的延续,也是利用现有资源因地制宜的最佳手段。

3. 创造变化的风景

乡村园林四季更替的自然景物,以及与生活方式紧密结合的景观形态,都是小城镇园林景观值得借鉴和深入挖掘的精髓。小城镇的园林景观不是僵化的大尺度广场和宽阔马路,而是植物围合的,不断生长变化的绿色环境。它也是与当地的生活方式紧密联系的舒适空间,顺应了生活需求的变化,符合自然演变的规律和社会发展的趋势。乡村园林特有的多样性是小城镇园林景观设计最好的源泉,赋予了小城镇精神的文脉和自然的氛围。这种多样性是变化的、生长的,体现在小城镇园林景观之中,是生动活泼、充满活力的风景。

4. 修复整体自然景观

随着全球性环境保护运动的日益扩大和深入,以追求人与自然和谐共处为目标的"绿色革命"正在世界范围内蓬勃展开。城市化进程不可避免地涉及城市和乡村,小城镇是地域性质和景观转变过渡的空间。小城镇作为城与乡之间的连接至关重要,要保证大地景观的连续性,就要在小城镇园林景观建设的过程中延续乡村园林的自然性,并将其引入城市当中,从而使生态系统的能量流动、物质流动形成良性的循环,维护景观的自然格局。

三、小城镇园林景观规划建设方式

1. 小城镇园林景观规划从实际出发制定指标

(1)充分利用小城镇独具优势的自然环境。小城镇不同于城市,也不同于乡村,它拥有乡村的田园风光与自然美景,但要承担远远多于乡村的人口居住、活动,并进行着与城市发展相似的运行程序,这就要求小城镇的园林景观建设既要保护生态自然环境,又要满足人们的休闲享受需求。在小城镇园林景观建设中,提高绿化水平是改善城镇生态环境的基础性工作。虽然很多小城镇的山地、水系都比较丰富,但小城镇的园林景观建设仍然要鼓励采用节水和废水利用技术,尽可能减少绿地养护的水消耗,以生态的方式利用现有的自然资源。同时,要结合小城镇产业结构调整和旧区改造,增加镇区的绿地面积。

小城镇具有得天独厚的自然条件,同时,经济发展又是小城镇的重中之重,所以,妥善处理好小城镇经济发展与自然保护问题是至关重要的。要严格控制小城镇建设对自然环境和乡村环境的负面影响。对依赖本地自然资源较多的山区城镇,要以保护自然环境与地势地貌为主,进行开发建设。

小城镇的耕地系统也是重要的自然资源,园林景观建设要加强耕地的保护和合理的利用,注意节约用地,做好资源开发和生态统筹规划。

(2)以小城镇发展现状为基础进行园林景观的建设。小城镇公共绿地的人均拥有率普遍较低,规划要达到国家规定的指标难度较大,根据小城镇居民比较接近自然环境,到达城镇公园的距离也不是很远,在资金比较紧缺的现状与特点下,可以从实际出发,在保证绿化覆盖率和绿地率两个反映城镇绿化宏观水平指标的前提下,酌量降低公共绿地指标,或延长达到国家规定指标的年限,是切合实际的措施。而不顾实际情况,盲目硬性地规划实施,往往会欲速则不达。

　　小城镇的园林景观建设要建立并严格实行小城镇绿化管理制度，坚决查处各种挤占绿地的行为。同时，鼓励居民结合农业结构调整发展园林绿化，引导社会资金用于园林景观建设，增加绿化建设用地和资金投入，尽快把小城镇绿化建设提高到新水平。

2. 小城镇园林景观规划要多渠道筹集资金

　　(1)小城镇园林景观建设的管理方法。小城镇绿地系统的布局在小城镇绿地系统规划中起着相当重要的作用。就算小城镇的绿地指标达到要求，若布局不合理，也会直接影响小城镇园林景观的整体发展和风貌特征，并很难满足居民的休闲娱乐需求。所以，根据小城镇的现实情况，采取不同的点、线、面、环等布局形式，是切实提高城镇绿化水平的关键所在。同时，严格实行城镇绿地的"绿线"管理制度，明确划定各类绿地的范围控制线，这样，才能形成一个完善的、严谨的绿地系统。

　　小城镇园林景观建设应切实加强对绿地灌溉以及取水设施的管理，大力推进节水、节能型灌溉方式，例如微喷、滴灌、渗灌等。同时，推广各种节水技术，逐步淘汰落后的灌溉方式，建设节水灌溉型绿地。还可以充分利用雨水资源，根据气候变化、土壤情况和不同植物的生长需要，科学合理地调整灌溉方式。

　　小城镇园林景观建设要因地制宜，优选乡土植物，这样可以有效地降低管理成本。乡土植物对当地环境具有很强的适应性，相对于其他植物种植成本低、成活率高、管理成本低，有利于营造城镇自然的风貌。

　　(2)小城镇园林景观的维护措施。园林景观建设需要投入，而且是投入多、产出少的社会公益事业。小城镇城市维护费用很少，70%～80%要用于人头费用开支，将其中百分之十几投入到园林景观建设中实为杯水车薪。因此，要国家、集体、单位、个人多渠道一起上，筹措资金，进行绿化建设，这是十分有效的措施。凡一切新建、扩建、改建的基建项目，要按规定缴纳一定标准的保证金，确保绿地率，方可发放施工执照，如在限定期限内达到绿化，绿化保证金(包括利息)全部退回，否则,保证金不再退回,转为绿化基金。临街建筑门前绿地,可采取责任到人,谁经营,谁绿化,谁管理的办法。一些公共绿地(如公园、游园)的建设,在国家尚无足够资金的情况下,可采取就近集资筹建的办法进行建设,谁投资,谁受益。这样既筹措了资金,又促进了园林绿化工作。这些做法在一些小城镇已取得了较好的效果。

小城镇园林景观建设要以科学的养护方式来扩大园林绿化的综合效益,不仅要把绿地建设好,而且要重视绿化的养护。要坚持建设、管养并举,积极推行绿地养护标准化、精细化的流程。

3. 小城镇园林景观规划是城镇总体规划的重要组成部分

小城镇园林景观规划是城镇总体规划的重要组成部分,它根据城镇总体规划要求选择和合理布局城镇各项园林景观用地,用以确定其位置、性质、范围和面积。根据国民经济计划、生产和生活水平及城镇发展规划,通过研究城镇园林绿地建设的发展速度与水平,而拟定城镇绿地的各项指标,进而提出园林景观用地系统的调整、充实、改造、提高的意见,同时,提出园林景观用地分期建设与重要修建项目的实施计划等。它是由领导、专家、技术人员以及群众参加,经过研究、分析、规划和充分论证,集思广益而形成的绿化发展大纲,是一本法律文本,具有法律效力。因此必须加强其编制与实施的严格性。

四、小城镇园林景观的建设重点

1. 以小型城镇绿地为主要建设模式

小型的城镇绿地开发建设是符合小城镇的发展现状与景观定位的,小型的绿地不仅节约投资,而且具有分布广、见缝插针的效果,是小城镇园林景观建设初期的最有效手段。小型的城镇绿地既包括位于城镇道路用地之外相对独立的绿地,如街道广场绿地、小型沿街绿地、转盘绿地等,也包括住宅建筑的宅旁绿地,公共建筑的入口广场绿地等。它们的功能多样化,形式丰富,既可以装饰街景、美化城镇、提高环境质量,又可以为附近居民提供就近的休闲场所。小型的城镇绿地散布于城镇的各个角落,靓丽而生动,是小城镇重要的绿色基础。

　　小城镇除天然的山水自然环境外,城镇中心区往往绿地率及绿化覆盖率都相对较低,景观效果较差。在中心区绿地面积严重不足的情况下,建设小型城镇绿地是提高城镇绿化水平和提供足够休闲绿地的有效手段。

　　另外,加强小型城镇绿地建设是提高城镇绿化、改善生态环境的重要手段之一。小型城镇绿地主要分布在临街路角、建筑物旁地、市区小广场及交通绿岛等。加强小型的绿地建设,能有效增加城镇的绿化面积,大大提高绿地率及绿化覆盖率,使城镇的自然环境更加舒适。

2. 以建设小城镇的基础绿化为前提

　　小城镇园林景观建设,普遍存在着基础差、底子薄、起点低、投资少的矛盾,有的城镇至今尚无公园绿地,有的单位、居住区绿化还几乎是张白纸。当前小城镇绿化的重点要放在普遍绿化上,通过宣传与教育,强化全民绿化和国策意识,采取行政与经济手段,从宏观上改善绿化面貌。小城镇公共绿地建设,应以开辟小型公共绿地为主,为群众创造一个出门就见绿,园林送到家门口的环境,能就近游乐、休息、观赏和交往。

3. 小城镇园林景观建设是一项基础设施

　　(1)小城镇园林景观建设是提高小城镇整体风貌的重要手段。小城镇园林景观设计在保护与合理利用小城镇的山、水、河流、湖泊、海岸、湿地等景观环境的基础上,协调小城镇的总体建设与生态环境之间的平衡关系。例如,确定农田与城镇适宜的比例,保护小城镇的历史文物古迹,合理布置城镇各类公共活动空间等。小城镇园林景观建设的内容直接控制着城镇的整体风貌。城镇的天际线是重要的形象基础,也是城镇留给人们重要的第一印象,它是小城镇整体风貌的轮廓线,决定着景观形态;小城镇的园林绿化是基础的网络之一,是城镇系统的重要组成部分,也是小城镇环境质量的重要评价指标;滨水环境也是很多小城镇中重要的形象空间,也是市民的休闲娱乐场所,有时甚至是一座城镇的形象标志。所以,要保持小城镇的整体风貌特征必须从园林景观建设着手,从建筑风格到园林绿化,从公共广场到滨水码头都是小城镇展现特色形象的重要基础。

(2)小城镇园林景观是舒适的城镇生活环境的基本框架。加快小城镇基础设施的建设,创造良好的投资环境,是发展小城镇经济的重要基础。目前,小城镇基础设施水平低,远跟不上经济发展水平的需要,已成为小城镇建设和发展中的突出矛盾。小城镇园林景观作为城镇基础设施之一,在形成优美的镇容镇貌,创造良好的投资环境方面起着重要的作用。因此,小城镇园林景观应以科学的规划设计为依据,与主体工程及其他基础设施的建设同步进行。

参 考 文 献

[1] 钱诚. 山地园林景观的研究和探讨[D]. 南京:南京林业大学. 2009.

[2] 郝瑞霞. 园林工程规划与设计便携手册[M]. 北京:中国电力出版社,2008.

[3] 张光明. 乡村园林景观建设模式探讨[D]. 上海:上海交通大学,2008.

[4] 陈玲. 园林规划设计中乡村景观的保护与延续[D]. 北京:北京林业大学,2008.

[5] 李百浩,万艳华. 中国村镇建筑文化[M]. 武汉:湖北教育出版社,2008.

[6] 张杰. 村镇社区规划与设计[M]. 北京:中国农业科学技术出版社,2007.

[7] 阳建强,王海卉. 最佳人居小城镇空间发展与规划设计[M]. 南京:东南大学出版社,2007.

[8] 何平. 城市绿地植物配置及其造景[M]. 北京:中国林业出版社,2001.